普通高等教育
数学专业规划教材

PRINCIPLES AND
CASES OF
MULTIVARIATE STATISTICS

多元统计学
原理与案例

主　编◎潘兴侠
副主编◎鲍丽娟　李　波

北京师范大学出版集团
BEIJING NORMAL UNIVERSITY PUBLISHING GROUP
安徽大学出版社

图书在版编目(CIP)数据

多元统计学原理与案例 / 潘兴侠主编. —合肥:安徽大学出版社,2023.3 (2025.1 重印)

ISBN 978-7-5664-2576-8

Ⅰ.①多… Ⅱ.①潘… Ⅲ.①统计学－高等学校－教材 Ⅳ.①C8

中国国家版本馆 CIP 数据核字(2023)第 001817 号

多元统计学原理与案例

Duoyuan Tongjixue Yuanli Yu Anli

潘兴侠 主编

出版发行:北京师范大学出版集团
安 徽 大 学 出 版 社
(安徽省合肥市肥西路 3 号 邮编 230039)
www.bnupg.com
www.ahupress.com.cn

印 刷:安徽利民印务有限公司
经 销:全国新华书店
开 本:710 mm×1010 mm 1/16
印 张:16.25
字 数:320 千字
版 次:2023 年 3 月第 1 版
印 次:2025 年 1 月第 3 次印刷
定 价:55.00 元
ISBN 978-7-5664-2576-8

策划编辑:刘中飞 张明举 陈玉婷
装帧设计:李伯骥 孟献辉
责任编辑:张明举
美术编辑:李 军
责任印制:赵明炎

前　　言

多元统计学是从经典统计学中发展起来的一个分支学科,多元统计分析是一种综合分析方法,它能够在多个对象和多个指标互相关联的情况下分析它们的统计规律,是处理多维数据不可或缺的工具.随着电子计算机的普及,以及社会、经济和科学技术的发展,多元统计分析在管理学、经济学、生物学、地质学、气象学、医学、社会学等领域得到广泛应用.

2019年在创新创业背景下,我校进行了“多元统计学”课程教学大纲修订,对本课程的教学提出了新的要求.现已出版的多元统计分析的相关教材和著作普遍存在如下问题:(1)多元统计分析方法理论的介绍是概括性的,比较难,对数学基础要求较高,晦涩的理论推导打击了学生的积极性.(2)有些方法仅仅介绍理论推导过程,缺少具体有针对性的例子帮助理解,很抽象,不利于学生吸收、应用.(3)部分案例的选取比较陈旧,缺乏时效性,脱离实际,缺乏吸收力.有些案例与金融数学专业联系不够紧密.综上所述,已出版的教材与本专业的培养目标和本课程教学大纲不够切合,所以需要编写一本能适应本专业特点的教材. 基于此，作者结合本校学生实际的学习特点和需求，编著了本书.

本书共分为 9 章，它从以下四个方面介绍了多元统计分析的理论和方法：一是多元统计分析的理论基础和统计推断问题；二是数据归类问题；三是数据降维问题；四是数据相关性研究. 本书有以下几个特点：

(1)每介绍一种方法后，都会提供相应的经典、实用的例题帮助学生理解统计方法的基本原理、基本思想.

(2)注重与金融数学专业背景相结合，选取金融经济领域的应用案例，注重引导学生运用所学知识解决专业领域的实际问题；剔除了陈旧的案例，书中实际应用案例的数据为 2018 年以来的数据，保持了内容的时新性.

(3)结合案例介绍 SPSS 软件的操作实现过程，理论—案例—软件实现，三位一体，既注重理论性，又注重实用性，方便学生学以致用；特别是典型相关分析，之前的 SPSS 软件没有单独的交互式窗口进行分析，只能在"SYNATAX EDITOR"窗口执行程序"CANCORR"，操作复杂，难以掌握，本书特别介绍了最新版 SPSS 26 下典型相关分析的软件操作.

(4)教学案例的编写方面，注重方法适用的分析，注意定性分析与定量分析的紧密结合，绝不仅仅是将数据"丢"进统计软件，输出分析结果了事，案例编写注重引导学生运用统计理论解决实际问题，注重培养学生分析问题、解决问题的能力.

本书可作为数学与应用数学、金融数学、统计学、大数据、经济学、管理学、生物学等相关学科的高年级本科生或研究生的教材或参考书；同时也可供上述有关学科领域的实际工作者参考.

本书是南昌航空大学校级创新创业培育课程"多元统计学"的建设成果之一，由南昌航空大学教材建设基金资助. 感谢杨海波教授的细心指导和严格审阅，同时感谢熊宇佳研究生、吴耀峰同学的辛勤工作.

本书参考了国内外大量的相关书籍和文献，由于篇幅有限未能一一列出，谨向这些作者表示感谢. 本书也是作者实际教学和研究的经验总结，由于作者水平有限，疏漏之处在所难免，恳请各位读者批准指正，以便后期不断完善.

潘兴侠

南昌航空大学

2023 年 1 月

目录

第 1 章 多元统计学概述

1.1 引言

多元统计分析(简称“多元分析”)是运用数理统计的方法来研究多变量(多指标)问题的理论和方法,它是一元统计学的推广. 在实际问题中,很多随机现象涉及的变量不止一个,而是多个,并且这些变量间存在一定的联系. 如地区经济发展涉及总产值、利润、效益、劳动生产率、固定资产、物价、信贷、税收等指标;医学诊断需要同时考量血压、脉搏、白血球、体温等指标. 如何同时对多个随机变量的观测数据进行有效的分析和研究是多元统计分析研究的内容.

针对这个问题通常有两种做法:一种方法是把多个随机变量分开分析,每次处理一个,逐次分析研究,但当变量过多时,变量之间不可避免地存在相关性,而且分开处理会丢失变量间的相关性信息,也不容易取得好的研究结果;另一种方法是同时对多个变量进行分析研究,即采用多元统计分析方法,通过对多个随机变量观测数据的分析,来研究变量之间的相互关系,揭示这些变量内在的变化规律.

在统计学的基本内容中,只考虑一个因素或几个因素对一个观测指标(或变量)的影响大小的问题,称为一元统计分析或单因素分析;若考虑一个因素或几个因素对两个或两个以上观测指标(或变量)的影响大小,或多个观测指标(或变量)间的相互关系问题,即为多元统计分析.

多元统计学起源于20世纪初,1928年Wishart发表的论文《多元正态总体样本协差阵的精确分布》可以说是多元统计学的开端.随后多元统计学得到了迅速发展,20世纪40年代多元统计分析在心理学、教育学、生物学等领域有不少应用,但由于计算量大,其发展受到一定的影响.20世纪50年代中期,随着电子计算机的出现和发展,多元统计学在地质、气象、医学、社会学等领域得到广泛应用.20世纪60年代通过应用和实践,完善和发展了多元统计学理论,新的理论和方法不断涌现,使得它的应用范围更广.20世纪70年代初期多元统计学在我国才得到关注,并在理论研究和应用上取得了显著成绩,有些研究工作已经达到了国际水平,并形成了一支科技队伍活跃在各条战线上.进入21世纪以来,人们获得的数据正以前所未有的速度急剧增加,产生了许多超大型数据库,遍及各个行业,这就为多元统计学与其他学科融合提供了重要平台.

1.2 预备知识

学习这门课需要同学们掌握矩阵代数的基本知识,数学分析的知识用到的不多.矩阵代数的基本工具,如矩阵的特征值、矩阵的特征向量、矩阵的迹、正定矩阵的性质、矩阵特征值的极值问题等,在多元向量的相关性分析、降维分析中经常用到.

同时同学们还应掌握一元统计学的基本理论、基本知识,如正态分布、假设检验、参数估计、一元回归和方差分析等.这些统计方法会推广到多元统计的正态分布、假设检验、参数估计、方差分析等对应内容.

1.3 多元统计分析的内容

多元统计分析所研究的内容和方法可以概括为以下几个方面:

(1)多元统计分析的理论基础.

多元统计分析的理论基础包括多维随机向量及多维正态随机向量,以及由此定义的各种多元统计量,推导它们的分布并研究其性质,研究它们的抽样分布理论.这些不仅是参数估计和假设检验的基础,也是其他多元统计分析方法的理论基础.

(2)多元数据的统计推断(统计推断问题).

这是关于参数估计和假设检验的问题,特别是多元正态分布的均值向量及协方差矩阵的估计和假设检验问题.

(3)简化数据结构(降维问题).

简化数据结构即是将某些较复杂的数据结构通过线性变换等方法使相互依赖的变量变成互不相关的变量;或把高维空间的数据投影到低维空间,使问题得到简化而损失的信息又不太多.降维就像给数据“健康减肥”,重复的信息就像是数据的多余脂肪,可以通过某些统计方法减掉,而数据的主体机能不会得到破坏.例如主成分分析、因子分析及对应分析等多元统计方法就是这样的一类方法.

(4)判别与聚类(归类问题).

归类问题有两种,第一种是有监督学习范畴的判别问题,它是用历史数据寻找分类规则,将新个体按照分类规则归至某一类,第 4 章的判别分析就是这类问题的统计方法.如在保险客户定位问题中挖掘潜在客户,可以根据现有购买保险客户的基本信息,挖掘潜在客户的特征(分类规则),然后根据特征挖掘潜在客户.第二种归类问题是无监督学习范畴的聚类问题,它通过定义刻画多元数据相似性(或差异性)的距离,将“相似”的个体聚在一起作为一类,第 5 章的聚类分析就是这类问题的统计方法.如在精准营销问题中,根据客户身份信息、银行卡信息、交易事实、商户信息等将客户的消费行为进行分档就属于聚类问题.

(5)变量间的相互联系(相关性问题).

多元统计分析这门课主要介绍两种变量间的相互联系,一种是相互依赖关系:分析一个或几个变量的变化是否依赖于另一些变量的变化.如果是,建立变量间的定量关系式,并用于预测或控制,如多元回归分析;另一种是两组变量间的关联性:分析两组变量间的相互关系,如对应分析、典型相关分析,本书主要介绍第二种.

1.4　多元统计分析的应用

近年来,随着计算机应用技术的发展和科研生产的迫切需要,多元统计学已经被广泛地应用于工业、农业、医学、地质、气象、水文、环境以及经济、管理、金融等诸多领域,成为解决实际问题的有效方法. 在理论研究方面,多元统计学广泛吸收和融合相关学科的新理论,不断开发应用新技术和新方法,深化和丰富了统计学传统的理论和方法研究,并拓展了统计学研究的新领域. 下面举一些实际问题,让读者进一步了解多元统计学的应用领域,从感性上加深对多元统计学的认识.

1. 经济学

(1)宏观经济领域:在社会经济领域存在着大量的分类问题,如分析我国各省、自治区、直辖市的经济发展状况,一般不是逐个省、自治区、直辖市去分析,较好的做法是选取能反映经济发展水平的代表性指标,如经济总量指标、经济结构指标、经济发展速度指标、经济质量指标等,根据这些指标对全国各省、自治区、直辖市的经济发展情况进行分类,然后根据分类结果对各省、自治区、直辖市的经济发展进行综合评价. 研究国民收入变量(工农业国民收入、运输业国民收入等)与投资性变量(生产建设投资、劳动者人数等)之间的相关关系,研究经济效益与资金、利税等主要财务指标之间的关系,这些可以运用相关性分析或典型相关分析. 对我国各省、自治区、直辖市经济效益综合评价,我们需要选择很多指标,如固定资产投资完成额、工业全员劳动生产率、工业销售利税率、万元工业产值能耗、职工工资总额等,如何将这些有着错综复杂关系的指标综合成几个较少的指标来分析和解释问题,又不至于使所研究的问题信息丢失过多,可利用主成分分析或因子分析方法. 研究国民收入的生产、分配与最终使用的关系,如研究我国财政收入与国民收入、工农业总产值、人口、就业、固定资产投资等因素的关系,可利用回归分析方法建立预测模型,对今后的收入进行预测.

(2)中观和微观经济领域:多元统计分析方法可以用来评价企业经济效益;研究服装企业如何确定适应大多数顾客的服装的主要指标以及分类的型号;考察某产品的质量指标与影响产品质量的因素(多个)之间的关系;研究某一产品用两种不同的原料生产,产品的寿命有无显著差异;检验某商业行业今年和去年的经营状况有无显著差异. 还包括市场营销领域的预测新的购买趋势、锁定忠实顾客、发掘潜在顾客、市场细分、精准营销;银行业中基于消费者特征的贷款政策评估、预测信用卡用户流失;金融行业领域中确定金融学指标之间的关系、追踪投资组合的变化、预测价格的拐点、预测高频股票交易的波动特征以及识别新保险购买者的特征,发现异常出现情况,锁定“风险顾客”.

2. 农业

某地区种植某种农作物，有多种种子在该地区播种，有多种化肥，判断各种种子与化肥对该农作物产量的影响；有 n 个地区，m 种农作物，每个地区可以种植多种农作物，每种农作物在不同的地区的产出不同，可以通过比较分析每个地区适合种植哪些农作物，从而使生产效率最高.

3. 教育学

某高中对参加高考的考生成绩进行预测分析：根据以往的资料，分析考生高考成绩与高中学习期间成绩之间的相关关系，并由此根据考生在高中学习期间的成绩预测该考生的高考成绩. 研究某大学对该校在校生的学习成绩与该生高考入学时各门课程成绩之间的关系，还可以研究该校新生录取成绩次序排队的最佳方案. 某高校根据 n 个学生在一学年的 m 门课程成绩，对学生学习成绩进行分类，以便确定该校学生奖学金类别.

4. 医学

有了患胃炎的病人和健康人的一些化验指标，就可以从这些化验指标发现这两类人的区别，根据这些区别资料就可以运用判别分析方法建立诊断标准对病人进行诊断；如何根据某病人的多种症状（体温、白血球、恶心、呕吐、腹部压痛感）判别此人患何种类型阑尾炎（急性、慢性、有无穿孔等）；如何进行疾病的早期警示；如何实施精准医疗. 分子生物学中基因测序、分析 DNA 微阵列、描述生物学方程、预测蛋白质构造等都可以用多元统计分析方法进行研究.

5. 体育科学

如何研究体力测试指标（反复横向跳、立定体前屈、俯卧上体后仰等）与运动能力测试指标（耐力跑、跳远、投球等）之间的相关关系；如何对影响运动员成绩的多项心理、生理测试指标进行主要因素分析.

6. 生态学

对 1000 个类似的鱼类样本，如何根据测量的特征，如体重、身长、鳍数、鳍长、头宽等，将这些鱼分成几个不同品种.

7. 社会学

调查青年对婚姻家庭的态度、对文化和职业的要求、对经济收入的态度、对老人的责任、对相貌的重视等，做主要因素分析以便进行正确的引导.

8. 地质学

在地质勘探中，如何根据岩石样本的多种特征来判别地层的地质年代，是有矿还是无矿，是铜矿还是铁矿等.

9. 考古学

根据挖掘出来的人头盖骨的高、宽等特征来判别是男是女；根据挖掘出来的动物牙齿的有关测试指标，判别它属于哪一类动物，是哪一个时代的.

10. 环境保护

研究多种污染气体的浓度与污染源的排放和气象因子（风向、风速、温度、湿度等）之间的相互关系.

11. 法务会计

识别保险诈骗、信用卡诈骗、医疗诈骗；监控偷税行为；识别股票市场内幕交易等.

第 2 章
多元正态分布

2.1 引言

多元统计分析涉及的都是多个随机变量组成的随机向量.在研究城市综合发展水平时,要考虑非农业人口数、工业总产量、货运总量、批发零售住宿餐饮从业人数、地方政府预算内收入、城乡居民年底储蓄余额、在岗职工人数、在岗职工工资总额、人均居住面积、每万人拥有公共汽车数、人均用地面积等指标.由概率论知识,边缘分布无法决定联合分布,因此如果只研究一个指标或是将指标分开研究,是不能从整体上把握研究问题的实质的,解决这些问题需要研究多元数据的分布.

多元统计分布是一元统计分布的推广,本章第 1 部分论述随机向量的基本概念、分布和数字特征.在概率论与数理统计课程中我们学习了一元统计分布,就是用分布函数、分布律或概率密度刻画随机变量的统计分布,并运用期望、方差、相关系数等数字特征刻画随机变量的某一方面的统计规律.

本章第 2 部分介绍多元正态分布的定义和性质.在实际应用中遇到的随机向量常常都是服从或近似服从正态分布的.因此现实生活中许多实际问题的解决办法

都是以总体服从正态分布或近似服从正态分布为假设前提的.在多元统计分析中多元正态分布占有很重要的地位,本书所介绍的多元统计方法大部分都是基于多元正态分布假定进行的.

本章第3部分内容介绍多元正态分布的参数$\boldsymbol{\mu}$和$\boldsymbol{\Sigma}$的估计方法,并讨论与其有关的性质.类似于一元统计,在实际问题中,如何根据样本数据估计多元正态分布的均值向量$\boldsymbol{\mu}$和协方差矩阵$\boldsymbol{\Sigma}$是本章第3部分讨论的重要内容之一.

2.2 随机向量及其分布

2.2.1 随机向量

假设我们讨论的是多变量总体,观测变量(指标)有p个,下面将概率论中二维随机变量的概念推广到p维随机变量的情况.

定义 2.1 称p个随机变量$X_1,X_2,\cdots,X_p$组成的向量$\boldsymbol{X}=(X_1,X_2,\cdots,X_p)'$为一个$p$维随机向量,它表示对同一个个体观测$p$个指标(变量).若观测了$n$个个体,则可得到表2.1所显示的数据,称每一个个体的p个变量为一个样品,全体n个样品形成一个样本.

表 **2.1** 样本数据

变量 序号	X_1	X_2	$\cdots$	X_p
1	x_{11}	x_{12}	$\cdots$	x_{1p}
2	x_{21}	x_{22}	$\cdots$	x_{2p}
$\vdots$	$\vdots$	$\vdots$	$\cdots$	$\vdots$
n	x_{n1}	x_{n2}	$\cdots$	x_{np}

n个样品观测值构成一个$n\times p$阶矩阵,称为样本数据矩阵,记为

$$\boldsymbol{X}=\begin{pmatrix} x_{11} & x_{12} & \cdots & x_{1p} \\ x_{21} & x_{22} & \cdots & x_{2p} \\ \vdots & \vdots & \ddots & \vdots \\ x_{n1} & x_{n2} & \cdots & x_{np} \end{pmatrix}$$

矩阵$\boldsymbol{X}$的第i行:$\boldsymbol{x}'_{(i)}=(x_{i1},x_{i2},\cdots,x_{ip})(i=1,2,\cdots,n)$表示第$i$个样品的观

测值;矩阵 $\boldsymbol{X}$ 的第 j 列:$\boldsymbol{X}_j=\begin{pmatrix}x_{1j}\\x_{2j}\\\vdots\\x_{nj}\end{pmatrix}(j=1,2,\cdots,p)$表示对第 j 个变量的 n 次观测值. 在具体观测之前,$\boldsymbol{X}_{(i)}$ 是一个 p 维随机向量,$\boldsymbol{X}_j$ 是一个 n 维随机向量,$\boldsymbol{X}=\begin{pmatrix}\boldsymbol{X}'_{(1)}\\\boldsymbol{X}'_{(2)}\\\vdots\\\boldsymbol{X}'_{(n)}\end{pmatrix}=(\boldsymbol{X}_1,\boldsymbol{X}_2,\cdots,\boldsymbol{X}_p)$是一个随机矩阵.

2.2.2　随机向量的分布及其性质

先回顾一下一元分布的相关知识,一元随机变量分为离散型随机变量和非离散型随机变量,连续型随机变量是一类重要的非离散型随机变量. 常用的刻画随机变量分布的工具有:分布函数、分布律和概率密度.

设 X 是一个随机变量,称函数

$$F(x)=P\{X\leqslant x\}$$

为 X 的分布函数,记为 $X\sim F(x)$. X 的分布函数具有如下 4 个性质:

(1) $0\leqslant F(x)\leqslant 1$;

(2) $F(-\infty)=0,F(+\infty)=1$;

(3) $F(x_1)\geqslant F(x_2),x_1\geqslant x_2$;

(4) $F(x)$右连续.

若随机变量 X 的所有可能取值是有限个或无限可列个,则称 X 是离散型随机变量. 称

$$P\{X=x_k\}=p_k,k=1,2,\cdots$$

为随机变量 X 的分布律. X 的分布律满足如下 2 个性质:

(1) $0\leqslant p_k\leqslant 1$;

(2) $\sum\limits_k p_k=1$.

设随机变量 X 的分布函数为 $F(x)$,即 $X\sim F(x)$,若存在一个非负可积函数 $f(x)$,满足

$$F(x)=\int_{-\infty}^{x}f(t)\mathrm{d}t,$$

则称 X 为连续型随机变量，称非负函数 $f(x)$ 为连续型随机变量 X 的概率密度函数，简称密度函数. X 的密度函数具有以下 2 个性质：

(1) $f(x)\geqslant 0$；

(2) $\int_{-\infty}^{+\infty} f(x)\mathrm{d}x = 1$.

定义 2.2 设 $\boldsymbol{X}=(X_1,X_2,\cdots,X_p)'$ 是 p 维随机向量，它的联合分布函数定义为：

$$F(x_1,x_2,\cdots,x_p)=P\{X_1\leqslant x_1,X_2\leqslant x_2,\cdots,X_p\leqslant x_p\},x_i\in\mathbf{R},i=1,2,\cdots,p$$

记 $\boldsymbol{X}\sim F(\boldsymbol{x})$，其中 $\boldsymbol{x}=(x_1,x_2,\cdots,x_p)'\in\mathbf{R}^p$，$\mathbf{R}^p$ 为 p 维欧几里得空间.

定义 2.3 设 $\boldsymbol{X}=(X_1,X_2,\cdots,X_p)'$ 是 p 维随机向量. 若 $\boldsymbol{X}$ 的所有可能的取值是有限个或无限可列个，则称随机向量 $\boldsymbol{X}=(X_1,X_2,\cdots,X_p)'$ 是离散型随机向量，并称

$$P\{X_1=x_1,X_2=x_2,\cdots,X_p=x_p\}=p_{i_1,i_2,\cdots,i_p}(i_1,i_2,\cdots,i_p=1,2,\cdots),$$

为随机向量 $\boldsymbol{X}$ 的分布律，且

$$p_{i_1,i_2,\cdots,i_p}\geqslant 0,\ \sum_{i_1,i_2,\cdots,i_p} p_{i_1,i_2,\cdots,i_p}=1.$$

定义 2.4 设 $\boldsymbol{X}=(X_1,X_2,\cdots,X_p)'$ 是 p 维随机向量，其分布函数为

$$F(\boldsymbol{x})=F(x_1,x_2,\cdots,x_p),$$

若存在一个 p 元非负可积函数 $f(x)=f(x_1,x_2,\cdots,x_p)$，满足

$$F(x_1,x_2,\cdots,x_p)=\int_{-\infty}^{x_1}\int_{-\infty}^{x_2}\cdots\int_{-\infty}^{x_p} f(t_1,t_2,\cdots,t_p)\mathrm{d}t_1\mathrm{d}t_2\cdots\mathrm{d}t_p,$$

则称 $\boldsymbol{X}$ 为 p 维连续型随机向量，称非负函数 $f(x_1,x_2,\cdots,x_p)$ 为 $\boldsymbol{X}$ 的联合概率密度函数，简称为联合密度函数. 联合密度函数具有性质：

(1) $f(x_1,x_2,\cdots,x_p)\geqslant 0$；

(2) $\int_{-\infty}^{+\infty}\int_{-\infty}^{+\infty}\cdots\int_{-\infty}^{+\infty} f(x_1,x_2,\cdots,x_p)\mathrm{d}x_1\mathrm{d}x_2\cdots\mathrm{d}x_p=1$.

2.2.3 边缘分布、条件分布、独立性

p 维随机向量的边缘分布、条件分布、独立性的定义如下：

1. 边缘分布

已知 p 维随机向量 $\boldsymbol{X}=(X_1,X_2,\cdots,X_p)'$ 的分布函数为 $F(x_1,x_2,\cdots,x_p)$，密度函数为 $f(x_1,x_2,\cdots,x_p)$，则 $(X_1,X_2,\cdots,X_p)$ 的 k 维 $(1\leqslant k\leqslant p)$ 边缘分布就随之确定. 如随机向量 $X=(X_1,X_2,\cdots,X_p)'$ 关于 X_1，$(X_1,X_2)'$ 边

缘分布函数分别为

$$F_{X_1}(x_1)=F(x_1,+\infty,\cdots,+\infty)$$

$$F_{X_1,X_2}(x_1,x_2)=F(x_1,x_2,+\infty,\cdots,+\infty)$$

$$f_{X_1}(x_1)=\int_{-\infty}^{+\infty}\int_{-\infty}^{+\infty}\cdots\int_{-\infty}^{+\infty}f(x_1,x_2,\cdots,x_p)\mathrm{d}x_2\mathrm{d}x_3\cdots\mathrm{d}x_p$$

$$f_{X_1,X_2}(x_1,x_2)=\int_{-\infty}^{+\infty}\int_{-\infty}^{+\infty}\cdots\int_{-\infty}^{+\infty}f(x_1,x_2,\cdots,x_p)\mathrm{d}x_3\mathrm{d}x_4\cdots\mathrm{d}x_p$$

2. 条件分布

条件分布等于联合分布除以边缘分布. 如 $\boldsymbol{X}=(X_1,X_2,\cdots,X_p)'$，给定 $X_1=x_1$ 时，若 $f_{X_1}(x_1)>0$，$(X_2,X_3,\cdots,X_p)'$ 的条件概率密度为

$$f_{X_2,X_3,\cdots,X_p|X_1}(x_2,x_3,\cdots,x_p\mid x_1)=\frac{f(x_1,x_2,\cdots,x_p)}{f_{X_1}(x_1)}$$

给定 $X_1=x_1,X_2=x_2$ 时，若 $f_{X_1,X_2}(x_1,x_2)>0$，$(X_3,X_4,\cdots,X_p)$ 的条件概率密度为

$$f_{X_3,X_4,\cdots,X_p|X_1,X_2}(x_3,x_4,\cdots,x_p\mid x_1,x_2)=\frac{f(x_1,x_2,x_3,\cdots,x_p)}{f_{X_1,X_2}(x_1,x_2)}$$

3. 独立性

设 $\boldsymbol{X}=(X_1,X_2,\cdots,X_p)'$ 是 p 维随机向量，其联合分布函数、联合概率密度函数分别为 $F(x_1,x_2,\cdots,x_p)$、$f(x_1,x_2,\cdots,x_p)$；$X_i(i=1,2,\cdots,p)$ 的分布函数、密度函数分别为 $F_{X_i}(x_i)$、$f_{X_i}(x_i)$. 若对所有的 $x_1,x_2,\cdots,x_p$，有

$$F(x_1,x_2,\cdots,x_p)=F_{X_1}(x_1)F_{X_2}(x_2)\cdots F_{X_p}(x_p)$$

或者有

$$f(x_1,x_2,\cdots,x_p)=f_{X_1}(x_1)f_{X_2}(x_2)\cdots f_{X_p}(x_p)$$

则称 $X_1,X_2,\cdots,X_p$ 是相互独立的.

设随机向量 $\boldsymbol{X}=(X_1,X_2,\cdots,X_p)'$ 和 $\boldsymbol{Y}=(Y_1,Y_2,\cdots,Y_q)'$ 分别是 p 维、q 维随机向量，若对所有的 $x_1,x_2,\cdots,x_p;y_1,y_2,\cdots,y_q$，有

$$\begin{aligned}&F(x_1,x_2,\cdots,x_p,y_1,y_2,\cdots,y_q)\\&=F_{X_1,X_2,\cdots,X_p}(x_1,x_2,\cdots,x_p)F_{Y_1,Y_2,\cdots,Y_q}(y_1,y_2,\cdots,y_q)\end{aligned}$$

则称随机向量 $\boldsymbol{X}=(X_1,X_2,\cdots,X_p)'$ 与 $\boldsymbol{Y}=(Y_1,Y_2,\cdots,Y_q)'$ 是相互独立的.

关于随机向量的独立性，有如下结论：

设 $\boldsymbol{X}=(X_1,X_2,\cdots,X_p)'$ 和 $\boldsymbol{Y}=(Y_1,Y_2,\cdots,Y_q)'$ 相互独立，则 X_i 与 Y_j 相互独立$(i=1,2,\cdots,p;j=1,2,\cdots,q)$. 又若 h,g 是连续多元函数，则随机

变量 $h(X_1,X_2,\cdots,X_p)$ 与 $g(Y_1,Y_2,\cdots,Y_q)$ 也相互独立.

2.2.4 多元分布的数字特征

设 $\boldsymbol{X}=(X_1,X_2,\cdots,X_p)'$, $\boldsymbol{Y}=(Y_1,Y_2,\cdots,Y_q)'$ 是两个随机向量.

1. 随机向量 $\boldsymbol{X}$ 的均值

若 $E(X_i)=\mu_i(i=1,2,\cdots,p)$ 存在,称

$$E(\boldsymbol{X})=\begin{pmatrix}E(X_1)\\E(X_2)\\\vdots\\E(X_p)\end{pmatrix}=\begin{pmatrix}\mu_1\\\mu_2\\\vdots\\\mu_p\end{pmatrix}\triangleq\boldsymbol{\mu}$$

为随机向量 $\boldsymbol{X}$ 的均值向量.

2. 随机向量 $\boldsymbol{X}$ 的协方差矩阵

若 X_i 与 X_j 的协方差 $Cov(X_i,X_j)=\sigma_{ij}$ 均存在$(i,j=1,2,\cdots,p)$,则称 $p\times p$ 矩阵

$$\boldsymbol{\Sigma}=Var(\boldsymbol{X})=Cov(\boldsymbol{X},\boldsymbol{X})=(Cov(X_i,X_j))_{p\times p}=(\sigma_{ij})_{p\times p}$$
$$=\begin{pmatrix}Cov(X_1,X_1) & Cov(X_1,X_2) & \cdots & Cov(X_1,X_p)\\Cov(X_2,X_1) & Cov(X_2,X_2) & \cdots & Cov(X_2,X_p)\\\vdots & \vdots & \ddots & \vdots\\Cov(X_p,X_1) & Cov(X_p,X_2) & \cdots & Cov(X_p,X_p)\end{pmatrix}$$

为随机向量 $\boldsymbol{X}$ 的协方差矩阵.

3. 随机向量 $\boldsymbol{X}$ 与 $\boldsymbol{Y}$ 的协方差矩阵

若 X_i 与 Y_j 的协方差 $Cov(X_i,Y_j)$ 存在$(i=1,2,\cdots,p;j=1,2,\cdots,q)$,则称 $p\times q$ 阶矩阵

$$Cov(\boldsymbol{X},\boldsymbol{Y})=E[(\boldsymbol{X}-E(\boldsymbol{X}))(\boldsymbol{Y}-E(\boldsymbol{Y}))']$$
$$=\begin{pmatrix}Cov(X_1,Y_1) & Cov(X_1,Y_2) & \cdots & Cov(X_1,Y_q)\\Cov(X_2,Y_1) & Cov(X_2,Y_2) & \cdots & Cov(X_2,Y_q)\\\vdots & \vdots & \ddots & \vdots\\Cov(X_p,Y_1) & Cov(X_p,Y_2) & \cdots & Cov(X_p,Y_q)\end{pmatrix}$$

为随机向量 $\boldsymbol{X}$ 和 $\boldsymbol{Y}$ 的协方差矩阵.

若 $Cov(\boldsymbol{X},\boldsymbol{Y})=\boldsymbol{0}$(其中 $\boldsymbol{0}$ 表示零矩阵),则称随机向量 $\boldsymbol{X}$ 与 $\boldsymbol{Y}$ 不相关.

4. 随机向量 $\boldsymbol{X}$ 的相关系数矩阵

若 X_i 与 X_j 的协方差 $Cov(X_i,X_j)(i,j=1,2,\cdots,p)$ 存在，则称

$$\boldsymbol{R}=(r_{ij})_{p\times p}$$

为随机向量 $\boldsymbol{X}=(X_1,X_2,\cdots,X_p)'$ 的相关系数矩阵，其中

$$r_{ij}=\frac{Cov(X_i,X_j)}{\sqrt{Var(X_i)}\sqrt{Var(X_j)}}=\frac{\sigma_{ij}}{\sqrt{\sigma_{ii}}\sqrt{\sigma_{jj}}}(i,j=1,2,\cdots,p).$$

5. 均值向量和协方差矩阵的性质

性质 2.1　设 $\boldsymbol{X},\boldsymbol{Y}$ 为随机向量，$\boldsymbol{A},\boldsymbol{B}$ 为常数矩阵，则

$$E(\boldsymbol{AX})=\boldsymbol{A}E(\boldsymbol{X})$$

$$E(\boldsymbol{AXB})=\boldsymbol{A}E(\boldsymbol{X})\boldsymbol{B}$$

$$Var(\boldsymbol{AX})=\boldsymbol{A}Var(\boldsymbol{X})\boldsymbol{A}'$$

$$Cov(\boldsymbol{AX},\boldsymbol{BY})=\boldsymbol{A}Cov(\boldsymbol{X},\boldsymbol{Y})\boldsymbol{B}'$$

证明：仅证最后一个公式

$$\begin{aligned}Cov(\boldsymbol{AX},\boldsymbol{BY})&=E[(\boldsymbol{AX}-E(\boldsymbol{AX}))(\boldsymbol{BY}-E(\boldsymbol{BY}))']\\&=E[(\boldsymbol{AX}-\boldsymbol{A}E(\boldsymbol{X}))(\boldsymbol{Y}'\boldsymbol{B}'-E(\boldsymbol{Y})'\boldsymbol{B}')]\\&=E[\boldsymbol{A}(\boldsymbol{X}-\boldsymbol{E}(X))(\boldsymbol{Y}'-E(\boldsymbol{Y})')\boldsymbol{B}']\\&=\boldsymbol{A}E[(\boldsymbol{X}-E(\boldsymbol{X}))(\boldsymbol{Y}-E(\boldsymbol{Y}))']\boldsymbol{B}'=\boldsymbol{A}Cov(\boldsymbol{X},\boldsymbol{Y})\boldsymbol{B}'\end{aligned}$$

性质 2.2　随机向量 $\boldsymbol{X}=(X_1,X_2,\cdots,X_p)'$ 的协方差矩阵 $\boldsymbol{\Sigma}$ 是对称的非负定矩阵.

证明：因为

$$Cov(X_i,X_j)=Cov(X_j,X_i)$$

所以 $\boldsymbol{\Sigma}=\boldsymbol{\Sigma}'$，$\boldsymbol{\Sigma}$ 为对称矩阵. 下面证明矩阵 $\boldsymbol{\Sigma}$ 为非负定矩阵. 对任意向量 $\boldsymbol{\alpha}=(\alpha_1,\alpha_2,\cdots,\alpha_p)'$ 有

$$\begin{aligned}\boldsymbol{\alpha}'\boldsymbol{\Sigma}\boldsymbol{\alpha}&=\boldsymbol{\alpha}'E[(\boldsymbol{X}-E(\boldsymbol{X}))(\boldsymbol{X}-E(\boldsymbol{X}))']\boldsymbol{\alpha}\\&=E[\boldsymbol{\alpha}'(\boldsymbol{X}-E(\boldsymbol{X}))(\boldsymbol{X}-E(\boldsymbol{X}))'\boldsymbol{\alpha}]\\&=E\left\{[\boldsymbol{\alpha}'(\boldsymbol{X}-E(\boldsymbol{X}))]^2\right\}\geqslant 0\end{aligned}$$

因此协方差矩阵 $\boldsymbol{\Sigma}$ 为非负定矩阵.

例 2.1　设随机向量 $\boldsymbol{X}=(X_1,X_2,X_3)'$ 的均值向量和协方差矩阵分别为

$$\boldsymbol{\mu}=\begin{pmatrix}5\\-2\\7\end{pmatrix},\boldsymbol{\Sigma}=\begin{pmatrix}4&1&2\\1&9&-3\\2&-3&25\end{pmatrix}$$

令

$$Y_1=2X_1-X_2+4X_3,Y_2=X_2-X_3,Y_3=X_1+3X_2-2X_3$$

(1) 求 $\boldsymbol{Y}=(Y_1,Y_2,Y_3)'$ 的均值向量和协方差矩阵；(2) 求 $\boldsymbol{X}$ 的相关系数矩阵.

解：(1) 随机向量 $\boldsymbol{Y}$ 可以表示为

$$\boldsymbol{Y}=\begin{pmatrix}Y_1\\Y_2\\Y_3\end{pmatrix}=\begin{pmatrix}2&-1&4\\0&1&-1\\1&3&-2\end{pmatrix}\begin{pmatrix}X_1\\X_2\\X_3\end{pmatrix}$$

由性质 2.1

$$E(\boldsymbol{Y})=\boldsymbol{A}E(\boldsymbol{X})=\begin{pmatrix}2&-1&4\\0&1&-1\\1&3&-2\end{pmatrix}\begin{pmatrix}5\\-2\\7\end{pmatrix}=\begin{pmatrix}40\\-9\\-15\end{pmatrix}$$

$$\begin{aligned}Var(\boldsymbol{Y})&=\boldsymbol{A}Var(\boldsymbol{X})\boldsymbol{A}'=\boldsymbol{A\Sigma A}'\\&=\begin{pmatrix}2&-1&4\\0&1&-1\\1&3&-2\end{pmatrix}\begin{pmatrix}4&1&2\\1&9&-3\\2&-3&25\end{pmatrix}\begin{pmatrix}2&0&1\\-1&1&3\\4&-1&-2\end{pmatrix}\\&=\begin{pmatrix}477&-126&-256\\-126&40&91\\-256&91&219\end{pmatrix}\end{aligned}$$

(2) $r_{ij}=\dfrac{\sigma_{ij}}{\sqrt{\sigma_{ii}}\sqrt{\sigma_{jj}}}$. 令 $\boldsymbol{D}=\text{diag}(\sqrt{\sigma_{11}},\sqrt{\sigma_{22}},\sqrt{\sigma_{33}})$

则 $\boldsymbol{X}$ 的相关系数矩阵可表示为

$$\boldsymbol{R}=\boldsymbol{D}^{-1}\boldsymbol{\Sigma}\boldsymbol{D}^{-1}$$

故

$$R=\begin{pmatrix}\frac{1}{2}&0&0\\0&\frac{1}{3}&0\\0&0&\frac{1}{5}\end{pmatrix}\begin{pmatrix}4&1&2\\1&9&-3\\2&-3&25\end{pmatrix}\begin{pmatrix}\frac{1}{2}&0&0\\0&\frac{1}{3}&0\\0&0&\frac{1}{5}\end{pmatrix}$$

$$=\begin{pmatrix}1&\frac{1}{6}&\frac{1}{5}\\\frac{1}{6}&1&-\frac{1}{5}\\\frac{1}{5}&-\frac{1}{5}&1\end{pmatrix}$$

注:随机向量 $\boldsymbol{X}$ 的相关系数矩阵

$$\boldsymbol{R}=\boldsymbol{D}^{-1}\boldsymbol{\Sigma}\boldsymbol{D}^{-1}$$

其中 $\boldsymbol{D}=\mathrm{diag}(\sqrt{\sigma_{11}},\sqrt{\sigma_{22}},\cdots,\sqrt{\sigma_{pp}})$，$\sum=(\sigma_{ij})_{p\times p}$ 为 $\boldsymbol{X}$ 的协方差矩阵.

2.2.5　协方差矩阵的用途

1. 刻画数据的整体离散程度

方差可用来描述一元随机变量的离散程度，随机向量 $\boldsymbol{X}=(X_1,X_2,\cdots,X_p)'$ 的协方差矩阵的非对角线元素 σ_{ij} 表示随机变量 X_i 与 X_j 的协方差，反映了 X_i 与 X_j 的相关性；对角线元素 σ_{ii} 是 $\boldsymbol{X}$ 的第 i 个分量 X_i 的方差，反映了 X_i 取值的离散程度. 但如何刻画多元数据整体的离散程度呢?我们常常用总方差和广义方差来刻画.

p 维随机向量 $\boldsymbol{X}$ 的协方差矩阵的迹 $\mathrm{tr}(\boldsymbol{\Sigma})=\sum_{i=1}^{p}\sigma_{ii}$ 称为随机向量 $\boldsymbol{X}$ 的总方差. 当 $p=1$ 时，总方差就是随机变量 $\boldsymbol{X}$ 的方差. 用总方差刻画随机向量整体离散程度有一个缺陷:未考虑到变量之间的相关性.

随机向量 $\boldsymbol{X}$ 的协方差矩阵的行列式 $|\boldsymbol{\Sigma}|$ 称为 p 维随机向量 $\boldsymbol{X}$ 的广义方差. 当 $p=1$ 时，广义方差就是随机变量 $\boldsymbol{X}$ 的方差. 广义方差考虑了各分量之间的相关性，但它也有缺陷:两个协方差矩阵的结构可能有很大不同，但却有相同的行列式，即相同的广义方差.

2. 定义统计距离

在多元统计分析中，距离的概念十分重要，样品间的不少特征都可以用距离来描述，设 $\boldsymbol{X}=(X_1,X_2,\cdots,X_p)'$ 是 p 维随机向量，其两个样品观测值

$$\boldsymbol{X}_{(1)}=(x_{11},x_{12},\cdots,x_{1p})' \text{ 和 } \boldsymbol{X}_{(2)}=(x_{21},x_{22},\cdots,x_{2p})'$$

可以看作 p 维欧式空间 R^p 中的点，它们的欧式距离定义为

$$\begin{aligned} d(\boldsymbol{X}_{(1)},\boldsymbol{X}_{(2)}) &= \sqrt{(\boldsymbol{X}_{(1)}-\boldsymbol{X}_{(2)})'(\boldsymbol{X}_{(1)}-\boldsymbol{X}_{(2)})} \\ &= \sqrt{\sum_{j=1}^{p}(x_{1j}-x_{2j})^2} \end{aligned}$$

但是欧式距离没有考虑到不同变量单位尺度的不同，如果观测指标为长度，长度单位选择米和选择厘米，算出的距离将相差很大；欧式距离也没有考虑到变量与变量之间的相关性. 我们下面定义一种距离既能消除单位尺度不同的影响又能反映变量间的相关性，即统计距离，也称为马氏距离.

两个样品 $\boldsymbol{X}_{(1)}=(x_{11},x_{12},\cdots,x_{1p})'$ 与 $\boldsymbol{X}_{(2)}=(x_{21},x_{22},\cdots,x_{2p})'$ 的马氏距离定义为

$$d_M(\boldsymbol{X}_{(1)},\boldsymbol{X}_{(2)})=\sqrt{(\boldsymbol{X}_{(1)}-\boldsymbol{X}_{(2)})'\boldsymbol{\Sigma}^{-1}(\boldsymbol{X}_{(1)}-\boldsymbol{X}_{(2)})}$$

根据这个定义，方差更大的变量贡献更小的权重，两个高度相关的变量的贡献小于两个相关性较低的变量，同时消除了指标单位尺度的影响. 马氏距离是多元统计分析中非常重要的一个概念，对我们后期学习多元正态分布以及学习多元数据的假设检验（如多元数据的两样本检验）和判别分析都有很大帮助. 统计距离其实就是两个经过标准化的向量 $\boldsymbol{\Sigma}^{-\frac{1}{2}}\boldsymbol{X}_{(1)}$ 与 $\boldsymbol{\Sigma}^{-\frac{1}{2}}\boldsymbol{X}_{(2)}$ 之间的欧式距离：

$$\begin{aligned} d\left(\sum{}^{-\frac{1}{2}}\boldsymbol{X}_{(1)},\sum{}^{-\frac{1}{2}}\boldsymbol{X}_{(2)}\right) &= \sqrt{(\boldsymbol{X}_{(1)}-\boldsymbol{X}_{(2)})'\left(\sum{}^{-\frac{1}{2}}\right)'\sum{}^{-\frac{1}{2}}(\boldsymbol{X}_{(1)}-\boldsymbol{X}_{(2)})} \\ &= \sqrt{(\boldsymbol{X}_{(1)}-\boldsymbol{X}_{(2)})'\sum{}^{-1}(\boldsymbol{X}_{(1)}-\boldsymbol{X}_{(2)})} \end{aligned}$$

即 $\boldsymbol{X}_{(1)}$ 与 $\boldsymbol{X}_{(2)}$ 的马氏距离.

例 2.2 已知一个二维正态总体 G 的分布：

$$N_2\left(\begin{pmatrix}0\\0\end{pmatrix},\begin{pmatrix}1 & 0.9\\0.9 & 1\end{pmatrix}\right)$$

求点 $\boldsymbol{A}=\begin{pmatrix}1\\1\end{pmatrix}$ 和点 $\boldsymbol{B}=\begin{pmatrix}1\\-1\end{pmatrix}$ 至均值 $\boldsymbol{\mu}=\begin{pmatrix}0\\0\end{pmatrix}$ 的马氏距离.

解:由假设可算得

$$\boldsymbol{\Sigma}^{-1}=\frac{1}{0.19}\begin{pmatrix}1 & -0.9\\ -0.9 & 1\end{pmatrix}$$

从而

$$d_M^2(\boldsymbol{A},\boldsymbol{\mu})=(1,1)\sum{}^{-1}\begin{pmatrix}1\\1\end{pmatrix}=\frac{0.2}{0.19}$$

$$d_M^2(\boldsymbol{B},\boldsymbol{\mu})=(1,-1)\sum{}^{-1}\begin{pmatrix}1\\-1\end{pmatrix}=\frac{3.8}{0.19}$$

如果用欧式距离,则有

$$d^2(\boldsymbol{A},\boldsymbol{\mu})=2,d^2(\boldsymbol{B},\boldsymbol{\mu})=2$$

两者的欧氏距离相等,但两者的马氏距离差 18 倍之多. 由前面讨论我们知道,本例的概率密度是

$$f(x_1,x_2)=\frac{1}{2\pi\sqrt{0.19}}\exp\left\{-\frac{1}{0.38}[x_1^2-1.8x_1x_2+x_2^2]\right\}$$

$\boldsymbol{A}$ 和 $\boldsymbol{B}$ 两点处的密度值分别是

$$f(1,1)=0.2157 \text{ 和 } f(1,-1)=0.00001658$$

说明前者应当离均值近,后者离均值远,马氏距离准确地反映了这一情况,而欧氏距离则不然. 这个例子告诉我们,正确地选择距离是非常重要的.

2.3 多元正态分布

正态分布是统计学中一个重要的分布. 德国 1991 年至 2001 年发行的一款 10 马克的纸币上面就印了正态分布的概率密度曲线和大名鼎鼎的数学家高斯的图像. 虽然高斯不是首个提出正态分布的人,但高斯运用正态分布刻画测量误差,并且提出了非常重要的极大似然的思想,这对后来的概率统计研究产生了非常大的影响,所以人们为了纪念高斯老先生对概率统计的贡献,将正态分布称为高斯分布. 此外,1977 年,德意志民主共和国发行了 20 马克的可流通纪念硬币上面也印有正态分布的密度曲线. 在介绍多元正态分布之前,先回顾一元正态分布.

2.3.1 一元正态分布回顾

若随机变量 X 服从均值为 μ,方差为 σ^2 的正态分布,记为 $X\sim N(\mu,\sigma^2)$,则其密度函数为

$$f(x)=\frac{1}{\sqrt{2\pi}\sigma}\mathrm{e}^{-\frac{(x-\mu)^2}{2\sigma^2}},-\infty<x<+\infty,$$

其概率密度曲线如图 2.1 所示.

它的图形如一个倒钟形,它的形状完全由 X 的均值和方差决定,X 的均值决定了密度曲线的中心位置,即曲线的对称轴;它的方差决定了密度曲线的陡峭程度,当方差越大时,离散程度越大,曲线越平坦,反之曲线越陡峭.

正态分布具有其他分布所没有的独特性质:

(1) 整个分布可以仅用均值和方差刻画;

(2) 如果变量之间不相关,则它们相互独立;

(3) 经典的统计推断通常基于正态分布假设;

(4) 正态分布可以模拟大量自然现象;

(5) 即使数据不服从正态分布,样本均值在大样本下也可由其近似(中心极限定理).

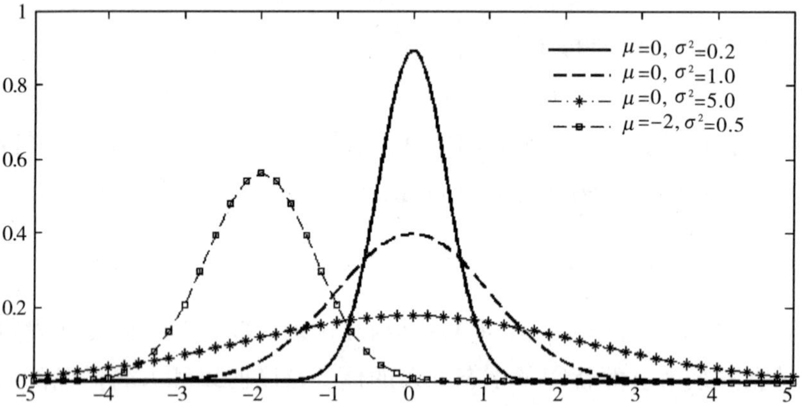

图 **2.1** 一元正态分布的概率密度曲线

2.3.2 多元正态分布的定义

类似于一元情况,我们给出多元正态分布的定义:

定义 2.5 若 p 维随机向量 $\boldsymbol{X}=(X_1,X_2,\cdots,X_p)'$ 服从均值向量为 $\boldsymbol{\mu}$,协方差矩阵为 $\boldsymbol{\Sigma}$ 的多元正态分布,记为 $\boldsymbol{X}\sim N_p(\boldsymbol{\mu},\boldsymbol{\Sigma})$,则其概率密度函数为

$$f(\boldsymbol{x})=f(x_1,x_2,\cdots,x_p)$$

$$= \frac{1}{(2\pi)^{\frac{p}{2}} \ |\boldsymbol{\Sigma}|^{\frac{1}{2}}} e^{-\frac{(\boldsymbol{x}-\boldsymbol{\mu})'\boldsymbol{\Sigma}^{-1}(\boldsymbol{x}-\boldsymbol{\mu})}{2}}$$

其中 $|\boldsymbol{\Sigma}|$ 是 $\boldsymbol{X}$ 的广义方差.

特别地，$p = 2$ 时，

$$\boldsymbol{\mu} = \begin{pmatrix} \mu_1 \\ \mu_2 \end{pmatrix}, \boldsymbol{\Sigma} = \begin{pmatrix} \sigma_1^2 & \rho_{12}\sigma_1\sigma_2 \\ \rho_{12}\sigma_1\sigma_2 & \sigma_2^2 \end{pmatrix},$$

则随机向量 $\boldsymbol{X} = (X_1, X_2)'$ 服从二元正态分布，记为

$$\boldsymbol{X} \sim N_2(\mu_1, \mu_2, \sigma_1^2, \sigma_2^2, \rho_{12}),$$

则

$$|\boldsymbol{\Sigma}| = \sigma_1^2\sigma_2^2 - \rho_{12}^2\sigma_1^2\sigma_2^2 = \sigma_1^2\sigma_2^2(1-\rho_{12}^2), |\boldsymbol{\Sigma}|^{\frac{1}{2}} = \sigma_1\sigma_2\sqrt{1-\rho_{12}^2},$$

$$-\frac{1}{2}(\boldsymbol{x}-\boldsymbol{\mu})'\boldsymbol{\Sigma}^{-1}(\boldsymbol{x}-\boldsymbol{\mu})$$

$$= -\frac{1}{2}(x_1-\mu_1, x_2-\mu_2)\begin{pmatrix} \sigma_1^2 & \rho_{12}\sigma_1\sigma_2 \\ \rho_{12}\sigma_1\sigma_2 & \sigma_2^2 \end{pmatrix}^{-1}\begin{pmatrix} x_1-\mu_1 \\ x_2-\mu_2 \end{pmatrix}$$

$$= -\frac{1}{2(1-\rho_{12}^2)}\left[\left(\frac{x_1-\mu_1}{\sigma_1}\right)^2 - 2\rho_{12}\left(\frac{x_1-\mu_1}{\sigma_1}\right)\left(\frac{x_2-\mu_2}{\sigma_2}\right) + \left(\frac{x_2-\mu_2}{\sigma_2}\right)^2\right]$$

由定义 2.5，二元正态分布 $\boldsymbol{X}=(X_1, X_2)'$ 的概率函数密度为

$$f(x_1, x_2) = \frac{1}{2\pi\sigma_1\sigma_2(1-\rho_{12}^2)^{\frac{1}{2}}}\exp\left\{-\frac{1}{2(1-\rho_{12}^2)}\left[\left(\frac{x_1-\mu_1}{\sigma_1}\right)^2 - 2\rho_{12}\left(\frac{x_1-\mu_1}{\sigma_1}\right)\left(\frac{x_2-\mu_2}{\sigma_2}\right) + \left(\frac{x_2-\mu_2}{\sigma_2}\right)^2\right]\right\}$$

当 $p=1$ 时，密度函数退化为

$$f(x) = (2\pi)^{-\frac{1}{2}}(\sigma^2)^{-\frac{1}{2}}\exp\left[-\frac{1}{2}(x-\mu)(\sigma^2)^{-1}(x-\mu)\right]$$

$$= \frac{1}{\sqrt{2\pi}\sigma}e^{-\frac{(x-\mu)^2}{2\sigma^2}}, -\infty < x < +\infty$$

这正是一元正态分布 $N(\mu, \sigma^2)$ 的密度函数.

二元正态分布的概率密度图形如图 2.2 所示，形状如一座山丘，也像一顶墨西哥帽子.

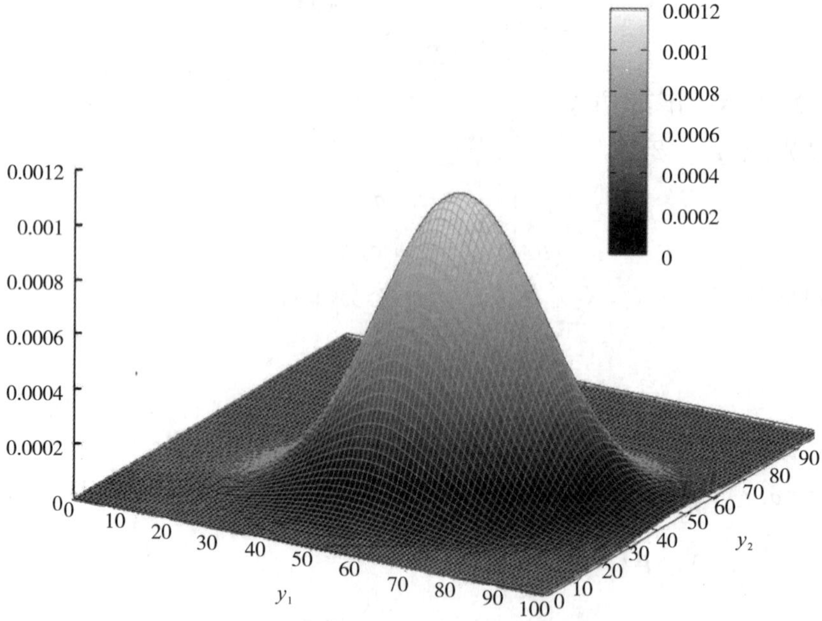

图 **2.2**　二元正态分布的概率密度曲面

下面用概率密度等高线研究概率密度图形. 二元正态分布情形下的概率密度等高线具有如下形式:

$$\left(\frac{x_1-\mu_1}{\sigma_1}\right)^2-2\rho_{12}\left(\frac{x_1-\mu_1}{\sigma_1}\right)\left(\frac{x_2-\mu_2}{\sigma_2}\right)+\left(\frac{x_2-\mu_2}{\sigma_2}\right)^2=c^2,$$

它是 x_1ox_2 平面上的一个椭圆. 其中 c 为常数, $|\rho_{12}|$ 越大,长轴越长,短轴越短,椭圆越扁平; $\rho_{12}=0$ 时,椭圆的长轴、短轴在坐标轴上.

根据多元正态分布的密度函数

$$f(\boldsymbol{x})=\frac{1}{(2\pi)^{\frac{p}{2}}\ |\boldsymbol{\Sigma}|^{\frac{1}{2}}}\mathrm{e}^{-\frac{(\boldsymbol{x}-\boldsymbol{\mu})'\boldsymbol{\Sigma}^{-1}(\boldsymbol{x}-\boldsymbol{\mu})}{2}}$$

可得到其概率密度等高线表达式:

$$(\boldsymbol{x}-\boldsymbol{\mu})'\boldsymbol{\Sigma}^{-1}(\boldsymbol{x}-\boldsymbol{\mu})=c^2.$$

根据矩阵谱分解理论,协方差矩阵 $\boldsymbol{\Sigma}$ 可分解为

$$\boldsymbol{\Sigma}=\sum_{j=1}^{p}\lambda_j\mathbf{e}_j\mathbf{e}_j'$$

其中 $(\lambda_j,\mathbf{e}_j)(j=1,2,\cdots,p)$ 是协方差矩阵 $\boldsymbol{\Sigma}$ 的(正交) 特征对. 从而

$$\boldsymbol{\Sigma}^{-1} = \sum_{j=1}^{p} \frac{1}{\lambda_j} \mathbf{e}_j \mathbf{e}_j',$$

代入概率密度等高线表达式，有

$$\sum_{j=1}^{p} \frac{[\mathbf{e}_j'(\boldsymbol{x}-\boldsymbol{\mu})]^2}{c^2\lambda_j} = 1,$$

做线性变换 $y_j - \mu_j = \mathbf{e}_j'(\boldsymbol{x}-\boldsymbol{\mu})$，即

$$\left(\frac{y_1-\mu_1}{c\sqrt{\lambda_1}}\right)^2 + \left(\frac{y_2-\mu_2}{c\sqrt{\lambda_2}}\right)^2 + \cdots + \left(\frac{y_p-\mu_p}{c\sqrt{\lambda_p}}\right)^2 = 1$$

它是 p 维欧式空间中的椭球，以 $\boldsymbol{\mu} = (\mu_1, \mu_2, \cdots, \mu_p)'$ 为中心，以 $\pm c\sqrt{\lambda_i}\mathbf{e}_i$ 为轴.

特别地，$p = 2$，密度等高线方程为

$$\left(\frac{y_1-\mu_1}{c\sqrt{\lambda_1}}\right)^2 + \left(\frac{y_2-\mu_2}{c\sqrt{\lambda_2}}\right)^2 = 1$$

就是二维平面上的椭圆，其长轴、短轴的方向由特征向量所确立，轴长由常数 c 所确定，不同的 c 对应不同的等高线. 在第 6 章讲主成分分析时，我们还需要用到概率密度等高线.

2.3.3　多元正态分布的性质

性质 2.3　设 $\boldsymbol{X} = (X_1, X_2, \cdots, X_p)' \sim N_p(\boldsymbol{\mu}, \boldsymbol{\Sigma})$，则有 $E(\boldsymbol{X}) = \boldsymbol{\mu}$，$Var(\boldsymbol{X}) = \boldsymbol{\Sigma}$.

性质 2.4　若 $\boldsymbol{X} = (X_1, X_2, \cdots, X_p)' \sim N_p(\boldsymbol{\mu}, \boldsymbol{\Sigma})$，$\boldsymbol{\Sigma}$ 为对角矩阵，则 $X_1, X_2, \cdots, X_p$ 相互独立.

性质 2.5　若 $\boldsymbol{X} \sim N_p(\boldsymbol{\mu}, \boldsymbol{\Sigma})$，$\boldsymbol{A}$ 为 $s \times p$ 阶常值矩阵，$\boldsymbol{d}$ 为 s 维常值向量，则

$$\boldsymbol{AX} + \boldsymbol{d} \sim N_s(\boldsymbol{A\mu} + \boldsymbol{d}, \boldsymbol{A\Sigma A}')$$

即正态分布的线性变换仍然服从正态分布.

性质 2.6　若 $\boldsymbol{X} \sim N_p(\boldsymbol{\mu}, \boldsymbol{\Sigma})$，将 $\boldsymbol{X}, \boldsymbol{\mu}, \boldsymbol{\Sigma}$ 做如下剖分：

$$\boldsymbol{X} = \begin{pmatrix} \boldsymbol{X}^{(1)} \\ \boldsymbol{X}^{(2)} \end{pmatrix}\begin{matrix} q \\ p-q \end{matrix}, \boldsymbol{\mu} = \begin{pmatrix} \boldsymbol{\mu}^{(1)} \\ \boldsymbol{\mu}^{(2)} \end{pmatrix}\begin{matrix} q \\ p-q \end{matrix}, \boldsymbol{\Sigma} = \begin{pmatrix} \boldsymbol{\Sigma}_{11} & \boldsymbol{\Sigma}_{12} \\ \boldsymbol{\Sigma}_{21} & \boldsymbol{\Sigma}_{22} \end{pmatrix}\begin{matrix} q \\ p-q \end{matrix}$$

则 $\boldsymbol{X}^{(1)} \sim N_q(\boldsymbol{\mu}^{(1)}, \boldsymbol{\Sigma}_{11})$，$\boldsymbol{X}^{(2)} \sim N_{p-q}(\boldsymbol{\mu}^{(2)}, \boldsymbol{\Sigma}_{22})$.

性质 2.7 设 p 维随机向量 $\boldsymbol{X} \sim N_p(\boldsymbol{\mu},\boldsymbol{\Sigma})$，

$$\boldsymbol{X} = \begin{pmatrix} \boldsymbol{X}^{(1)} \\ \boldsymbol{X}^{(2)} \end{pmatrix} \sim N_p\left(\begin{pmatrix} \boldsymbol{\mu}^{(1)} \\ \boldsymbol{\mu}^{(2)} \end{pmatrix}, \quad \begin{pmatrix} \boldsymbol{\Sigma}_{11} & \boldsymbol{\Sigma}_{12} \\ \boldsymbol{\Sigma}_{21} & \boldsymbol{\Sigma}_{22} \end{pmatrix}\right)$$

则 $\boldsymbol{X}^{(1)}$ 与 $\boldsymbol{X}^{(2)}$ 相互独立 $\Leftrightarrow \boldsymbol{\Sigma}_{12} = \boldsymbol{0}$，即 $\boldsymbol{X}^{(1)}$ 与 $\boldsymbol{X}^{(2)}$ 互不相关.

注：(1) 多元正态分布的任何边缘分布仍为正态分布，反之不真；

(2) 由于 $\boldsymbol{\Sigma}_{12} = Cov(\boldsymbol{X}^{(1)},\boldsymbol{X}^{(2)})$，故 $\boldsymbol{\Sigma}_{12} = \boldsymbol{0}$ 表示 $\boldsymbol{X}^{(1)}$ 与 $\boldsymbol{X}^{(2)}$ 不相关；

(3) 对多元正态分布来说，$\boldsymbol{X}$ 与 $\boldsymbol{Y}$ 相互独立与不相关是等价的.

例 2.3 设三维随机向量 $\boldsymbol{X} \sim N_3(\boldsymbol{\mu},2\boldsymbol{I}_3)$. 已知

$$\boldsymbol{\mu} = \begin{pmatrix} 2 \\ 0 \\ 0 \end{pmatrix}, \boldsymbol{A} = \begin{pmatrix} 0.5 & -1 & 0.5 \\ -0.5 & 0 & -0.5 \end{pmatrix}, \boldsymbol{d} = \begin{pmatrix} 1 \\ 2 \end{pmatrix}$$

试求 $\boldsymbol{Y} = \boldsymbol{AX} + \boldsymbol{d}$ 的分布.

解：根据性质 2.5，

$$\boldsymbol{Y} = \boldsymbol{AX} + \boldsymbol{d} \sim N_2(\boldsymbol{\mu}_Y,\boldsymbol{\Sigma}_Y)$$

$$\boldsymbol{A\mu} + \boldsymbol{d} = \begin{pmatrix} 1 \\ -1 \end{pmatrix} + \begin{pmatrix} 1 \\ 2 \end{pmatrix} = \begin{pmatrix} 2 \\ 1 \end{pmatrix}$$

$$\boldsymbol{A}(2\boldsymbol{I}_3)\boldsymbol{A}' = 2\boldsymbol{AA}' = \begin{pmatrix} 3 & -1 \\ -1 & 1 \end{pmatrix}$$

因此 $\boldsymbol{Y} \sim N_2\left(\begin{pmatrix} 2 \\ 1 \end{pmatrix} \quad \begin{pmatrix} 3 & -1 \\ -1 & 1 \end{pmatrix}\right)$.

例 2.4 设 $\boldsymbol{X}^{(1)},\boldsymbol{X}^{(2)}$ 均为 p 维随机向量

$$\boldsymbol{X} = \begin{pmatrix} \boldsymbol{X}^{(1)} \\ \boldsymbol{X}^{(2)} \end{pmatrix} \sim N_{2p}(\boldsymbol{\mu},\boldsymbol{\Sigma}), \boldsymbol{\mu} = \begin{pmatrix} \boldsymbol{\mu}^{(1)} \\ \boldsymbol{\mu}^{(2)} \end{pmatrix}, \boldsymbol{\Sigma} = \begin{pmatrix} \boldsymbol{\Sigma}_{11} & \boldsymbol{\Sigma}_{12} \\ \boldsymbol{\Sigma}_{12} & \boldsymbol{\Sigma}_{11} \end{pmatrix}$$

(1) 证明 $\boldsymbol{X}^{(1)} + \boldsymbol{X}^{(2)}$ 和 $\boldsymbol{X}^{(1)} - \boldsymbol{X}^{(2)}$ 相互独立；

(2) 求 $\boldsymbol{X}^{(1)} + \boldsymbol{X}^{(2)}$ 和 $\boldsymbol{X}^{(1)} - \boldsymbol{X}^{(2)}$ 的分布.

解：(1) 设 $\boldsymbol{A} = \begin{pmatrix} \boldsymbol{I}_p & \boldsymbol{I}_p \\ \boldsymbol{I}_p & -\boldsymbol{I}_p \end{pmatrix}$，则 $\boldsymbol{AX} = \begin{pmatrix} X^{(1)} + X^{(2)} \\ X^{(1)} - X^{(2)} \end{pmatrix}$. 由性质 2.5 知，$\boldsymbol{AX}$ 服从正态分布.

又

$$Var(\boldsymbol{AX})=\boldsymbol{A}Var(\boldsymbol{X})\boldsymbol{A}'=\begin{pmatrix}\boldsymbol{I}_p & \boldsymbol{I}_p\\ \boldsymbol{I}_p & -\boldsymbol{I}_p\end{pmatrix}\begin{pmatrix}\boldsymbol{\Sigma}_{11} & \boldsymbol{\Sigma}_{12}\\ \boldsymbol{\Sigma}_{12} & \boldsymbol{\Sigma}_{11}\end{pmatrix}\begin{pmatrix}\boldsymbol{I}_p & \boldsymbol{I}_p\\ \boldsymbol{I}_p & -\boldsymbol{I}_p\end{pmatrix}$$

$$=\begin{pmatrix}\boldsymbol{\Sigma}_{11}+\boldsymbol{\Sigma}_{12} & \boldsymbol{\Sigma}_{12}+\boldsymbol{\Sigma}_{11}\\ \boldsymbol{\Sigma}_{11}-\boldsymbol{\Sigma}_{12} & \boldsymbol{\Sigma}_{12}-\boldsymbol{\Sigma}_{11}\end{pmatrix}\begin{pmatrix}\boldsymbol{I}_p & \boldsymbol{I}_p\\ \boldsymbol{I}_p & -\boldsymbol{I}_p\end{pmatrix}$$

$$=\begin{pmatrix}2\boldsymbol{\Sigma}_{11}+2\boldsymbol{\Sigma}_{12} & 0\\ 0 & 2\boldsymbol{\Sigma}_{11}-2\boldsymbol{\Sigma}_{12}\end{pmatrix}$$

由性质 2.7 知 $\boldsymbol{X}^{(1)}+\boldsymbol{X}^{(2)}$ 和 $\boldsymbol{X}^{(1)}-\boldsymbol{X}^{(2)}$ 相互独立.

$$(2)E(\boldsymbol{AX})=\boldsymbol{A}E(\boldsymbol{X})=\begin{pmatrix}\boldsymbol{I}_p & \boldsymbol{I}_p\\ \boldsymbol{I}_p & -\boldsymbol{I}_p\end{pmatrix}\begin{pmatrix}\boldsymbol{\mu}^{(1)}\\ \boldsymbol{\mu}^{(2)}\end{pmatrix}=\begin{pmatrix}\boldsymbol{\mu}^{(1)}+\boldsymbol{\mu}^{(2)}\\ \boldsymbol{\mu}^{(1)}-\boldsymbol{\mu}^{(2)}\end{pmatrix}$$

$$\therefore E(\boldsymbol{X}^{(1)}+\boldsymbol{X}^{(2)})=\boldsymbol{\mu}^{(1)}+\boldsymbol{\mu}^{(2)},E(\boldsymbol{X}^{(1)}-\boldsymbol{X}^{(2)})=\boldsymbol{\mu}^{(1)}-\boldsymbol{\mu}^{(2)}$$

由第一问求解知

$$Var(\boldsymbol{X}^{(1)}+\boldsymbol{X}^{(2)})=2\boldsymbol{\Sigma}_{11}+2\boldsymbol{\Sigma}_{12},$$

$$Var(\boldsymbol{X}^{(1)}-\boldsymbol{X}^{(2)})=2\boldsymbol{\Sigma}_{11}-2\boldsymbol{\Sigma}_{12}$$

由性质 2.6 知

$$\boldsymbol{X}^{(1)}+\boldsymbol{X}^{(2)}\sim N_p(\boldsymbol{\mu}^{(1)}+\boldsymbol{\mu}^{(2)},2\boldsymbol{\Sigma}_{11}+2\boldsymbol{\Sigma}_{12})$$

$$\boldsymbol{X}^{(1)}-\boldsymbol{X}^{(2)}\sim N_p(\boldsymbol{\mu}^{(1)}-\boldsymbol{\mu}^{(2)},2\boldsymbol{\Sigma}_{11}-2\boldsymbol{\Sigma}_{12})$$

2.4 多元正态分布的参数估计

2.4.1 多元样本的数字特征

设多元总体 $\boldsymbol{X}=(X_1,X_2,\cdots,X_p)'$ 的样本数据资料可表示为如下矩阵形式：

$$\boldsymbol{X}=\begin{pmatrix}X_{11} & X_{12} & \cdots & X_{1p}\\ X_{21} & X_{22} & \cdots & X_{2p}\\ \vdots & \vdots & \ddots & \vdots\\ X_{n1} & X_{n2} & \cdots & X_{np}\end{pmatrix}=(\boldsymbol{X}_1,\boldsymbol{X}_2,\cdots,\boldsymbol{X}_p)=\begin{pmatrix}\boldsymbol{X}'_{(1)}\\ \boldsymbol{X}'_{(2)}\\ \vdots\\ \boldsymbol{X}'_{(n)}\end{pmatrix}$$

下面给出样本均值向量、样本离差矩阵、样本协方差矩阵以及样本相关系数矩阵的定义.

设 $\boldsymbol{X}_{(1)},\boldsymbol{X}_{(2)},\cdots,\boldsymbol{X}_{(n)}$ 为来自 p 维总体的样本，其中

$$\boldsymbol{X}'_{(\alpha)}=(X_{\alpha1},X_{\alpha2},\cdots,X_{\alpha p}),\alpha=1,2,\cdots,n$$

（1）样本均值向量：

$$\hat{\boldsymbol{\mu}} = \overline{\boldsymbol{X}} = \begin{pmatrix} \overline{X}_1 \\ \overline{X}_2 \\ \vdots \\ \overline{X}_p \end{pmatrix} = \frac{1}{n}\sum_{\alpha=1}^{n}\boldsymbol{X}_{(\alpha)} = \begin{pmatrix} \frac{1}{n}\sum_{\alpha=1}^{n}X_{\alpha 1} \\ \frac{1}{n}\sum_{\alpha=1}^{n}X_{\alpha 2} \\ \vdots \\ \frac{1}{n}\sum_{\alpha=1}^{n}X_{\alpha p} \end{pmatrix}$$

（2）样本离差矩阵：

$$\boldsymbol{A} = \sum_{\alpha=1}^{n}(\boldsymbol{X}_{(\alpha)} - \overline{\boldsymbol{X}})(\boldsymbol{X}_{(\alpha)} - \overline{\boldsymbol{X}})' = (a_{ij})_{p\times p}$$

其中

$$a_{ij} = \sum_{\alpha=1}^{n}(X_{\alpha i} - \overline{X}_i)(X_{\alpha j} - \overline{X}_j)(i,j = 1,2,\cdots,p),$$

由分块矩阵的运算可得

$$\begin{aligned}\boldsymbol{A} &= \sum_{\alpha=1}^{n}(\boldsymbol{X}_{(\alpha)} - \overline{\boldsymbol{X}})(\boldsymbol{X}'_{(\alpha)} - \overline{\boldsymbol{X}}') \\ &= \sum_{\alpha=1}^{n}\boldsymbol{X}_{(\alpha)}\boldsymbol{X}'_{(\alpha)} - \sum_{\alpha=1}^{n}\overline{\boldsymbol{X}}\boldsymbol{X}'_{(\alpha)} - \sum_{\alpha=1}^{n}\boldsymbol{X}_{(\alpha)}\overline{\boldsymbol{X}}' + \sum_{\alpha=1}^{n}\overline{\boldsymbol{X}}\,\overline{\boldsymbol{X}}' \\ &= \boldsymbol{X}'\boldsymbol{X} - \overline{\boldsymbol{X}}n\overline{\boldsymbol{X}}' - n\overline{\boldsymbol{X}}\,\overline{\boldsymbol{X}}' + n\overline{\boldsymbol{X}}\,\overline{\boldsymbol{X}}' = \boldsymbol{X}'\boldsymbol{X} - n\overline{\boldsymbol{X}}\,\overline{\boldsymbol{X}}'\end{aligned}$$

（3）样本协方差矩阵：

$$\boldsymbol{S} = \frac{1}{n-1}\boldsymbol{A} = \frac{1}{n-1}\sum_{\alpha=1}^{n}(\boldsymbol{X}_{(\alpha)} - \overline{\boldsymbol{X}})(\boldsymbol{X}_{(\alpha)} - \overline{\boldsymbol{X}})' = (s_{ij})_{p\times p}$$

其中

$$s_{ij} = \frac{1}{n-1}\sum_{\alpha=1}^{n}(X_{\alpha i} - \overline{X}_i)(X_{\alpha j} - \overline{X}_j)$$

为随机变量 X_i 与 X_j 的样本协方差；

$$s_{ii} = \frac{1}{n-1}\sum_{\alpha=1}^{n}(X_{\alpha i} - \overline{X}_i)^2(i = 1,2,\cdots,p)$$

为随机变量 X_i 的样本方差，样本方差的算术平方根 $\sqrt{s_{ii}}$ 称为随机变量 X_i 的样本标准差. 称矩阵 $\boldsymbol{S}_{p\times p}$ 的行列式 $|\boldsymbol{S}|$ 为样本广义方差.

（4）样本相关系数矩阵：

$$\boldsymbol{R}=(r_{ij})_{p\times p}$$

其中

$$r_{ij}=\frac{s_{ij}}{\sqrt{s_{ii}}\sqrt{s_{jj}}}(i,j=1,2,\cdots,p).$$

2.4.2　多元正态总体均值向量和协方差矩阵的估计

多元正态总体有两组参数：均值向量 $\boldsymbol{\mu}$ 和协方差矩阵 $\boldsymbol{\Sigma}$，许多实际问题中它们是未知的，需要用样本数据估计，通过样本估计总体分布的参数，称为参数估计. 参数估计的原则和方法很多，这里介绍用极大似然法来估计 $\boldsymbol{\mu}$ 和 $\boldsymbol{\Sigma}$ 的过程，极大似然法是通过求似然函数的极大值点估计参数的.

设总体 $\boldsymbol{X}=(X_1,X_2,\cdots,X_p)'\sim N_p(\boldsymbol{\mu},\boldsymbol{\Sigma})$，$\boldsymbol{X}_{(1)},\boldsymbol{X}_{(2)},\cdots,\boldsymbol{X}_{(n)}$ 为来自总体 $\boldsymbol{X}$ 的样本. 用 $\boldsymbol{X}$ 的联合密度函数构造似然函数：

$$\begin{aligned}L(\boldsymbol{\mu},\boldsymbol{\Sigma})&=\prod_{i=1}^{n}f(\boldsymbol{x}_{(i)})\\&=\prod_{i=1}^{n}(2\pi)^{-\frac{p}{2}}\,|\boldsymbol{\Sigma}|^{-\frac{1}{2}}\exp\left[-\frac{1}{2}(\boldsymbol{x}_{(i)}-\boldsymbol{\mu})'\boldsymbol{\Sigma}^{-1}(\boldsymbol{x}_{(i)}-\boldsymbol{\mu})\right]\\&=\left[(2\pi)^{p}|\boldsymbol{\Sigma}|\right]^{-\frac{n}{2}}\exp\left[-\frac{1}{2}\sum_{i=1}^{n}(\boldsymbol{x}_{(i)}-\boldsymbol{\mu})'\boldsymbol{\Sigma}^{-1}(\boldsymbol{x}_{(i)}-\boldsymbol{\mu})\right]\end{aligned}$$

两边取对数：

$$\begin{aligned}\ln L(\boldsymbol{\mu},\boldsymbol{\Sigma})=&-\frac{1}{2}pn\ln(2\pi)-\frac{n}{2}\ln|\boldsymbol{\Sigma}|\\&-\frac{1}{2}\sum_{i=1}^{n}(\boldsymbol{x}_{(i)}-\boldsymbol{\mu})'\boldsymbol{\Sigma}^{-1}(\boldsymbol{x}_{(i)}-\boldsymbol{\mu})\end{aligned}\tag{2.1}$$

根据矩阵代数理论，对实对称矩阵 $\boldsymbol{A}$，有

$$\frac{\partial(\boldsymbol{X}'\boldsymbol{A}\boldsymbol{X})}{\partial\boldsymbol{X}}=2\boldsymbol{A}\boldsymbol{X},\frac{\partial(\boldsymbol{X}'\boldsymbol{A}\boldsymbol{X})}{\partial\boldsymbol{A}}=\boldsymbol{X}\boldsymbol{X}',\frac{\partial\ln|\boldsymbol{A}|}{\partial\boldsymbol{A}}=\boldsymbol{A}^{-1}$$

对式(2.1)分别关于 $\boldsymbol{\mu}$ 和 $\boldsymbol{\Sigma}$ 求偏导，有

$$\begin{cases}\dfrac{\partial\ln L(\boldsymbol{\mu},\boldsymbol{\Sigma})}{\partial\boldsymbol{\mu}}=\sum\limits_{i=1}^{n}\boldsymbol{\Sigma}^{-1}(\boldsymbol{x}_{(i)}-\boldsymbol{\mu})=\boldsymbol{0}\\\dfrac{\partial\ln L(\boldsymbol{\mu},\boldsymbol{\Sigma})}{\partial\boldsymbol{\Sigma}}=-\dfrac{n}{2}\boldsymbol{\Sigma}^{-1}+\dfrac{1}{2}\sum\limits_{i=1}^{n}(\boldsymbol{x}_{(i)}-\boldsymbol{\mu})(\boldsymbol{x}_{(i)}-\boldsymbol{\mu})'\boldsymbol{\Sigma}^{-2}=\boldsymbol{0}\end{cases}$$

解上述方程组可得 $\boldsymbol{\mu}$ 和 $\sum$ 的极大似然估计值为

$$\begin{cases}\hat{\boldsymbol{\mu}} = \overline{\boldsymbol{x}} \\ \hat{\boldsymbol{\Sigma}} = \dfrac{1}{n}\sum_{i=1}^{n}(\boldsymbol{x}_{(i)} - \overline{\boldsymbol{x}})(\boldsymbol{x}_{(i)} - \overline{\boldsymbol{x}})' = \dfrac{n-1}{n}\boldsymbol{S}\end{cases}$$

注：$\overline{\boldsymbol{x}}$ 是 $\boldsymbol{\mu}$ 的无偏估计，$\boldsymbol{S}$ 是 $\boldsymbol{\Sigma}$ 的无偏估计，$\dfrac{n-1}{n}\boldsymbol{S}$ 不是 $\boldsymbol{\Sigma}$ 的无偏估计.

第 3 章
多元正态总体的假设检验

3.1 引言

在实际问题中多元正态总体 $N_p(\boldsymbol{\mu},\boldsymbol{\Sigma})$ 中的参数 $\boldsymbol{\mu}$ 和 $\boldsymbol{\Sigma}$ 一般是未知的，需要通过样本进行统计推断. 在第 2 章我们运用极大似然法对 $\boldsymbol{\mu}$ 和 $\boldsymbol{\Sigma}$ 进行了参数估计，本章还将对它们做进一步的统计推断.

统计推断就是根据抽样数据对总体中我们感兴趣的未知部分作出推测. 统计推断包括参数估计（在第 2 章已讨论）和假设检验. 在一元正态总体 $N(\mu,\sigma^2)$ 中，参数 μ,σ^2 的假设检验涉及一个总体、两个总体及多个总体的检验问题；推广到 p 元正态总体 $N_p(\boldsymbol{\mu},\boldsymbol{\Sigma})$，类似地，对均值向量 $\boldsymbol{\mu}$ 和协方差矩阵 $\boldsymbol{\Sigma}$ 涉及的检验也有一个总体，两个总体，乃至多个总体的检验问题.

在一元统计中，用于检验参数 μ,σ^2 的抽样分布主要为 χ^2 分布，t 分布，F 分布等，它们都是由正态总体 $N(\mu,\sigma^2)$ 的随机样本导出的检验统计量. 推广到多元正态总体后，也有相应于以上三个常用分布的统计量：Wishart $\boldsymbol{W}$ 统计量，Hotelling T^2 统计量，Wilks Λ 统计量. 本章在介绍多元正态总体参数的假设检验问题之前，先介绍这几个统计量的分布.

3.2 几个重要统计量的分布

在一元统计中我们学习了来自正态总体的几个常见统计量的分布：

(1)χ^2 分布

设 $X_1,X_2,\cdots,X_n$ 是来自总体 $N(0,1)$ 的样本，则称统计量

$$\chi^2=X_1^2+X_2^2+\cdots+X_n^2$$

服从自由度为 n 的 χ^2 分布，记为 $\chi^2\sim\chi^2(n)$.

(2)t 分布

设 $X\sim N(0,1)$，$Y\sim\chi^2(n)$，且 X,Y 相互独立，则称随机变量

$$t=X/\sqrt{Y/n}$$

服从自由度为 n 的 t 分布，记为 $t\sim t(n)$.

(3)F 分布

设 $U\sim\chi^2(n_1)$，$V\sim\chi^2(n_2)$，且 U,V 相互独立，则称随机变量

$$F=\frac{U/n_1}{V/n_2}$$

服从自由度为 (n_1,n_2) 的 F 分布，记为 $F\sim F(n_1,n_2)$.

由这三大分布可以推导出来正态总体的样本均值 $\overline{X}$ 和样本协方差 S^2 的统计分布如下：

设 $X_1,X_2,\cdots,X_n$ 是来自正态总体 $N(\mu,\sigma^2)$ 的样本，$\overline{X}$ 与 S^2 分别是其样本均值和样本方差，则有

(1)$\overline{X}\sim N\left(\mu,\frac{\sigma^2}{n}\right)$;

(2) $\frac{(n-1)S^2}{\sigma^2}\sim\chi^2(n-1)$;

(3)$\overline{X}$ 与 S^2 相互独立；

(4) $\frac{\overline{X}-\mu}{S/\sqrt{n}}\sim t(n-1)$.

关于两个正态总体的样本均值和样本方差，有如下结论：

设 $X_1,X_2,\cdots,X_{n_1}$ 与 $Y_1,Y_2,\cdots,Y_{n_2}$ 是分别来自正态总体 $N(\mu_1,\sigma_1^2)$ 与 $N(\mu_2,\sigma_2^2)$ 的样本，且两样本独立，$\overline{X},\overline{Y}$ 分别是这两个样本的样本均值，S_1^2,S_2^2

分别是这两个样本的样本方差，则有

(1) $\dfrac{S_1^2/S_2^2}{\sigma_1^2/\sigma_2^2} \sim F(n_1-1,n_2-1)$；

(2) 当 $\sigma_1^2=\sigma_2^2=\sigma^2$ 时，

$$\frac{(\overline{X}-\overline{Y})-(\mu_1-\mu_2)}{S_w\sqrt{\dfrac{1}{n_1}+\dfrac{1}{n_2}}} \sim t(n_1+n_2-2),$$

其中 $S_w^2=\dfrac{(n_1-1)S_1^2+(n_2-1)S_2^2}{n_1+n_2-2}$，$S_w=\sqrt{S_w^2}$.

这些有关来自正态总体的样本均值、样本方差的统计分布是三大统计分布：χ^2 分布，t 分布，F 分布. 那么有关来自多元正态总体的样本均值向量 $\overline{\boldsymbol{X}}$ 与样本协方差矩阵 $\boldsymbol{S}$ 的分布又是什么呢？为此先给出 Wishart $\boldsymbol{W}$ 分布、Hotelling T^2 分布和 Wilks Λ 分布的定义，它们分别是 χ^2 分布、t 分布、F 分布的推广，是构成其他重要分布的基础，也是多元正态总体参数假设检验的基础.

3.2.1　Wishart 分布

定义 3.1　设 n 个 p 维随机向量 $\boldsymbol{X}_i(i=1,2,\cdots,n)$ 独立同分布，且它们均服从正态分布 $N_p(\boldsymbol{0},\boldsymbol{\Sigma})$，则 $p\times p$ 维随机矩阵

$$\boldsymbol{W}=\sum_{i=1}^{n}\boldsymbol{X}_i\boldsymbol{X}_i'$$

的分布称为中心 Wishart 分布，记为 $\boldsymbol{W}\sim W_p(n,\boldsymbol{\Sigma})$.

特别地，当 $p=1$，$\boldsymbol{\Sigma}=1$ 时，此时 $X_i\sim N(0,1)$，$W=\sum_{i=1}^{n}X_i^2\sim\chi^2(n)$ 服从自由度为 n 的 χ^2 分布. 因此 Wishart 分布是 χ^2 分布在 p 维正态情况下的推广.

类似于 χ^2 分布，Wishart 分布具有如下性质：

性质 3.1　假设 $p\times p$ 维随机矩阵 $\boldsymbol{W}_1$ 和 $\boldsymbol{W}_2$ 分别服从分布 $W_p(n_1,\boldsymbol{\Sigma})$，$W_p(n_2,\boldsymbol{\Sigma})$，且彼此独立，则 $\boldsymbol{W}_1+\boldsymbol{W}_2\sim W_p(n_1+n_2,\boldsymbol{\Sigma})$.

性质 3.2　如果 $\boldsymbol{W}\sim W_p(n,\boldsymbol{\Sigma})$，$\boldsymbol{C}$ 为 $k\times p$ 的常数矩阵，则有 $\boldsymbol{CWC}'\sim W_k(n,\boldsymbol{C\Sigma C}')$.

3.2.2　Hotelling 分布

定义 3.2　设 $\boldsymbol{X}\sim N_p(\boldsymbol{0},\boldsymbol{\Sigma})$，$\boldsymbol{W}\sim W_p(n,\boldsymbol{\Sigma})(\boldsymbol{\Sigma}>0,n\geqslant p)$，且 $\boldsymbol{X}$ 与 $\boldsymbol{W}$ 相互独立，则称统计量

$$T^2 = n\boldsymbol{X}'\boldsymbol{W}^{-1}\boldsymbol{X}$$

的分布为 Hotelling T^2 分布,记为 $T^2 \sim T^2(p,n)$.

特别地,

$$X \sim N(0,1), Y \sim \chi^2(n)$$

且 X 与 Y 独立,则

$$T^2 = \frac{nX^2}{Y}$$

即

$$T = \frac{X}{\sqrt{Y/n}}$$

则 T 服从自由度为 n 的 t 分布,即 $T \sim t(n)$. 因此 Hotelling 分布是 t 分布在 p 维正态分布情况下的推广.

在一元统计分析中,若 $T \sim t(n)$ 分布,则 $T^2 \sim F(1,n)$ 分布,即可以把服从 t 分布的统计量转化为服从 F 分布的统计量来处理,在多元统计分析中 T^2 统计量也具有类似的性质.

性质 3.3 若 $\boldsymbol{X} \sim N_p(\boldsymbol{0},\boldsymbol{\Sigma})$,$\boldsymbol{W} \sim W_p(n,\boldsymbol{\Sigma})$,且 $\boldsymbol{X}$ 与 $\boldsymbol{W}$ 相互独立,则

$$T^2 = n\boldsymbol{X}'\boldsymbol{W}^{-1}\boldsymbol{X} \sim T^2(p,n),$$

同时,

$$\frac{n-p+1}{np}T^2 \sim F(p,n-p+1).$$

后面介绍多元正态总体的假设检验时,经常用这一性质将 T^2 分布转化为 F 分布来求解拒绝域.

3.2.3 Wilks 分布

根据广义方差的定义,仿照 F 分布的定义给出多元统计中两个广义方差之比的统计量并定义其分布.

定义 3.3 若

$$\boldsymbol{W}_1 \sim W_p(n_1,\boldsymbol{\Sigma}), \boldsymbol{W}_2 \sim W_p(n_2,\boldsymbol{\Sigma}), \boldsymbol{\Sigma} > 0, n_1 \geqslant p$$

且 $\boldsymbol{W}_1$ 和 $\boldsymbol{W}_2$ 相互独立,则称广义方差之比

$$\Lambda = \frac{|\boldsymbol{W}_1|}{|\boldsymbol{W}_1 + \boldsymbol{W}_2|}$$

为 Wilks 统计量,称 Λ 服从的分布为 Wilks 分布,记为 $\Lambda \sim \Lambda(p,n_1,n_2)$.

实际应用中常把Λ统计量化为T^2统计量，进而转化为F统计量，然后利用熟知的F统计量来解决多元统计分析中有关假设检验的问题. Λ统计量与F统计量的关系如表 3.1.

表 **3.1** $\boldsymbol{\Lambda}$ 统计量与 $\boldsymbol{F}$ 统计量的关系($\boldsymbol{\Lambda \sim \Lambda(p, n_1, n_2), n_1 \geqslant p}$)

p	n_2	统计量 F	F 的自由度
任意	1	$\frac{1-\Lambda}{\Lambda}\cdot\frac{n_1-p+1}{p}$	p, n_1-p+1
任意	2	$\frac{1-\sqrt{\Lambda}}{\sqrt{\Lambda}}\cdot\frac{n_1-p}{p}$	$2p, 2(n_1-p)$
1	任意	$\frac{1-\Lambda}{\Lambda}\cdot\frac{n_1}{n_2}$	n_2, n_1
2	任意	$\frac{1-\sqrt{\Lambda}}{\sqrt{\Lambda}}\cdot\frac{n_1-1}{n_2}$	$2n_2, 2(n_1-1)$

当$n_2>2, p>2$时，可用χ^2统计量或F统计量来近似表示. 即

(1)$V=-\left[(n_1+n_2)-\frac{p+n_2+1}{2}\right]\cdot\ln\Lambda\overset{\text{近似}}{\sim}\chi^2(pn_2)$；

(2)$R=\frac{1-\Lambda^{\frac{1}{s}}}{\Lambda^{\frac{1}{s}}}\cdot\frac{ts-2\lambda}{pn_2}\overset{\text{近似}}{\sim}F(pn_2, ts-2\lambda)$.

其中

$$t=n_1+n_2-\frac{p+n_2+1}{2}, s=\sqrt{\frac{p^2n_2^2-4}{p^2+n_2{}^2-5}}, \lambda=\frac{pn_2-2}{4},$$

$ts-2\lambda$ 不是整数时，对 $ts-2\lambda$ 取整，即$[ts-2\lambda]$作为分布的第二自由度.

3.2.4 样本均值向量和样本协方差矩阵的抽样分布

设$\boldsymbol{X}_{(1)}, \boldsymbol{X}_{(2)}, \cdots, \boldsymbol{X}_{(n)}$是来自多元正态总体$N_p(\boldsymbol{\mu}, \boldsymbol{\Sigma})$的样本，$\overline{\boldsymbol{X}}$、$\boldsymbol{S}$分别是样本均值向量和样本协方差矩阵，则有以下结论：

(1)$\overline{\boldsymbol{X}}\sim N_p\left(\boldsymbol{\mu}, \frac{1}{n}\boldsymbol{\Sigma}\right)$；

(2)$(n-1)\boldsymbol{S}\sim W_p(n-1, \boldsymbol{\Sigma})$；

(3)$\overline{\boldsymbol{X}}$ 与 $\boldsymbol{S}$ 相互独立；

(4)$\chi^2=n(\overline{\boldsymbol{X}}-\boldsymbol{\mu})'\boldsymbol{\Sigma}^{-1}(\overline{\boldsymbol{X}}-\boldsymbol{\mu})\sim\chi^2(p)$；

(5) $T^2 = n(\overline{\boldsymbol{X}}-\boldsymbol{\mu})'\boldsymbol{S}^{-1}(\overline{\boldsymbol{X}}-\boldsymbol{\mu}) \sim T^2(p,n-1)$.

3.3 多元正态总体均值向量的检验

设 $\boldsymbol{X}_{(1)},\boldsymbol{X}_{(2)},\cdots,\boldsymbol{X}_{(n)}$ 是来自正态总体 $N_p(\boldsymbol{\mu},\boldsymbol{\Sigma})$ 的样本,$\overline{\boldsymbol{X}}$、$\boldsymbol{S}$ 是其样本均值向量和样本协方差矩阵. 有关正态总体参数的假设检验通常有两种,一种是对总体均值向量的检验,即对假设 $H_0:\boldsymbol{\mu}=\boldsymbol{\mu}_0,H_1:\boldsymbol{\mu}\neq\boldsymbol{\mu}_0$ 做检验;一种是对总体协方差矩阵的检验,即检验假设 $H_0:\boldsymbol{\Sigma}=\boldsymbol{\Sigma}_0,H_1:\boldsymbol{\Sigma}\neq\boldsymbol{\Sigma}_0$. 假设检验的思想是选取适当的统计量,在控制犯第 Ⅰ 类错误(弃真)的概率的前提下,构建检验标准. 其基本步骤可归纳如下:

(1) 根据问题的要求提出原假设和对立假设 H_0、H_1;

(2) 选取合适的检验统计量,并在 H_0 为真的情况下给出它的抽样分布;

(3) 给定显著性水平(即犯第 Ⅰ 类错误的概率) 求出拒绝域(即检验标准);

(4) 由样本观测值计算统计量值,查出抽样分布的上 α 分位点,再由检验标准对原假设作出判断.

3.3.1 一元正态总体均值检验的回顾

设一元总体 X 服从正态分布 $N(\mu,\sigma^2)$,$X_1,X_2,\cdots,X_n$ 是其样本,在显著性水平 α 下,我们要检验假设:

$$H_0:\mu=\mu_0,H_1:\mu\neq\mu_0$$

(1)当总体方差 σ^2 已知时,取检验统计量

$$Z=\frac{\overline{X}-\mu_0}{\frac{\sigma}{\sqrt{n}}}$$

其中 $\overline{X}$ 为样本均值. H_0 为真时,$Z\sim N(0,1)$. 拒绝域为

$$\left\{|Z|>Z_{\frac{\alpha}{2}}\right\}$$

(2)当总体方差未知时,取检验统计量

$$t=\frac{\overline{X}-\mu_0}{\frac{S}{\sqrt{n}}}$$

其中 S 为样本标准差. H_0 为真时,$t\sim t(n-1)$,在显著性水平为 α 时,拒绝

域为

$$\left\{|t|\geqslant t_{\frac{\alpha}{2}}(n-1)\right\}.$$

3.3.2　一个正态总体均值向量的检验

设 $\boldsymbol{X}_{(1)},\boldsymbol{X}_{(2)},\cdots,\boldsymbol{X}_{(n)}$ 是来自正态总体 $N_p(\boldsymbol{\mu},\boldsymbol{\Sigma})$ 的样本，

$$\overline{\boldsymbol{X}}=\frac{1}{n}\sum_{\alpha=1}^{n}\boldsymbol{X}_{(\alpha)},\boldsymbol{S}=\frac{1}{n-1}\sum_{\alpha=1}^{n}(\boldsymbol{X}_{(\alpha)}-\overline{\boldsymbol{X}})(\boldsymbol{X}_{(\alpha)}-\overline{\boldsymbol{X}})'$$

分别是样本均值向量和样本协方差矩阵.

(1) 协方差矩阵 $\boldsymbol{\Sigma}$ 已知时均值向量的假设检验

$$H_0:\boldsymbol{\mu}=\boldsymbol{\mu}_0,H_1:\boldsymbol{\mu}\neq\boldsymbol{\mu}_0$$

取检验统计量

$$\chi^2=n(\overline{\boldsymbol{X}}-\boldsymbol{\mu}_0)'\boldsymbol{\Sigma}^{-1}(\overline{\boldsymbol{X}}-\boldsymbol{\mu}_0)$$

在 H_0 成立时，$\chi^2\sim\chi^2(p)$. 给定显著性水平 α，查 χ^2 分布表使得 $P(\chi^2\geqslant\chi^2_\alpha(p))=\alpha$，确定临界值 χ^2_α，再用样本值计算出 χ^2. 若 $\chi^2\geqslant\chi^2_\alpha(p)$，则拒绝 H_0；否则接受 H_0.

(2) 协方差矩阵 $\boldsymbol{\Sigma}$ 未知时均值向量的假设检验

$$H_0:\boldsymbol{\mu}=\boldsymbol{\mu}_0,H_1:\boldsymbol{\mu}\neq\boldsymbol{\mu}_0$$

取检验统计量

$$T^2=n(\overline{\boldsymbol{X}}-\boldsymbol{\mu}_0)'\boldsymbol{S}^{-1}(\overline{\boldsymbol{X}}-\boldsymbol{\mu}_0)$$

H_0 为真时，$T^2\sim T^2(p,n-1)$. 利用 T^2 分布与 F 分布的关系，将 T^2 统计量转化为 F 统计量：

$$F=\frac{(n-1)-p+1}{(n-1)p}T^2\overset{H_0}{\sim}F(p,(n-1)-p+1)\overset{H_0}{\sim}F(p,n-p)$$

给定显著性水平 α，得拒绝域：$F\geqslant F_\alpha(p,n-p)$.

例 3.1　随机抽取某单位 5 名有冠心病的成年男性，测量其甘油三酯(X_1)、总胆固醇(X_2)和高密度脂蛋白胆固醇(X_3)含量(数据见表 3.2).

表 **3.2**　甘油三酯等 **3** 个指标的含量　单位：mmd/L

样本号	甘油三酯 $X_1-1.02$	总胆固醇 $X_2-2.73$	高密度脂蛋白胆固醇 $X_3-2.04$
1	1.78	0.83	−1.01

续表

样本号	甘油三酯 $X_1-1.02$	总胆固醇 $X_2-2.73$	高密度脂蛋白胆固醇 $X_3-2.04$
2	0.67	0.96	−0.84
3	0.56	0.83	−0.39
4	0.66	1.12	−1.03
5	0.21	0.16	−0.40

已知该单位正常成年男性的甘油三酯、总胆固醇和高密度脂蛋白胆固醇的均值是 1.02 mmol/L、2.73 mmol/L 和 2.04 mmol/L. 问该单位冠心病成年男性的血脂与正常成年男性有无显著差别?($\alpha = 0.05$)

解: 比较该单位冠心病成年男性的血脂与正常成年男性是否有显著差异问题就是检验冠心病成年男性的血脂的均值向量 $\boldsymbol{\mu}$ 是否等于 $\boldsymbol{\mu}_0=(1.02,2.73,2.04)'$. 为此提出假设:

$$H_0:\boldsymbol{\mu}=\boldsymbol{\mu}_0, H_1:\boldsymbol{\mu}\neq\boldsymbol{\mu}_0$$

由于总体协方差矩阵 $\boldsymbol{\Sigma}$ 未知,选取检验统计量

$$T^2=n(\overline{\boldsymbol{X}}-\boldsymbol{\mu}_0)'\boldsymbol{S}^{-1}(\overline{\boldsymbol{X}}-\boldsymbol{\mu}_0)$$

H_0 为真时,$T^2\sim T^2(p,n-1)=T^2(3,4)$. 由表 3.2 知

$$\overline{\boldsymbol{X}}-\boldsymbol{\mu}_0=\begin{pmatrix}0.776\\0.780\\-0.734\end{pmatrix},\boldsymbol{S}=\begin{pmatrix}0.35 & 0.08 & -0.12\\0.08 & 0.13 & -0.08\\-0.12 & -0.08 & 0.10\end{pmatrix},$$

因此

$$\boldsymbol{S}^{-1}=\begin{pmatrix}4.95 & 1.20 & 6.90\\1.20 & 15.44 & 13.79\\6.90 & 13.79 & 29.31\end{pmatrix}.$$

计算得检验统计量的值为

$$T^2=5\times(0.776,0.780,-0.734)\begin{pmatrix}4.95 & 1.20 & 6.90\\1.20 & 15.44 & 13.79\\6.90 & 13.79 & 29.31\end{pmatrix}\begin{pmatrix}0.776\\0.780\\-0.734\end{pmatrix}$$

$$=29.837$$

转化为 F 统计量

$$F=\frac{n-p}{(n-1)p}T^2=\frac{5-3}{(5-1)\times 3}\times 29.837=4.9728$$

根据本章第2节内容知：$F\sim F(p,n-p)=F(3,2)$

查 F 分布的上 α 分位表得

$$F_{0.05}(3,2)=19.2\ ,F<F_{0.05}(3,2),$$

故接受假设，即该单位冠心病成年男性的血脂与正常成年男性没有显著差别.

3.3.3　两个正态总体均值向量的检验

在许多实际问题中，往往要比较两个总体的平均水平之间有无显著差异，如考查两所大学新生录取成绩是否有明显差异；检验实施两种不同治疗方案的两组病人的血压是否有明显差异等.

1. 协方差矩阵相等

设 $\boldsymbol{X}_{(i)}=(X_{i1},X_{i2},\cdots,X_{ip})'(i=1,2,\cdots,n_1)$ 为来自正态总体 $N_p(\boldsymbol{\mu}_1,\boldsymbol{\Sigma})$ 的样本；$\boldsymbol{Y}_{(j)}=(Y_{j1},Y_{j2},\cdots,Y_{jp})'(j=1,2,\cdots,n_2)$ 为来自正态总体 $N_p(\boldsymbol{\mu}_2,\boldsymbol{\Sigma})$ 的样本，且两样本独立，$n_1>p,n_2>p$. 假定两总体协方差矩阵相等，对下面的假设做检验：

$$H_0:\boldsymbol{\mu}_1=\boldsymbol{\mu}_2,H_1:\boldsymbol{\mu}_1\neq\boldsymbol{\mu}_2$$

(1) 协方差矩阵 $\boldsymbol{\Sigma}$ 已知，取检验统计量

$$\chi^2=\frac{n_1n_2}{n_1+n_2}(\overline{\boldsymbol{X}}-\overline{\boldsymbol{Y}})'\boldsymbol{\Sigma}^{-1}(\overline{\boldsymbol{X}}-\overline{\boldsymbol{Y}})$$

H_0 为真时，$\chi^2\sim\chi^2(p)$，给定显著性水平 α，得拒绝域为 $\chi^2>\chi^2_\alpha(p)$.

(2) 协方差矩阵 $\boldsymbol{\Sigma}$ 未知，取检验统计量

$$T^2=\frac{n_1n_2}{n_1+n_2}(\overline{\boldsymbol{X}}-\overline{\boldsymbol{Y}})'\left(\frac{\boldsymbol{A}_1+\boldsymbol{A}_2}{n_1+n_2-2}\right)^{-1}(\overline{\boldsymbol{X}}-\overline{\boldsymbol{Y}})$$

其中 $\boldsymbol{A}_1,\boldsymbol{A}_2$ 分别为样本 $\boldsymbol{X}_{(i)}$、$\boldsymbol{Y}_{(j)}$ 的样本离差矩阵，则 H_0 为真时，有

$$T^2\sim T^2(p,n_1+n_2-2).$$

利用 T^2 与 F 的关系，检验统计量 T^2 转化为 F 统计量：

$$F=\frac{(n_1+n_2-2)-p+1}{(n_1+n_2-2)\cdot p}T^2\sim F(p,n_1+n_2-p-1)$$

给定显著性水平 α，得拒绝域：$F>F_\alpha(p,n_1+n_2-p-1)$.

例 3.2 表 3.3 是某医疗小组对新生儿进行的医学实验研究数据，试检验实验组和对照组的新生儿身体发育状况有无显著差异.（$\alpha = 0.05$）

表 **3.3** 新生儿医学实验研究数据

编号	实验组		编号	对照组	
	体重	身高		体重	身高
1	3.05	50	7	3.20	50
2	4.10	50	8	3.00	46
3	3.50	53	9	3.00	45
4	3.64	50	10	3.35	47
5	3.60	52	11	2.60	50
6	4.00	55	12	3.15	50
			13	3.55	52

解:假设两总体的协方差矩阵相等，将实验组 6 个新生儿数据看作第一个总体 $N_2(\boldsymbol{\mu}_1, \boldsymbol{\Sigma})$ 的样本；对照组 7 个新生儿数据看作第二个总体 $N_2(\boldsymbol{\mu}_2, \boldsymbol{\Sigma})$ 的样本. 检验实验组和对照组的新生儿身体发育状况有无显著差异就是检验两个正态总体的均值向量是否相等，即检验假设：$H_0: \boldsymbol{\mu}_1 = \boldsymbol{\mu}_2, H_1: \boldsymbol{\mu}_1 \neq \boldsymbol{\mu}_2$. 本例的协方差矩阵$\boldsymbol{\Sigma}$未知，取检验统计量 $T^2 = \frac{n_1 n_2}{n_1 + n_2}(\overline{\boldsymbol{X}}_1 - \overline{\boldsymbol{X}}_2)' \boldsymbol{S}_T^{-1}(\overline{\boldsymbol{X}}_1 - \overline{\boldsymbol{X}}_2)$，其中 $\boldsymbol{S}_T = \frac{(n_1 - 1)\boldsymbol{S}_1 + (n_2 - 1)\boldsymbol{S}_2}{n_1 + n_2 - 2}$，$\boldsymbol{S}_1$、$\boldsymbol{S}_2$ 分别是两个总体 $N_1(\boldsymbol{\mu}_1, \boldsymbol{\Sigma})$ 和 $N_2(\boldsymbol{\mu}_2, \boldsymbol{\Sigma})$ 的样本协方差矩阵. H_0 为真时，
$T^2 \sim T^2(p, n_1 + n_2 - 2) = T^2(2, 11)$.

由表 3.3 可算得

$$\overline{\boldsymbol{X}}_1 = \begin{pmatrix} 3.65 \\ 51.67 \end{pmatrix}, \overline{\boldsymbol{X}}_2 = \begin{pmatrix} 3.12 \\ 48.57 \end{pmatrix}, \overline{\boldsymbol{X}}_1 - \overline{\boldsymbol{X}}_2 = \begin{pmatrix} 0.53 \\ 3.10 \end{pmatrix}$$

$$\boldsymbol{S}_1 = \begin{pmatrix} 0.142 & 0.243 \\ 0.243 & 4.267 \end{pmatrix}, \boldsymbol{S}_2 = \begin{pmatrix} 0.091 & 0.211 \\ 0.211 & 6.619 \end{pmatrix}$$

$$\boldsymbol{S}_T = \frac{1}{6 + 7 - 2} \times (5 \times \boldsymbol{S}_1 + 6 \times \boldsymbol{S}_2) = \frac{1}{11} \times \begin{pmatrix} 1.256 & 2.481 \\ 2.481 & 61.049 \end{pmatrix}$$

$$= \begin{pmatrix} 0.114 & 0.226 \\ 0.226 & 5.550 \end{pmatrix}$$

$$\boldsymbol{S}_T^{-1} = \begin{pmatrix} 9.522 & -0.387 \\ -0.387 & 0.200 \end{pmatrix}$$

$$\begin{aligned} T^2 &= \frac{n_1 n_2}{n_1 + n_2}(\overline{\boldsymbol{X}}_1 - \overline{\boldsymbol{X}}_2)\boldsymbol{S}_T^{-1}(\overline{\boldsymbol{X}}_1 - \overline{\boldsymbol{X}}_2) \\ &= \frac{42}{13} \times (0.53 \quad 3.10) \begin{pmatrix} 9.522 & -0.387 \\ -0.387 & 0.200 \end{pmatrix} \begin{pmatrix} 0.53 \\ 3.10 \end{pmatrix} \\ &= 10.616 \end{aligned}$$

利用 T^2 与 F 的关系，转化为 F 统计量：

$$F = \frac{n_1 + n_2 - p - 1}{(n_1 + n_2 - 2)p} T^2 \sim F(2,10)$$

$F = \dfrac{10}{22} \times 10.616 = 4.83$，查表得

$$F_\alpha(p, n_1 + n_2 - p - 1) = F_{0.05}(2,10) = 4.10,$$

$F > F_{0.05}(2,10)$，故拒绝原假设，即认为实验组和对照组的新生儿身体发育状况有显著差异.

2. 协方差矩阵不相等

设 $\boldsymbol{X}_{(i)} = (X_{i1}, X_{i2}, \cdots, X_{ip})'$，$\boldsymbol{Y}_{(j)} = (Y_{j1}, Y_{j2}, \cdots, Y_{jp})'$（$i = 1,2,\cdots,n_1$；$j = 1,2,\cdots,n_2$）是分别来自正态总体 $N_p(\boldsymbol{\mu}_1, \boldsymbol{\Sigma}_1)$，$N_p(\boldsymbol{\mu}_2, \boldsymbol{\Sigma}_2)$ 的两个样本，且两样本独立，$n_1 > p$，$n_2 > p$，检验如下假设：

$$H_0: \boldsymbol{\mu}_1 = \boldsymbol{\mu}_2, H_1: \boldsymbol{\mu}_1 \neq \boldsymbol{\mu}_2$$

(1)$n_1 = n_2 = n$ 时，化为成对样本数据进行处理. 令

$$\boldsymbol{Z}_{(i)} = \boldsymbol{X}_{(i)} - \boldsymbol{Y}_{(i)}, \overline{\boldsymbol{Z}} = \frac{1}{n}\sum_{i=1}^{n} \boldsymbol{Z}_{(i)} = \overline{\boldsymbol{X}} - \overline{\boldsymbol{Y}}$$

$$\begin{aligned} \boldsymbol{S} &= \frac{1}{n-1}\sum_{i=1}^{n}(\boldsymbol{Z}_{(i)} - \overline{\boldsymbol{Z}})(\boldsymbol{Z}_{(i)} - \overline{\boldsymbol{Z}})' \\ &= \frac{1}{n-1}\sum_{i=1}^{n}\left[(\boldsymbol{X}_{(i)} - \boldsymbol{Y}_{(i)} - \overline{\boldsymbol{X}} + \overline{\boldsymbol{Y}})(\boldsymbol{X}_{(i)} - \boldsymbol{Y}_{(i)} - \overline{\boldsymbol{X}} + \overline{\boldsymbol{Y}})'\right] \end{aligned}$$

将两个总体 $\boldsymbol{X}$、$\boldsymbol{Y}$ 的均值向量是否相同的假设检验问题转化为“判断”一个总体 $\boldsymbol{Z} = \boldsymbol{X} - \boldsymbol{Y}$ 的均值向量是否为“$\boldsymbol{0}$”的假设检验问题：$H_0: \boldsymbol{\mu} = \boldsymbol{\mu}_1 - \boldsymbol{\mu}_2 = \boldsymbol{0}$，$H_1: \boldsymbol{\mu} \neq \boldsymbol{0}$.

取 Hotelling 检验统计量

$$T^2 = n\overline{\mathbf{Z}}'\mathbf{S}^{-1}\overline{\mathbf{Z}} \overset{H_0\text{为真}}{\sim} T^2(p,n-1)$$

转化为 F 分布：

$$F = \frac{(n-1-p+1)}{p(n-1)}T^2 = \frac{(n-p)n}{p(n-1)}\overline{\mathbf{Z}}'\mathbf{S}^{-1}\overline{\mathbf{Z}} \overset{H_0\text{为真}}{\sim} F(p,n-p)$$

H_0 为真时，$F \sim F(p,n-p)$.

(2)$n_1 \neq n_2$，不妨设 $n_1 < n_2$，令

$$\mathbf{Z}_{(i)} = \mathbf{X}_{(i)} - \sqrt{\frac{n_1}{n_2}}\mathbf{Y}_{(i)} + \frac{1}{\sqrt{n_1 n_2}}\sum_{j=1}^{n_1}\mathbf{Y}_{(j)} - \frac{1}{n_2}\sum_{j=1}^{n_2}\mathbf{Y}_{(j)}$$

$$\overline{\mathbf{Z}} = \frac{1}{n_1}\sum_{i=1}^{n_1}\mathbf{Z}_{(i)} = \overline{\mathbf{X}} - \overline{\mathbf{Y}}$$

$$\begin{aligned}\mathbf{A} &= \sum_{i=1}^{n_1}(\mathbf{Z}_{(i)} - \overline{\mathbf{Z}})(\mathbf{Z}_{(i)} - \overline{\mathbf{Z}})' \\ &= \sum_{i=1}^{n_1}\left[(\mathbf{X}_{(i)} - \overline{\mathbf{X}}) - \sqrt{\frac{n_1}{n_2}}\left(\mathbf{Y}_{(i)} - \frac{1}{n_1}\sum\nolimits_{j=1}^{n_1}\mathbf{Y}_{(j)}\right)\right]\cdot \\ &\quad \left[(\mathbf{X}_{(i)} - \overline{\mathbf{X}}) - \sqrt{\frac{n_1}{n_2}}\left(\mathbf{Y}_{(i)} - \frac{1}{n_1}\sum\nolimits_{j=1}^{n_1}\mathbf{Y}_{(j)}\right)\right]'\end{aligned}$$

构造检验统计量

$$F = \frac{(n_1-p)n_1}{(n_1-1)p}\overline{\mathbf{Z}}'\mathbf{S}^{-1}\overline{\mathbf{Z}} = \frac{(n_1-p)n_1}{p}\overline{\mathbf{Z}}'\mathbf{A}^{-1}\overline{\mathbf{Z}}$$

H_0 成立时，$F \overset{H_0}{\sim} F(p,n_1-p)$.

3. 两样本不独立的情形(成对样本)

前面介绍的两总体均值向量的检验，均假设两样本相互独立，但在实际问题中，两样本可能是成对出现的，并不独立. 如 $\mathbf{X}_{(1)},\mathbf{X}_{(2)},\cdots,\mathbf{X}_{(n)}$ 是 n 个省份上一年的经济发展指标样本，$\mathbf{Y}_{(1)},\mathbf{Y}_{(2)},\cdots,\mathbf{Y}_{(n)}$ 是这几个省份今年的经济发展指标样本，来自上一年和今年这两个总体的样本数据不是彼此独立的，而是成对出现的.

在一元正态总体的情况下，设样本 $X_1,X_2,\cdots,X_n$ 与 $Y_1,Y_2,\cdots,Y_n$ 分别来自均值为 μ_1,μ_2 的正态总体. $(X_i,Y_i)(i=1,2,\cdots,n)$ 是成对出现的，则 $X_i - Y_i$ 独立同分布于

$$N(\mu_d,\sigma^2),\mu_d = \mu_1 - \mu_2$$

假设 $H_0:\mu_1 = \mu_2, H_1:\mu_1 \neq \mu_2$ 就等同于假设 $H_0:\mu_d = 0, H_1:\mu_d \neq 0$. 即将

两总体均值的检验问题转化为一个总体均值的检验问题，取检验统计量：

$$T = \frac{\bar{d}}{S_d/\sqrt{n}}$$

H_0 成立的情况下 $T \sim t(n-1)$，其中

$$\bar{d} = \frac{1}{n}\sum_{i=1}^{n} d_i, d_i = X_i - Y_i, S_d^2 = \frac{1}{n-1}\sum_{i=1}^{n}(d_i - \bar{d})^2.$$

在多元正态总体的情况下，设 $(\boldsymbol{X}_{(i)}, \boldsymbol{Y}_{(i)})(i = 1,2,\cdots,n)(n > p)$ 是成对试验数据. 令

$$\boldsymbol{d}_{(i)} = \boldsymbol{X}_{(i)} - \boldsymbol{Y}_{(i)},$$

设 $\boldsymbol{d}_{(1)}, \boldsymbol{d}_{(2)}, \cdots, \boldsymbol{d}_{(n)}$ 独立同分布于 $N_p(\boldsymbol{\delta}, \boldsymbol{\Sigma})$，$\boldsymbol{\delta} = \boldsymbol{\mu}_1 - \boldsymbol{\mu}_2$，$\boldsymbol{\mu}_1, \boldsymbol{\mu}_2$ 分别是正态总体 G_1 和总体 G_2 的均值向量. 下面检验假设：

$$H_0: \boldsymbol{\mu}_1 = \boldsymbol{\mu}_2, H_1: \boldsymbol{\mu}_1 \neq \boldsymbol{\mu}_2 \text{ 等价于 } H_0: \boldsymbol{\delta} = \boldsymbol{0}, H_1: \boldsymbol{\delta} \neq \boldsymbol{0}$$

取检验统计量：

$$T^2 = n\bar{\boldsymbol{d}}'\boldsymbol{S}_d^{-1}\bar{\boldsymbol{d}},$$

其中

$$\bar{\boldsymbol{d}} = \bar{\boldsymbol{X}} - \bar{\boldsymbol{Y}}, \boldsymbol{S}_d = \frac{1}{n-1}\sum_{i=1}^{n}(\boldsymbol{d}_i - \bar{\boldsymbol{d}})(\boldsymbol{d}_i - \bar{\boldsymbol{d}})',$$

H_0 为真时，$\dfrac{n-p}{p(n-1)}T^2 \sim F(p, n-p)$.

例 3.3　为比较两种涂层的抗腐蚀性能，将两种涂层分别涂在 15 根水管表面，配对后将其埋于 15 个位置. 一段时间后测量它们的腐蚀程度，用度量腐蚀孔最大深度和腐蚀孔数目两个指标表示涂层处理的水管腐蚀程度. 测得数据见表 3.4.

表 **3.4**　两种涂层抗腐蚀性能数据

位置	涂层 1		涂层 2		差异	
	深度	数目	深度	数目	深度	总目
	x_{11}	x_{12}	x_{21}	x_{22}	d_1	d_2
1	73	31	51	35	22	−4
2	43	19	41	14	2	5
3	47	22	43	19	4	3
4	53	26	41	29	12	−3

续表

位置	涂层 1		涂层 2		差异	
	深度	数目	深度	数目	深度	总目
	x_{11}	x_{12}	x_{21}	x_{22}	d_1	d_2
5	58	36	47	34	11	2
6	47	30	32	26	15	4
7	52	29	24	19	28	10
8	61	36	43	37	18	−1
9	56	34	53	24	3	10
10	34	33	52	27	−18	6
11	55	19	57	14	−2	5
12	34	19	44	19	−10	0
13	55	26	57	30	−2	−4
14	65	15	40	7	25	8
15	75	18	68	13	7	5

问两种涂层的抗腐蚀程度有无显著差异？

解：$H_0:\boldsymbol{\mu}_d=\mathbf{0}$；$H_1:\boldsymbol{\mu}_d\neq\mathbf{0}$

先求出两成对样本差异的样本均值向量和样本协方差矩阵.

$$\bar{\boldsymbol{d}}=\begin{pmatrix}7.667\\3.067\end{pmatrix},\boldsymbol{S}_d=\begin{pmatrix}121.571 & 17.071\\17.071 & 21.781\end{pmatrix}$$

$$T^2=15\times\bar{\boldsymbol{d}}'\boldsymbol{S}_d^{-1}\bar{\boldsymbol{d}}=10.819$$

查表得

$$T^2_{0.05}(2,14)=8.197,T^2>T^2_{0.05}(2,14)$$

故拒绝原假设，即两种涂层在抗腐蚀性上有显著差异.

3.3.4 多个正态总体均值向量的检验

许多实际问题中，要研究的总体往往不止两个，如要比较全国的工业行业的生产经济状况，一个行业可以看作一个总体，此时要考虑查几十个甚至上百个总体，就需要运用多元方差分析的知识. 多元方差分析是一元方差分析的推广.

先回顾一元方差分析. 设有 r 个一元正态总体：

$$N(\mu_i,\sigma^2)(i=1,2,\cdots,r)$$

各总体方差相等. 从各个总体中抽取的样本如下：

$$X_1^{(1)},X_2^{(1)},\cdots,X_{n_1}^{(1)}\sim N(\mu_1,\sigma^2)$$

$$X_1^{(2)},X_2^{(2)},\cdots,X_{n_2}^{(2)}\sim N(\mu_2,\sigma^2)$$

$$\cdots$$

$$X_1^{(r)},X_2^{(r)},\cdots,X_{n_r}^{(r)}\sim N(\mu_r,\sigma^2)$$

检验假设：

$H_0:\mu_1=\mu_2=\cdots=\mu_r, H_1:\mu_1,\mu_2,\cdots,\mu_r$ 至少有一个不相等.

先定义描述差异的平方和：

组间平方和 $SA=\sum\limits_{k=1}^{r}n_k(\overline{X}_k-\overline{X})^2$

组内平方和 $SE=\sum\limits_{k=1}^{r}\sum\limits_{j=1}^{n_k}(X_j^{(k)}-\overline{X}_k)^2$

总平方和 $ST=\sum\limits_{k=1}^{r}\sum\limits_{j=1}^{n_k}(X_j^{(k)}-\overline{X})^2$

其中

$$\overline{X}_k=\frac{1}{n_k}\sum_{j=1}^{n_k}X_j^{(k)}$$

是第 k 组的样本均值；

$$\overline{X}=\frac{1}{n}\sum_{k=1}^{r}\sum_{j=1}^{n_k}X_j^{(k)}$$

是总样本均值，$n=n_1+n_2+\cdots+n_r$.

构造检验统计量

$$F=\frac{SA/(r-1)}{SE/(n-r)}$$

若 H_0 成立，则 $F\sim F(r-1,n-r)$.

将上述方法推广到多元情况. 设有 r 个总体，从这 r 个总体中抽取样本如下：

$$\boldsymbol{X}_1^{(1)},\boldsymbol{X}_2^{(1)},\cdots,\boldsymbol{X}_{n_1}^{(1)}\sim N(\boldsymbol{\mu}_1,\boldsymbol{\Sigma})$$

$$\boldsymbol{X}_1^{(2)},\boldsymbol{X}_2^{(2)},\cdots,\boldsymbol{X}_{n_2}^{(2)}\sim N(\boldsymbol{\mu}_2,\boldsymbol{\Sigma})$$

$$\cdots$$

$$\boldsymbol{X}_1^{(r)},\boldsymbol{X}_2^{(r)},\cdots,\boldsymbol{X}_{n_r}^{(r)}\sim N(\boldsymbol{\mu}_r,\boldsymbol{\Sigma})$$

且这 r 个样本相互独立. 检验假设：

$H_0:\boldsymbol{\mu}_1=\boldsymbol{\mu}_2=\cdots=\boldsymbol{\mu}_r, H_1:\boldsymbol{\mu}_1,\boldsymbol{\mu}_2,\cdots,\boldsymbol{\mu}_r$ 至少有一个不相等.

类似于一元方差分析，将这 r 个样本的总离差矩阵进行分解：

$$\text{组间离差矩阵}:\boldsymbol{SA}=\sum_{k=1}^{r}n_k(\overline{\boldsymbol{X}}_k-\overline{\boldsymbol{X}})\cdot(\overline{\boldsymbol{X}}_k-\overline{\boldsymbol{X}})'$$

$$\text{组内离差矩阵}:\boldsymbol{SE}=\sum_{k=1}^{r}\sum_{j=1}^{n_k}(\boldsymbol{X}_j^{(k)}-\overline{\boldsymbol{X}}_k)\cdot(\boldsymbol{X}_j^{(k)}-\overline{\boldsymbol{X}}_k)'$$

$$\text{总离差矩阵}:\boldsymbol{ST}=\sum_{k=1}^{r}\sum_{j=1}^{n_k}(\boldsymbol{X}_j^{(k)}-\overline{\boldsymbol{X}})\cdot(\boldsymbol{X}_j^{(k)}-\overline{\boldsymbol{X}})'$$

其中

$$\overline{\boldsymbol{X}}_k=\frac{1}{n_k}\sum_{j=1}^{n_k}\boldsymbol{X}_j^{(k)}$$

是第 k 组的样本均值；

$$\overline{\boldsymbol{X}}=\frac{1}{n}\sum_{k=1}^{r}\sum_{j=1}^{n_k}\boldsymbol{X}_j^{(k)}$$

是总样本均值，$n=n_1+n_2+\cdots+n_r$. 则

$$\boldsymbol{ST}=\boldsymbol{SA}+\boldsymbol{SE}.$$

取检验统计量

$$\Lambda=\frac{|\boldsymbol{SE}|}{|\boldsymbol{SA}+\boldsymbol{SE}|}=\frac{|\boldsymbol{SE}|}{|\boldsymbol{ST}|}$$

令

$$\boldsymbol{E}_k=\sum_{j=1}^{n_k}(\boldsymbol{X}_j^{(k)}-\overline{\boldsymbol{X}}_k)(\boldsymbol{X}_j^{(k)}-\overline{\boldsymbol{X}}_k)',$$

则

$$\boldsymbol{E}_k\sim \boldsymbol{W}_p(n_k-1,\boldsymbol{\Sigma}),k=1,\cdots,r$$

且相互独立. 由 Wishart 分布的可加性，

$$\boldsymbol{SE}=\sum_{k=1}^{r}\boldsymbol{E}_k\sim \boldsymbol{W}_p(n-r,\boldsymbol{\Sigma})(n=n_1+n_2+\cdots+n_r).$$

若 H_0 成立，

$$\boldsymbol{ST}\sim \boldsymbol{W}_p(n-1,\boldsymbol{\Sigma}),\boldsymbol{SA}\sim \boldsymbol{W}_p(r-1,\boldsymbol{\Sigma})$$

且 $\boldsymbol{SA}$ 与 $\boldsymbol{SE}$ 独立，因此

$$\Lambda=\frac{|\boldsymbol{SE}|}{|\boldsymbol{SA}+\boldsymbol{SE}|}\overset{H_0}{\sim}\Lambda(p,n-r,r-1).$$

例 3.4　某国总统选举的三位候选人为候选人 A、候选人 B 和候选人 C. 从支持三位候选人的选民中分别抽取了 20 人，登记他们的年龄段、受教育程度和性别，数据资料见表 3.5.

表 **3.5**　三位候选人相关信息数据

投票人	X_1	X_2	X_3	投票人	X_1	X_2	X_3	投票人	X_1	X_2	X_3
	候选人 A				候选人 B				候选人 C		
1	2	1	1	1	2	1	1	1	4	1	1
2	1	3	2	2	1	2	1	2	4	1	2
3	3	3	1	3	1	0	2	3	2	1	2
4	1	3	2	4	1	3	2	4	4	1	2
5	3	1	2	5	3	1	2	5	2	3	2
6	3	1	2	6	2	4	1	6	4	0	2
7	1	1	2	7	1	1	1	7	3	2	1
8	2	3	1	8	1	3	2	8	4	0	1
9	2	1	2	9	4	1	2	9	2	1	1
10	3	1	1	10	3	3	2	10	3	1	2
11	1	1	2	11	2	1	1	11	3	1	2
12	4	1	2	12	1	3	2	12	2	3	1
13	4	0	2	13	2	1	1	13	4	0	1
14	3	4	2	14	1	1	2	14	2	1	2
15	3	3	2	15	2	1	1	15	4	1	1
16	2	3	1	16	3	1	1	16	2	2	1
17	2	1	1	17	1	1	2	17	3	3	1
18	3	1	1	18	3	1	1	18	3	2	2
19	1	3	2	19	4	3	1	19	3	1	1
20	1	1	2	20	2	1	1	20	4	0	2

假定三组数据都服从多元正态分布，试检验这三位候选人的总体均值是否有显著差异. ($\alpha = 0.05$)

解: 比较三位候选人的选民情况(3 个指标) 是否有差异问题就是多总体均值向量是否相等的检验问题. 设第 i 组是三维正态总体

$$N_3(\boldsymbol{\mu}_i,\boldsymbol{\Sigma}),(i=1,2,3),$$

来自三个总体的样本容量 $n_1=n_2=n_3=20$. 检验假设：

$$H_0:\boldsymbol{\mu}_1=\boldsymbol{\mu}_2=\boldsymbol{\mu}_3,H_1:\boldsymbol{\mu}_1,\boldsymbol{\mu}_2,\boldsymbol{\mu}_3 \text{ 至少有一对不相等}.$$

取统计量

$$\Lambda=\frac{|\boldsymbol{SE}|}{|\boldsymbol{SA}+\boldsymbol{SE}|},$$

则 H_0 为真时，

$$\Lambda\sim\Lambda(p,n-r,r-1)=\Lambda(3,57,2).$$

由样本值计算得

$$\overline{\boldsymbol{X}}=\frac{1}{n}\sum_{k=1}^{r}\sum_{j=1}^{n_k}\boldsymbol{X}_j^{(k)}=(2.33,1.50,1.05)'$$

$$\overline{\boldsymbol{X}}_1=\begin{pmatrix}2.25\\1.8\\1.65\end{pmatrix},\overline{\boldsymbol{X}}_2=\begin{pmatrix}2.00\\1.65\\1.45\end{pmatrix},\overline{\boldsymbol{X}}_3=\begin{pmatrix}3.10\\1.25\\1.50\end{pmatrix}$$

$$\boldsymbol{SE}=\sum_{k=1}^{r}\sum_{j=1}^{n_k}(\boldsymbol{X}_j^{(k)}-\overline{\boldsymbol{X}}_k)\cdot(\boldsymbol{X}_j^{(k)}-\overline{\boldsymbol{X}}_k)'$$

$$=\begin{pmatrix}53.55&-14.5&-3.25\\-14.5&65.5&-0.75\\-3.25&-0.75&14.5\end{pmatrix},$$

$$\boldsymbol{ST}=\sum_{k=1}^{r}\sum_{j=1}^{n_k}(\boldsymbol{X}_j^{(k)}-\overline{\boldsymbol{X}})\cdot(\boldsymbol{X}_j^{(k)}-\overline{\boldsymbol{X}})'$$

$$=\begin{pmatrix}67.67&-19.83&-0.02\\-19.83&69.00&1.80\\-0.02&1.80&28.95\end{pmatrix}.$$

进一步计算可得

$$\Lambda=\frac{|\boldsymbol{SE}|}{|\boldsymbol{ST}|}=\frac{47017.83}{123561.7}=10.77$$

转化为 F 分布：

$$F=\frac{57-3}{3}\cdot\frac{1-\sqrt{\Lambda}}{\sqrt{\Lambda}}=\frac{54}{3}\cdot 0.62=11.16$$

$$F\sim F(2\times3,2\times57-2\times3)=F(6,108).$$

查表得

$$F_{0.05}(6,108) \approx 2.17, F > F_{0.05}(3,2),$$

故拒绝原假设，即认为这三组的总体均值有显著差异.

3.4　多元正态总体协方差矩阵的检验

3.4.1　一个正态总体协方差矩阵的检验

设

$$\boldsymbol{X}_{(\alpha)} = (X_{a1}, X_{a2}, \cdots, X_{ap})'(a = 1,2,\cdots,n)$$

来自 p 维正态总体 $N_p(\boldsymbol{\mu},\boldsymbol{\Sigma})$ 的样本，$\boldsymbol{\Sigma}$ 未知，且 $\sum > 0$.

首先，我们考虑检验假设($\boldsymbol{\Sigma}_0 = \boldsymbol{I}_p$)

$$H_0: \boldsymbol{\Sigma} = \boldsymbol{I}_p, H_1: \boldsymbol{\Sigma} \neq \boldsymbol{I}_p$$

利用似然比原理构造似然比统计量①：

$$\lambda = \exp\left\{-\frac{1}{2}\mathrm{tr}\boldsymbol{A}\right\} | \boldsymbol{A} |^{\frac{n}{2}} \left(\frac{\mathrm{e}}{n}\right)^{\frac{np}{2}}$$

其中，$\boldsymbol{A}$ 为样本离差矩阵

$$\boldsymbol{A} = \sum_{a=1}^{n} (\boldsymbol{X}_{(\alpha)} - \overline{\boldsymbol{X}})(\boldsymbol{X}_{(\alpha)} - \overline{\boldsymbol{X}})'.$$

当 n 很大，H_0 为真时，$\xi = -2\ln\lambda$ 近似服从的分布为 $\chi^2\left(\frac{p(p+1)}{2}\right)$.

然后，我们考虑检验假设($\boldsymbol{\Sigma}_0 \neq \boldsymbol{I}_p$)

$$H_0: \boldsymbol{\Sigma} = \boldsymbol{\Sigma}_0 \neq \boldsymbol{I}_p, H_1: \boldsymbol{\Sigma} \neq \boldsymbol{\Sigma}_0$$

因为 $\boldsymbol{\Sigma}_0 > 0$，所以存在 $\boldsymbol{D}(| \boldsymbol{D} | \neq 0)$，使得 $\boldsymbol{D\Sigma}_0\boldsymbol{D}' = \boldsymbol{I}_p$.

令

$$\boldsymbol{Y}_{(a)} = \boldsymbol{DX}_{(a)}, a = 1,2,\cdots,n$$

则

$$\boldsymbol{Y}_{(a)} \sim N_p(\boldsymbol{D\mu}, \boldsymbol{D\Sigma D}') = N_p(\boldsymbol{\mu}^*, \boldsymbol{\Sigma}^*)$$

因此，检验 $\boldsymbol{\Sigma} = \boldsymbol{\Sigma}_0$ 等价于检验 $\boldsymbol{\Sigma}^* = \boldsymbol{I}_p$.

---

① 注：具体步骤参见书后参考文献[1].

此时构造检验统计量为

$$\lambda = \exp\left\{-\frac{1}{2}tr\boldsymbol{A}^*\right\}|\boldsymbol{A}^*|^{\frac{n}{2}}\left(\frac{\mathrm{e}}{n}\right)^{\frac{np}{2}}$$

其中,

$$\boldsymbol{A}^* = \sum_{a=1}^{n}(\boldsymbol{Y}_{(a)}-\overline{\boldsymbol{Y}})(\boldsymbol{Y}_{(a)}-\overline{\boldsymbol{Y}})'.$$

给定检验水平α,因为直接由λ分布计算临界值λ_0很困难,所以通常采用λ的近似分布.在H_0成立时,$-2\ln\lambda$极限分布是$\chi^2\left(\frac{p(p+1)}{2}\right)$分布.因此当$n\gg p$,由样本值计算出$\lambda$值,若$-2\ln\lambda>\chi^2_\alpha\left(\frac{p(p+1)}{2}\right)$即$\lambda<\mathrm{e}^{-\frac{1}{2}\chi^2_\alpha\left(\frac{p(p+1)}{2}\right)}$,则拒绝$H_0$,否则接受$H_0$.

3.4.2 多个总体协方差矩阵相等

设有k个正态总体分别为

$$N_p(\boldsymbol{\mu}_1,\boldsymbol{\Sigma}_1),\cdots,N_p(\boldsymbol{\mu}_k,\boldsymbol{\Sigma}_k),\boldsymbol{\Sigma}_i>0$$

且未知,$i=1,\cdots,k$.从第i个总体取n_i个样本

$$\boldsymbol{X}_{(a)}^{(i)}=(X_{a1}^{(i)},X_{a2}^{(i)},\cdots,X_{ap}^{(i)}),i=1,\cdots,k;a=1,\cdots,n_i$$

这里$\sum_{i=1}^{k}n_i=n$为总样本容量.

考虑检验假设

$$H_0:\boldsymbol{\Sigma}_1=\boldsymbol{\Sigma}_2=\cdots=\boldsymbol{\Sigma}_k,H_1:\{\boldsymbol{\Sigma}_1,\boldsymbol{\Sigma}_2,\cdots,\boldsymbol{\Sigma}_k\}\text{不全相等}$$

构造检验统计量为

$$\lambda_k=\frac{n^{\frac{np}{2}}\prod_{i=1}^{k}|\boldsymbol{A}_i|^{\frac{n_i}{2}}}{|\boldsymbol{A}|^{\frac{n}{2}}\prod_{i=1}^{k}n_i^{\frac{pn_1}{2}}}$$

其中,

$$\boldsymbol{A}=\sum_{i=1}^{k}\boldsymbol{A}_i$$

$$\boldsymbol{A}_i=\sum_{a=1}^{n_1}(\boldsymbol{X}_{(a)}^{(i)}-\overline{\boldsymbol{X}}^{(i)})(\boldsymbol{X}_{(a)}^{(i)}-\overline{\boldsymbol{X}}^{(i)})'$$

$$\overline{\boldsymbol{X}}^{(i)}=\frac{1}{n_i}\sum_{a=1}^{n_i}\boldsymbol{X}_{(a)}^{(i)}$$

巴特莱特建议,将n_i改为n_i-1,从而n变为$n-k$,变换以后λ_k记为λ'_k,称为

修正后的统计量，则 $-2\ln\lambda'_k$ 近似服从分布 $\dfrac{\chi^2(f)}{(1-D)}$，其中

$$f=\frac{1}{2}p(p+1)(k-1)$$

$$D=\begin{cases}\dfrac{2p^2+3p-1}{6(p+1)(k-1)}\sum_{i=1}^{k}\left(\dfrac{1}{n_i-1}-\dfrac{1}{n-k}\right), & \text{至少有一对 } n_i\neq n_j,\\[2ex] \dfrac{(2p^2+3p-1)(k+1)}{6(p+1)(n-k)}, & n_1=n_2=\cdots=n_k.\end{cases}$$

第 4 章 判别分析

4.1 引言

先看几个例子. 假设有一个客户到银行申请贷款，银行职员就要对这个客户作出判断：是否贷款给他或者说客户能否及时还贷. 首先利用历史数据，通过这两类客户（能成功还贷的客户、不能成功还贷的客户）的特征指标（如年收入、有无房产等）确定这两类客户的最优分类规则；然后根据分类规则和新客户信息判断是否贷款给新客户. 再比如，现有 17 个破产企业和 21 个正常运行企业的 4 个经济指标数据：总负债率、收益性指标、短期支付能力、生产效率性指标. 根据这两类企业现有的经济指标数据建立破产模型，根据该模型可以预测某一企业是否会破产.

分类学是人类认识世界的基础科学. 判别分析和聚类分析是研究事物分类的基本方法，广泛地应用于自然科学、社会科学、工农业生产等各个领域. 在自然科学和社会科学的各个领域经常需要对某个个体属于哪一类进行判断. 如动物学家对动物如何分类的研究和某个动物属于哪一类、目、纲的判断. 有一些昆虫的性别很难看出，只有通过解剖才能够判别，但是雄性和雌性昆虫在若干体表度量上有些综合的差异，于是统计学家就根据已知雌雄的昆虫体表度量(这些用作度量的变量亦称为预测变量)得到一个标准，并且利用这个标准来判别其他未知性别的昆虫. 这样的判别虽然不能保证百分之百准确，但至少大部分判别都是对的，而且用不着杀死昆虫来进行判别了.

判别分析是利用已知类别的样本模型，为未知样本判类的一种统计方法. 它产生于20世纪30年代. 判别分析最著名的例子是1936年Fisher的鸢尾花数据. 鸢尾花有Setosa、Versicolour、Virginica三种，这三种鸢尾花很像，人们试图根据萼片的长、宽和花瓣的长、宽四个维度数据建立鸢尾花种类判别模型，以此判别鸢尾花的种类. 在医学研究中经常遇到这类问题，例如，临床上常需根据就诊者的各项症状、体征、实验室检查、病理学检查及医学影像学资料等对其作出是否患有某种疾病的诊断或对几种可能患有的疾病进行鉴别诊断，有时已初步诊断为某种疾病，还需进一步作出属于该类疾病中哪一种或哪一型的判断.

判别分析的特点是根据已掌握的、历史上每个类别的若干样本的数据信息，总结出客观事物分类的规律性，建立判别模型或判别准则. 然后，当遇到新的样本点时，只要根据总结出来的判别模型或判别准则，就能判别该样本点所属的类别，如根据发掘出来的人类头盖骨的高、宽等特征来判断其是男性还是女性. 近年来，判别分析在自然科学、社会学及经济管理学科中都有广泛的应用，如在税务稽查中，要判断某企业是否偷漏税. 医生对病情的诊断、信用风险的判定、成功概率的判定、企业运行状态或财务状况的判定等都可以用判别分析进行研究.

判别分析内容丰富，方法多种多样. 判别分析按分类数的不同分为两个总体的判别分析和多总体的判别分析；按判别模型来分，有线性判别和非线性判别. 本章仅介绍几种常用的判别方法：距离判别法、贝叶斯判别法和Fisher判别法.

4.2 距离判别

4.2.1 两个总体的判别

1. 总体的均值向量和协方差矩阵已知

设有两个总体G_1，G_2，其均值向量分别为$\boldsymbol{\mu}_1$和$\boldsymbol{\mu}_2$，协方差矩阵相等，都等

于 $\boldsymbol{\Sigma}$. 对于一个新样本 $\boldsymbol{X}$,要判断它属于哪个总体.

最直观的想法就是计算 $\boldsymbol{X}$ 到两总体 G_1,G_2 的距离,将 $\boldsymbol{X}$ 归于离它较近的总体,即按如下标准进行判别:

$$\begin{cases}\boldsymbol{X}\in G_1, d(\boldsymbol{X},G_1)<d(\boldsymbol{X},G_2)\\ \boldsymbol{X}\in G_2, d(\boldsymbol{X},G_2)<d(\boldsymbol{X},G_1)\\ \text{待判}, d(\boldsymbol{X},G_1)=d(\boldsymbol{X},G_2)\end{cases}$$

当总体 G_1,G_2 为正态分布时,选用马氏距离,即

$$d^2(\boldsymbol{X},G_1)=(\boldsymbol{X}-\boldsymbol{\mu}_1)'\boldsymbol{\Sigma}_1^{-1}(\boldsymbol{X}-\boldsymbol{\mu}_1)$$

$$d^2(\boldsymbol{X},G_2)=(\boldsymbol{X}-\boldsymbol{\mu}_2)'\boldsymbol{\Sigma}_2^{-1}(\boldsymbol{X}-\boldsymbol{\mu}_2)$$

这里 $\boldsymbol{\mu}_1,\boldsymbol{\mu}_2$ 分别是总体 G_1,G_2 的均值向量;$\boldsymbol{\Sigma}_1,\boldsymbol{\Sigma}_2$ 分别是 G_1,G_2 的协方差矩阵.

当 $\boldsymbol{\Sigma}_1=\boldsymbol{\Sigma}_2=\boldsymbol{\Sigma}$ 时

$$\begin{aligned}d^2(\boldsymbol{X},G_1)-d^2(\boldsymbol{X},G_2)&=(\boldsymbol{X}-\boldsymbol{\mu}_1)'\boldsymbol{\Sigma}^{-1}(\boldsymbol{X}-\boldsymbol{\mu}_1)-(\boldsymbol{X}-\boldsymbol{\mu}_2)'\boldsymbol{\Sigma}^{-1}(\boldsymbol{X}-\boldsymbol{\mu}_2)\\ &=(\boldsymbol{X}'\boldsymbol{\Sigma}^{-1}\boldsymbol{X}-2\boldsymbol{X}'\boldsymbol{\Sigma}^{-1}\boldsymbol{\mu}_1+\boldsymbol{\mu}_1'\boldsymbol{\Sigma}^{-1}\boldsymbol{\mu}_1)-(\boldsymbol{X}'\boldsymbol{\Sigma}^{-1}\boldsymbol{X}-2\boldsymbol{X}'\boldsymbol{\Sigma}^{-1}\boldsymbol{\mu}_2+\boldsymbol{\mu}_2'\boldsymbol{\Sigma}^{-1}\boldsymbol{\mu}_2)\\ &=2\boldsymbol{X}'\boldsymbol{\Sigma}^{-1}(\boldsymbol{\mu}_2-\boldsymbol{\mu}_1)+\boldsymbol{\mu}_1'\boldsymbol{\Sigma}^{-1}\boldsymbol{\mu}_1-\boldsymbol{\mu}_2'\boldsymbol{\Sigma}^{-1}\boldsymbol{\mu}_2\\ &=2\boldsymbol{X}'\boldsymbol{\Sigma}^{-1}(\boldsymbol{\mu}_2-\boldsymbol{\mu}_1)+(\boldsymbol{\mu}_1+\boldsymbol{\mu}_2)'\boldsymbol{\Sigma}^{-1}(\boldsymbol{\mu}_1-\boldsymbol{\mu}_2)\\ &=-2\left(\boldsymbol{X}-\frac{\boldsymbol{\mu}_1+\boldsymbol{\mu}_2}{2}\right)'\boldsymbol{\Sigma}^{-1}(\boldsymbol{\mu}_1-\boldsymbol{\mu}_2)\end{aligned}$$

令

$$\bar{\boldsymbol{\mu}}=\frac{\boldsymbol{\mu}_1+\boldsymbol{\mu}_2}{2}, \boldsymbol{\alpha}=\boldsymbol{\Sigma}^{-1}(\boldsymbol{\mu}_1-\boldsymbol{\mu}_2)$$

则

$$d^2(\boldsymbol{X},G_1)-d^2(\boldsymbol{X},G_2)=-2\boldsymbol{\alpha}'(\boldsymbol{X}-\bar{\boldsymbol{\mu}})$$

记

$$W(\boldsymbol{X})=\boldsymbol{\alpha}'(\boldsymbol{X}-\bar{\boldsymbol{\mu}}) \tag{4.1}$$

则判别规则可表示为

$$\begin{cases}\boldsymbol{X}\in G_1, W(\boldsymbol{X})>0\\ \boldsymbol{X}\in G_2, W(\boldsymbol{X})<0\\ \text{待判}, W(\boldsymbol{X})=0\end{cases} \tag{4.2}$$

$W(\boldsymbol{X})$ 称为判别函数,它是 $\boldsymbol{X}$ 的线性函数,又称为线性判别函数,$\boldsymbol{\alpha}$ 称为判别

系数.线性判别函数是使用最方便、实际应用最广的判别工具.

当两总体协方差矩阵 $\boldsymbol{\Sigma}_1$ 和 $\boldsymbol{\Sigma}_2$ 不相等时,可用

$$W(\boldsymbol{X}) = d^2(\boldsymbol{X},G_1) - d^2(\boldsymbol{X},G_2) = (\boldsymbol{X}-\boldsymbol{\mu}_1)'\boldsymbol{\Sigma}_1^{-1}(\boldsymbol{X}-\boldsymbol{\mu}_1) - (\boldsymbol{X}-\boldsymbol{\mu}_2)'\boldsymbol{\Sigma}_2^{-1}(\boldsymbol{X}-\boldsymbol{\mu}_2)$$

作为判别函数,这时它是 $\boldsymbol{X}$ 的二次函数.

例 4.1 在企业的考核中,可以根据企业的生产经营情况把企业分为优秀企业和一般企业.考核企业经营状况的指标有

资金利润率 = 利润总额 / 资金占用总额

劳动生产率 = 总产值 / 职工平均人数

产品净值率 = 净产值 / 总产值

三个指标的均值向量和协方差矩阵见表 4.1.

表 **4.1** 企业经营状况数据

变量	均值向量		协方差矩阵		
	优秀	一般			
资金利润率	13.5	5.4	68.39	40.24	21.41
劳动生产率	40.7	29.8	40.24	54.58	11.67
产品净值率	10.7	6.2	21.41	11.67	7.90

现有两个企业,观测值分别为(7.8,39.1,9.6)和(8.1,34.2,6.9),问这两个企业应该属于哪一类?

解:把优秀企业和一般企业看作两个不同的总体,并且假设这两个总体协方差矩阵相等,可运用判别规则式(4.2)进行判别.

$$\boldsymbol{\Sigma}^{-1} = \begin{pmatrix} 0.119337 & -0.02753 & -0.28276 \\ -0.02753 & 0.033129 & 0.025659 \\ -0.28276 & 0.025659 & 0.854988 \end{pmatrix}$$

$$\boldsymbol{\mu}_1 - \boldsymbol{\mu}_2 = \begin{pmatrix} 8.1 \\ 10.9 \\ 4.5 \end{pmatrix}, (\boldsymbol{\mu}_1 + \boldsymbol{\mu}_2)/2 = \begin{pmatrix} 9.45 \\ 35.25 \\ 8.45 \end{pmatrix}$$

则判别系数为

$$\boldsymbol{\alpha}' = \boldsymbol{\Sigma}^{-1}(\boldsymbol{\mu}_1 - \boldsymbol{\mu}_2) = \begin{pmatrix} -0.60581 \\ 0.25362 \\ 1.83679 \end{pmatrix}$$

判别函数的常数项

$$\left(\frac{\boldsymbol{\mu}_1 + \boldsymbol{\mu}_2}{2}\right)'\boldsymbol{\Sigma}^{-1}(\boldsymbol{\mu}_1 - \boldsymbol{\mu}_2) = (9.45 \quad 35.25 \quad 8.45)\begin{pmatrix} -0.60581 \\ 0.25362 \\ 1.83679 \end{pmatrix} = 18.73596$$

判别函数为

$$y = -0.60581x_1 + 0.25362x_2 + 1.83679x_3 - 18.73596$$

将待判 2 企业的观测值代入判别函数：

$$y_1 = -0.60581 \times 7.8 + 0.25362 \times 39.1 + 1.83679 \times 9.6 - 18.73596 = 4.0884 > 0$$

$$y_2 = -0.60581 \times 8.1 + 0.25362 \times 34.2 + 1.83679 \times 6.9 - 18.73596 = -2.2954 < 0$$

所以第一个企业属于优秀企业，第二个企业属于一般企业.

2. 总体均值向量和协方差矩阵未知

在实际应用中，总体的均值向量和协方差矩阵一般是未知的，可由样本均值向量和样本协方差矩阵分别进行估计. 设

$$\boldsymbol{X}_1^{(1)}, \boldsymbol{X}_2^{(1)}, \cdots, \boldsymbol{X}_{n_1}^{(1)}; \boldsymbol{X}_1^{(2)}; \boldsymbol{X}_2^{(2)}, \cdots, \boldsymbol{X}_{n_2}^{(2)}$$

是分别来自总体 G_1, G_2 的样本，则 $\boldsymbol{\mu}_1, \boldsymbol{\mu}_2$ 的无偏估计分别为

$$\hat{\boldsymbol{\mu}}_1 = \frac{1}{n_1}\sum_{i=1}^{n_1}\boldsymbol{X}_i^{(1)} = \overline{\boldsymbol{X}}_1, \hat{\boldsymbol{\mu}}_2 = \frac{1}{n_2}\sum_{i=1}^{n_2}\boldsymbol{X}_i^{(2)} = \overline{\boldsymbol{X}}_2$$

$\boldsymbol{\Sigma}$ 的一个联合无偏估计为

$$\hat{\boldsymbol{\Sigma}} = \frac{1}{n_1 + n_2 - 2}[(n_1 - 1)\boldsymbol{S}_1 + (n_2 - 1)\boldsymbol{S}_2]$$

其中 $\boldsymbol{S}_1, \boldsymbol{S}_2$ 分别是 G_1, G_2 的样本协方差矩阵.

此时判别函数为

$$\hat{W}(\boldsymbol{X}) = \hat{\boldsymbol{\alpha}}'(\boldsymbol{X} - \overline{\boldsymbol{X}})$$

其中

$$\overline{\boldsymbol{X}} = \frac{1}{2}(\overline{\boldsymbol{X}}_1 + \overline{\boldsymbol{X}}_2),\hat{\boldsymbol{\alpha}} = \hat{\boldsymbol{\Sigma}}^{-1}(\overline{\boldsymbol{X}}_1 - \overline{\boldsymbol{X}}_2).$$

判别规则为

$$\begin{cases} \boldsymbol{X} \in G_1, \hat{W}(\boldsymbol{X}) > 0 \\ \boldsymbol{X} \in G_2, \hat{W}(\boldsymbol{X}) < 0 \\ \text{待判}, \hat{W}(\boldsymbol{X}) = 0 \end{cases}$$

4.2.2 多个总体的距离判别

1. 协方差矩阵相同

设有 k 个($k \geqslant 3$)总体 $G_1, G_2, \cdots, G_k$,其均值向量分别为 $\boldsymbol{\mu}_1, \boldsymbol{\mu}_2, \cdots, \boldsymbol{\mu}_k$,协方差矩阵均为 $\boldsymbol{\Sigma}$,对于新样本 $\boldsymbol{X}$,判断它属于哪个总体.类似于两总体的讨论,计算 $\boldsymbol{X}$ 到每一个总体的距离:

$$\begin{aligned} d^2(\boldsymbol{X}, G_i) &= (\boldsymbol{X} - \boldsymbol{\mu}_i)'\boldsymbol{\Sigma}^{-1}(\boldsymbol{X} - \boldsymbol{\mu}_i) \\ &= \boldsymbol{X}'\boldsymbol{\Sigma}^{-1}\boldsymbol{X} - 2\boldsymbol{\mu}_i'\boldsymbol{\Sigma}^{-1}\boldsymbol{X} + \boldsymbol{\mu}_i'\boldsymbol{\Sigma}^{-1}\boldsymbol{\mu}_i \end{aligned}$$

上式第一项 $\boldsymbol{X}'\boldsymbol{\Sigma}^{-1}\boldsymbol{X}$ 与 i 无关,舍去,得到一个等价的判别函数:

$$\begin{aligned} g_i(\boldsymbol{X}) &= -2\boldsymbol{\mu}_i'\boldsymbol{\Sigma}^{-1}\boldsymbol{X} + \boldsymbol{\mu}_i'\boldsymbol{\Sigma}^{-1}\boldsymbol{\mu}_i \\ &= -2(\boldsymbol{\mu}_i'\boldsymbol{\Sigma}^{-1}\boldsymbol{X} - 0.5\boldsymbol{\mu}_i'\boldsymbol{\Sigma}^{-1}\boldsymbol{\mu}_i) \end{aligned}$$

令

$$f_i(\boldsymbol{X}) = \boldsymbol{X}'\boldsymbol{\Sigma}^{-1}\boldsymbol{\mu}_i - 0.5\boldsymbol{\mu}_i'\boldsymbol{\Sigma}^{-1}\boldsymbol{\mu}_i$$

此即为判别函数,它是关于 $\boldsymbol{X}$ 的线性函数.

判别规则为

$$\text{若 } f_l(\boldsymbol{X}) = \max_{1 \leqslant i \leqslant k} f_i(\boldsymbol{X}),\text{则 } \boldsymbol{X} \in G_l$$

这与前面提出的判别规则是等价的.

如果 $\boldsymbol{\mu}_1, \boldsymbol{\mu}_2, \cdots, \boldsymbol{\mu}_k$ 与 $\boldsymbol{\Sigma}$ 均未知,可以通过样本来估计.设 $\boldsymbol{X}_1^{(\alpha)}, \boldsymbol{X}_2^{(\alpha)}, \cdots, \boldsymbol{X}_{n_\alpha}^{(\alpha)}$ ($\alpha = 1, 2, \cdots, k$) 是来自总体 G_α 的一个样本,则 $\boldsymbol{\mu}_\alpha$ 与 $\boldsymbol{\Sigma}$ 的估计量可选为

$$\hat{\boldsymbol{\mu}}_\alpha = \overline{\boldsymbol{X}}^{(\alpha)} = \frac{1}{n_\alpha}\sum_{i=1}^{n_\alpha}\boldsymbol{X}_i^{(\alpha)}, \hat{\boldsymbol{\Sigma}} = \frac{1}{n-k}\sum_{\alpha=1}^{k}(n_\alpha - 1)\boldsymbol{S}_\alpha$$

其中

$$\alpha = 1,2,\cdots,k, n = n_1 + n_2 + \cdots + n_k,$$

$$\boldsymbol{S}_\alpha = \frac{1}{n_\alpha - 1}\sum_{i=1}^{n_\alpha}(\boldsymbol{X}_i^{(\alpha)} - \overline{\boldsymbol{X}}^{(\alpha)})(\boldsymbol{X}_i^{(\alpha)} - \overline{\boldsymbol{X}}^{(\alpha)})'$$

2. 协方差矩阵不相同

设总体 $G_1,G_2,\cdots,G_k$ 的协方差矩阵分别为 $\boldsymbol{\Sigma}_1,\boldsymbol{\Sigma}_2,\cdots,\boldsymbol{\Sigma}_k$，它们不全相等. 计算 $\boldsymbol{X}$ 到各个总体的马氏距离，即

$$d^2(\boldsymbol{X},G_\alpha) = (\boldsymbol{X} - \boldsymbol{\mu}_\alpha)'\boldsymbol{\Sigma}_\alpha^{-1}(\boldsymbol{X} - \boldsymbol{\mu}_\alpha), \alpha = 1,2,\cdots,k$$

则判别规则为

$$\text{若 } d(\boldsymbol{X},G_i) = \min_{1\leqslant\alpha\leqslant k} d(\boldsymbol{X},G_\alpha)\text{，则 } \boldsymbol{X} \in G_i.$$

例 4.2　设有三个总体 G_1,G_2,G_3，其服从的分布分别为

$$N(2,0.5^2), N(0,2^2), N(3,1^2).$$

试问样本 $X = 2.5$ 应判为哪一个总体?请用距离判别法进行判别.

解:

$$d^2(X,G_i) = (X - \mu_i)'\boldsymbol{\Sigma}_i^{-1}(X - \mu_i), i = 1,2,3$$

当 $d^2(X,G_i) = \min\limits_{1\leqslant k\leqslant 3} d^2(X,G_k)$ 时，$X \in G_i$.

$$d^2(X,G_1) = (2.5 - 2) \times \frac{1}{0.5^2} \times (2.5 - 2) = 1$$

$$d^2(X,G_2) = (2.5 - 0) \times \frac{1}{2^2} \times (2.5 - 0) = \frac{25}{16}$$

$$d^2(X,G_3) = (2.5 - 3) \times \frac{1}{1^2} \times (2.5 - 3) = 0.25$$

$$0.25 < 1 < \frac{25}{16}$$

所以 $X = 2.5$ 应归为第三个总体.

4.2.3　距离判别法判别效果的检验

1. 错判概率

由前面的分析可以看出，距离判别法是合理的，但是这并不能完全避免产生误判的可能.

设两总体 G_1,G_2 分别服从分布 $N(\mu_1,\sigma^2), N(\mu_2,\sigma^2)$，其判别函数为

$$W(X) = (X - \overline{\mu})\frac{1}{\sigma^2}(\mu_1 - \mu_2), \overline{\mu} = \frac{\mu_1 + \mu_2}{2}, \mu_1 > \mu_2,$$

若 $\mu_1 > \mu_2$，则样本应归为 G_2 却误判给 G_1 的概率为

$$\begin{aligned} p\{X > \bar{\mu} \mid G_2\} &= p\{X - \mu_2 > \bar{\mu} - \mu_2\} \\ &= p\left\{\frac{X - \mu_2}{\sigma} > \frac{\mu_1 - \mu_2}{2\sigma}\right\} \\ &= 1 - \Phi\left(\frac{\mu_1 - \mu_2}{2\sigma}\right) \end{aligned}$$

如果两总体均值向量 μ_1 与 μ_2 差异不显著，则错判概率就比较大. 因此只有两总体的均值向量有显著差异时，距离判别才有实际意义. 因此在进行距离判别之前要对总体均值差异做显著性检验.

2. 交叉验证

交叉验证的思想是：为了判断第 i 个观测的判别正确与否，用删除第 i 个观测的样本数据集计算出判别函数，然后用此判别函数来判别第 i 个观测，对每一个观测都这样进行. 交叉验证比较严格，能检验所选择判别方法的有效性和稳定性. 另外，交叉验证可以解决样本容量不大的情形下通过改变样本来检验方法是否稳定的问题.

4.3 贝叶斯判别法

距离判别只要求知道总体的数字特征，不涉及总体的分布，当总体均值向量和总体协方差矩阵未知时，就用样本均值向量和样本协方差矩阵来估计. 距离判别方法简单实用，但没有考虑到每个总体出现的机会（即先验概率）大小，没有考虑到误判的损失. 事实上，不同的误判带来的损失是不同的，如通常认为“将一个实际患有癌症的人误判为正常人”，其误判损失就大于“将一个正常人误诊为癌症患者”. 贝叶斯判别法，正是为了解决这两个问题提出的判别分析方法，它既考虑了总体的先验概率又考虑了误判损失的大小.

贝叶斯统计思想：假定对研究对象已有一定的认识，常用先验概率描述这种认识，然后取得一个样本，来修正已有的认识，得到后验概率，各种统计推断都是通过分析后验概率分布来进行的. 将贝叶斯思想用于判别分析就得到了贝叶斯判别. 贝叶斯判别是基于如下两大准则进行的：一是最大后验准则；二是最小平均误判损失准则.

4.3.1　最大后验准则

先看一个例子：办公室来了员工小王，小王是好人还是坏人，大家都在猜测. 人们既定认为好人或坏人的概率均为$\frac{1}{2}$，好人做好事的概率为 0.9，坏人做好事的概率为 0.2. 一天小王做了一件好事，则小王是好人的概率有多大？应把小王判为何种人？

$$p(\text{好人} \mid \text{好事}) = \frac{p(\text{好事} \mid \text{好人})p(\text{好人})}{p(\text{好事} \mid \text{好人})p(\text{好人}) + p(\text{好事} \mid \text{坏人})p(\text{坏人})}$$

$$= \frac{\frac{1}{2} \times 0.9}{\frac{1}{2} \times 0.9 + \frac{1}{2} \times 0.2} = 0.82$$

$$p(\text{坏人} \mid \text{好事}) = \frac{\frac{1}{2} \times 0.2}{\frac{1}{2} \times 0.9 + \frac{1}{2} \times 0.2} = 0.18$$

小王是好人的可能性更大，故应把小王判为好人.

所谓最大后验准则就是算出既定抽样下各个总体的后验概率，新样本则归判于后验概率最大的那个总体.

设有总体 $G_1, G_2, \cdots, G_k$，G_i 的概率密度函数为 $f_i(\boldsymbol{x})$；根据以往经验知道 G_i 出现的概率（先验概率）为 $q_i(i = 1, 2, \cdots, k)$，则当 $\boldsymbol{X} = \boldsymbol{x}_0$ 时，它属于类 G_i 的概率可由贝叶斯公式表示为

$$P\{G_i \mid \boldsymbol{x}_0\} = \frac{q_i f_i(\boldsymbol{x}_0)}{\sum_{j=1}^{k} q_j f_j(\boldsymbol{x}_0)}$$

根据最大后验准则，判别规则为

若

$$P\{G_l \mid \boldsymbol{x}_0\} = \max_{1 \leqslant i \leqslant k} \frac{q_i f_i(\boldsymbol{x}_0)}{\sum_{j=1}^{k} q_j f_j(\boldsymbol{x}_0)},$$

即若

$$q_l f_l(\boldsymbol{x}_0) = \max_{1 \leqslant i \leqslant k} q_i f_i(\boldsymbol{x}_0),$$

则 $x_0 \in G_l$.

例 4.3 若例 4.2 中三个总体出现的概率分别为 $q_1 = q_2 = q_3 = \frac{1}{3}$,试用最大后验准则判别样品 $x = 2.5$ 应该归于哪一类.

解:计算样品 $x = 2.5$ 属于 $G_i(i = 1,2,3)$ 的后验概率:

$$P\{G_i \mid x\} = \frac{q_i f_i(x)}{\sum_{j=1}^{3} q_j f_j(x)}$$

$$P\{G_1 \mid x = 2.5\} = \frac{0.1613}{0.1613 + 0.0304 + 0.1174} = \frac{0.1613}{0.3091} = 0.5218$$

$$P\{G_2 \mid x = 2.5\} = \frac{0.0304}{0.1613 + 0.0304 + 0.1174} = \frac{0.0304}{0.3091} = 0.0984$$

$$P\{G_3 \mid x = 2.5\} = \frac{0.1174}{0.1613 + 0.0304 + 0.1174} = \frac{0.1174}{0.3091} = 0.3798$$

因为 $0.0984 < 0.3798 < 0.5218$,所以样品 $x = 2.5$ 应归判于 G_1.

特别地,若 G_i 服从正态分布 $N_p(\boldsymbol{\mu}_i, \boldsymbol{\Sigma}_i)$,则

$$q_i f_i(\boldsymbol{x}) = \frac{q_i}{(2\pi)^{\frac{p}{2}} \mid \boldsymbol{\Sigma}_i \mid^{\frac{1}{2}}} \exp\left[-\frac{1}{2}(\boldsymbol{x} - \boldsymbol{\mu}_i)' \boldsymbol{\Sigma}_i^{-1} (\boldsymbol{x} - \boldsymbol{\mu}_i)\right],$$

上式两边取对数并且去掉与 i 无关的项,则等价的判别函数为

$$\begin{aligned} Z_i(\boldsymbol{x}) &= \ln(q_i f_i(\boldsymbol{x})) \\ &= \ln q_i - \frac{1}{2}\ln|\boldsymbol{\Sigma}_i| - \frac{1}{2}(\boldsymbol{x} - \boldsymbol{\mu}_i)' \boldsymbol{\Sigma}_i^{-1} (\boldsymbol{x} - \boldsymbol{\mu}_i) \end{aligned}$$

判别规则转化为

若

$$Z_l(\boldsymbol{x}) = \max_{1 \leqslant i \leqslant k} [Z_i(\boldsymbol{x})],$$

则 $\boldsymbol{x} \in G_l$.

若各总体的协方差矩阵相等:

$$\boldsymbol{\Sigma}_1 = \boldsymbol{\Sigma}_2 = \cdots = \boldsymbol{\Sigma}_k = \boldsymbol{\Sigma}$$

则判别函数退化为

$$\begin{aligned} Z_i(\boldsymbol{x}) &= \ln q_i - \frac{1}{2}(\boldsymbol{x} - \boldsymbol{\mu}_i)' \boldsymbol{\Sigma}_i^{-1} (\boldsymbol{x} - \boldsymbol{\mu}_i) \\ &= \ln q_i - \frac{1}{2}\boldsymbol{\mu}_i' \boldsymbol{\Sigma}^{-1} \boldsymbol{\mu}_i + \boldsymbol{\mu}_i' \boldsymbol{\Sigma}^{-1} \boldsymbol{x} - \frac{1}{2}\boldsymbol{x}' \boldsymbol{\Sigma}^{-1} \boldsymbol{x} \end{aligned}$$

令

$$p_i(\boldsymbol{X}) = \ln q_i - \frac{1}{2}\boldsymbol{\mu}_i'\boldsymbol{\Sigma}^{-1}\boldsymbol{\mu}_i + \boldsymbol{\mu}_i'\boldsymbol{\Sigma}^{-1}\boldsymbol{x}$$

则判别函数转化为

若

$$p_l(\boldsymbol{x}) = \max_{1\leqslant i\leqslant k}[p_i(\boldsymbol{x})],$$

则 $x \in G_l$.

若先验概率相等，即 $q_1 = q_2 = \cdots = q_k = \frac{1}{k}$

则

$$p_l(\boldsymbol{x}) = -\ln k - \frac{1}{2}\boldsymbol{\mu}_i'\boldsymbol{\Sigma}^{-1}\boldsymbol{\mu}_i + \boldsymbol{\mu}_i'\boldsymbol{\Sigma}^{-1}\boldsymbol{x}$$

此即距离判别法的判别函数.

4.3.2　最小平均误判损失准则

最小平均误判损失准则也称为“贝叶斯判别准则”. 最小平均误判损失准则既考虑了先验概率的不同，还考虑了误判损失的大小.

1. 一般总体的贝叶斯判别

设有总体 $G_1, G_2, \cdots, G_k$, $G_i(i = 1,2,\cdots,k)$ 具有 p 维概率密度函数 $f_i(x)$，且这 k 个总体的先验概率分别为

$$q_1, q_2, \cdots, q_k,$$

则

$$q_1 + q_2 + \cdots + q_k = 1,$$

又设 $D_1, D_2, \cdots, D_k$ 是 R^p 的一个划分.

贝叶斯判别规则就是：当样品 $\boldsymbol{x}$ 落入 D_i 时，可判

$$\boldsymbol{x} \in G_i(i = 1,2,\cdots,k).$$

关键的问题是如何获得这个划分，划分的标准（原则）应该使平均误判损失最小.

来自总体 G_i 的样品被误判到总体 G_j 的条件概率称为误判概率，即

$$p(j \mid i) = \begin{cases} \int_{D_j} f_i(\boldsymbol{x})\mathrm{d}\boldsymbol{x}, i \neq j, (i,j = 1,2,\cdots,k) \\ 0, i = j \end{cases}$$

用 $c(j\mid i)$ 表示相应误判所造成的损失. 则样品 $\boldsymbol{x}$ 的平均误判损失(expected cost of misclassification, ECM) 定义为

$$ECM=\sum_{i=1}^{k}q_i\sum_{j=1}^{k}c(j\mid i)p(j\mid i)=\sum_{i=1}^{k}q_ir_i,$$

其中

$$r_i=\sum_{j=1}^{k}c(j\mid i)p(j\mid i)$$

表示将实际属于 G_i 的样品误判为其他总体的损失. 使 ECM 最小的 R^p 的划分

$$D_1,D_2,\cdots,D_k$$

即是贝叶斯判别分析的解.

定理 4.1 设有 k 个总体 $G_1,G_2,\cdots,G_k$,已知 G_i 的概率密度函数为 $f_i(\boldsymbol{x})$,先验概率为

$$q_i(i=1,2,\cdots,k),$$

来自总体 G_i 的样品 $\boldsymbol{x}$ 被误判到总体 G_j 的误判损失为 $c(j\mid i)$,则贝叶斯判别的解

$$D^*=\{D_1^*,D_2^*,\cdots,D_k^*\}$$

为

$$D_s^*=\{\boldsymbol{x}\mid R_s(\boldsymbol{x})=\min_{\substack{1\leqslant t\leqslant k\\ t\neq s}}h_t(\boldsymbol{x})\}$$

其中

$$h_t(\boldsymbol{x})=\sum_{i=1}^{k}q_ic(t\mid i)f_i(\boldsymbol{x}),$$

它表示把样品 x 误判归为 G_t 的平均损失.

证明:设

$$D=\{D_1,D_2,\cdots,D_k\}$$

是 R^p 的任意一种划分,则它带来的平均误判损失为

$$\begin{aligned}ECM&=\sum_{i=1}^{k}q_i\sum_{j=1}^{k}c(j\mid i)\int_{D_j}f_i(\boldsymbol{x})\mathrm{d}\boldsymbol{x}\\&=\sum_{j=1}^{k}\int_{D_j}\Big(\sum_{i=1}^{k}q_ic(j\mid i)f_i(\boldsymbol{x})\Big)\mathrm{d}\boldsymbol{x}\\&=\sum_{j=1}^{k}\int_{D_j}h_j(\boldsymbol{x})\mathrm{d}\boldsymbol{x}\end{aligned}$$

则对于 划分 D^*,它带来的平均误判损失为

$$ECM^* = \sum_{s=1}^{k}\int_{D_s^*} h_s(\boldsymbol{x})\mathrm{d}\boldsymbol{x}$$

则两种划分下，样品 $\boldsymbol{X}$ 的 平均误判损失之差为

$$ECM^* - ECM = \sum_{s=1}^{k}\int_{D_s^*} h_s(\boldsymbol{x})\mathrm{d}\boldsymbol{x} - \sum_{j=1}^{k}\int_{D_j} h_j(\boldsymbol{x})\mathrm{d}\boldsymbol{x}$$

$$= \sum_{j=1}^{k}\sum_{s=1}^{k}\int_{D_s^*\cap D_j}[h_s(\boldsymbol{x}) - h_j(\boldsymbol{x})]\mathrm{d}\boldsymbol{x}$$

由 D^* 的定义

$$h_s(\boldsymbol{x}) \leqslant h_j(\boldsymbol{x}), j = 1,2,\cdots,k$$

故

$$ECM^* \leqslant ECM$$

即

$$ECM^* = \min_{\text{一切划分}D} ECM$$

故 D^* 即为贝叶斯判别的解.

由定理可知贝叶斯判别的步骤为：

① 对待判样品 $\boldsymbol{x}$，分别计算 $h_j(\boldsymbol{x}), j = 1,2,\cdots,k$；

② 选择其中最小者，待判样本归于相应的总体.

特别地，若误判损失都相等，即

$$c(j \mid i) = 1 - \delta_{ij} = \begin{cases} 1, i \neq j; \\ 0, i = j. \end{cases}$$

$$h_j(\boldsymbol{x}) = \sum_{i=1}^{k} q_i c(j \mid i) f_i(\boldsymbol{x}) = \sum_{i\neq j}^{k} q_i f_i(\boldsymbol{x}) = \sum_{i=1}^{k} q_i f_i(\boldsymbol{x}) - q_j f_j(\boldsymbol{x})$$

$h_j(\boldsymbol{x})$ 越小，则 $q_j f_j(\boldsymbol{x})$ 越大.

故贝叶斯判别规则转化为

若

$$q_l f_l(\boldsymbol{x}) = \max_{1\leqslant j\leqslant k} q_j f_j(\boldsymbol{x}),$$

则 $x \in G_l$.

这与基于最大后验准则的贝叶斯判别规则相同.

例 4.4　设有 2 个正态总体 G_1 和 G_2，已知

$$\boldsymbol{\mu}_1 = \begin{pmatrix} 10 \\ 15 \end{pmatrix}, \boldsymbol{\mu}_2 = \begin{pmatrix} 20 \\ 25 \end{pmatrix}, \boldsymbol{\Sigma}_1 = \boldsymbol{\Sigma}_2 = \begin{pmatrix} 18 & 12 \\ 12 & 32 \end{pmatrix}$$

先验概率分别为 $q_1 = q_2$ 且 $c(2 \mid 1) = 10, c(1 \mid 2) = 75$，试问样品

$$\boldsymbol{x}^{(1)}=\begin{pmatrix}20\\20\end{pmatrix} \text{和} \boldsymbol{x}^{(2)}=\begin{pmatrix}15\\20\end{pmatrix}$$

分别应归于哪一类?

解:根据定理,只需计算

$$h_1(\boldsymbol{x})=q_2c(1\mid 2)f_2(\boldsymbol{x}),h_2(\boldsymbol{x})=q_1c(2\mid 1)f_1(\boldsymbol{x})$$

并比较 $h_1(\boldsymbol{x})$ 与 $h_2(\boldsymbol{x})$ 的大小.

$$\frac{h_1(\boldsymbol{x})}{h_2(\boldsymbol{x})}=\frac{c(1\mid 2)}{c(2\mid 1)}\frac{f_2(\boldsymbol{x})}{f_1(\boldsymbol{x})}=\frac{75}{10}\times\frac{f_2(\boldsymbol{x})}{f_1(\boldsymbol{x})}$$

$$=7.5\exp\left\{-\frac{1}{2}\left[(\boldsymbol{x}-\boldsymbol{\mu}_2)'\boldsymbol{\Sigma}^{-1}(\boldsymbol{x}-\boldsymbol{\mu}_2)-(\boldsymbol{x}-\boldsymbol{\mu}_1)'\boldsymbol{\Sigma}^{-1}(\boldsymbol{x}-\boldsymbol{\mu}_1)\right]\right\}$$

$$=7.5\exp\{-(\boldsymbol{x}-\bar{\boldsymbol{\mu}})'\boldsymbol{\Sigma}^{-1}(\boldsymbol{\mu}_1-\boldsymbol{\mu}_2)\},\bar{\boldsymbol{\mu}}=\begin{pmatrix}15\\20\end{pmatrix}$$

当 $\boldsymbol{x}^{(1)}=\begin{pmatrix}20\\20\end{pmatrix}$ 时,$\frac{h_1(\boldsymbol{x}^{(1)})}{h_2(\boldsymbol{x}^{(1)})}=7.5\times e^{125/54}=75.9229>1$

$\therefore h_1(\boldsymbol{x})>h_2(\boldsymbol{x})$,则判 $x^{(1)}\in G_2$.

当 $\boldsymbol{x}^{(2)}=\begin{pmatrix}15\\20\end{pmatrix}$ 时,$\frac{h_1(\boldsymbol{x}^{(2)})}{h_2(\boldsymbol{x}^{(2)})}=7.5\times e^{0}=7.5>1$

$\therefore h_1(\boldsymbol{x})>h_2(\boldsymbol{x})$,则判 $\boldsymbol{x}^{(2)}\in G_2$.

2. 正态总体的贝叶斯判别

设

$$G_i\sim N_p(\boldsymbol{\mu}_i,\boldsymbol{\Sigma}_i),i=1,2,\cdots,k,$$

并假定错判损失相等,且 $\boldsymbol{\Sigma}_1=\boldsymbol{\Sigma}_2=\cdots=\boldsymbol{\Sigma}_k=\boldsymbol{\Sigma}$,总体 G_i 的先验概率为

$$q_i(i=1,2,\cdots,k),$$

则

$$q_jf_j(\boldsymbol{x})=\frac{q_j}{(2\pi)^{p/2}\ |\boldsymbol{\Sigma}|^{1/2}}\exp\left\{-\frac{1}{2}(\boldsymbol{x}-\boldsymbol{\mu}_j)'\boldsymbol{\Sigma}^{-1}(\boldsymbol{x}-\boldsymbol{\mu}_j)\right\}$$

$$\ln(q_jf_j)=\ln q_j-\frac{1}{2}\ln|\boldsymbol{\Sigma}|-\frac{p}{2}\ln(2\pi)-\frac{1}{2}(\boldsymbol{x}-\boldsymbol{\mu}_j)'\boldsymbol{\Sigma}^{-1}(\boldsymbol{x}-\boldsymbol{\mu}_j)$$

$$=-\frac{1}{2}[\ln|\boldsymbol{\Sigma}|+p\ln(2\pi)+\boldsymbol{x}'\boldsymbol{\Sigma}^{-1}\boldsymbol{x}]+\ln q_j-\frac{1}{2}\boldsymbol{\mu}_j{}'\boldsymbol{\Sigma}^{-1}\boldsymbol{\mu}_j+\boldsymbol{x}'\boldsymbol{\Sigma}^{-1}\boldsymbol{\mu}_j$$

令

$$z_j(\boldsymbol{x}) = c_j + \boldsymbol{a}_j'\boldsymbol{x}$$

其中

$$c_j = \ln q_j - \frac{1}{2}\boldsymbol{\mu}_j'\boldsymbol{\Sigma}^{-1}\boldsymbol{\mu}_j, \boldsymbol{a}_j' = \boldsymbol{\mu}_j'\boldsymbol{\Sigma}^{-1}$$

称 $z_j(\boldsymbol{x})$ 为线性判别函数，判别规则为

若 $z_l(\boldsymbol{x}) = \max\limits_{1\leqslant j\leqslant k} z_j(\boldsymbol{x})$，则 $\boldsymbol{x} \in G_l$.

此时的贝叶斯判别规则与马氏距离判别规则大体是一致的，只是判别函数的常数项多了一项 $\ln q_j$.

4.4　Fisher 判别法

Fisher 判别法是由统计学家 Fisher 于 1936 年提出来的，该方法采用投影的方式实现对数据的降维，即通过将多维数据投影到某个方向上，将总体与总体之间尽可能地分开，然后再选择合适的判别规则将新的样品进行分类.

4.4.1　两个总体的 Fisher 判别法

1. 引例

从两个维度（x_1 表示钢铁击穿点；x_2 表示钢铁强度）刻画两个钢铁群体（分别在温度 1 和温度 2 条件下炼制而成的钢铁）的差异性（表 4.2）.

表 **4.2**　两个钢铁群体差异数据

温度 1		温度 2	
x_1	x_2	x_1	x_2
33	60	35	57
36	61	36	59
35	64	38	59
38	63	39	61
40	65	41	63
		43	65
		41	59

将两组样本对应的点（x_1，x_2）画于平面直角坐标系上，如图 4.1 所示：

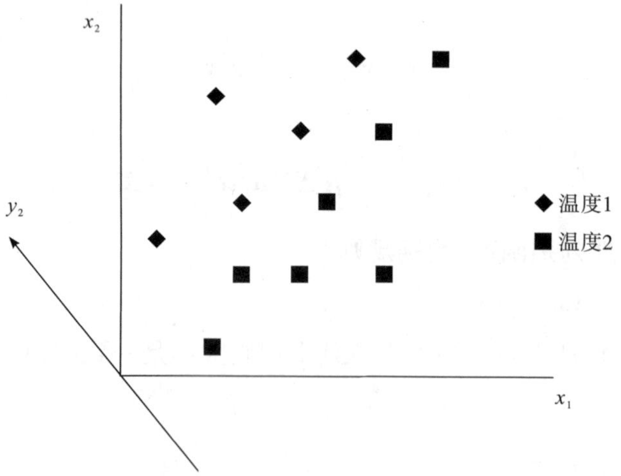

图 **4.1**　两个钢铁群体散点图

我们试图将二维空间的点投影到某个一维空间，即一条直线上，将两个群体尽可能地分开，然后再进行判别. 如图 4.1，如果将两组样品都投影到 x_1（或 x_2）轴上，则这两组的投影点在 x_1（或 x_2）轴上的几乎无任何差异，无法根据投影将两组样品区分开来，如果将两组样品投影到 y_2 轴上去，则这两组样品可以很明显地区分开来.

将样本进行投影实际上就是对多维数据降维，这种降维将这两组样本的差异性信息很好地保留了下来，因此完全可以在一维的直线上做判别分析.

Fisher 判别就是用投影（或降维）的思想将原来的 p 维指标向量

$$\boldsymbol{X} = (x_1, x_2, \cdots, x_p)'$$

的少数几个线性组合（Fisher 判别函数）

$$\boldsymbol{Y}_1 = \boldsymbol{a}_1'\boldsymbol{X}, \boldsymbol{Y}_2 = \boldsymbol{a}_2'\boldsymbol{X}, \cdots, \boldsymbol{Y}_r = \boldsymbol{a}_r'\boldsymbol{X} (r \ll p)$$

来代替原始的几个变量指标，以达到降维目的，并根据这 r 个新指标（判别函数）对新样品的归属作出判别，其中 $\boldsymbol{a}_1, \boldsymbol{a}_2, \cdots, \boldsymbol{a}_r$ 分别是投影的方向.

2. Fisher 判别函数

设有 2 个总体 G_1, G_2，其均值分别为 $\boldsymbol{\mu}_1, \boldsymbol{\mu}_2$，协方差矩阵相等，均为 $\boldsymbol{\Sigma}_1 = \boldsymbol{\Sigma}_2 = \boldsymbol{\Sigma}$. $\boldsymbol{X}_1^{(i)}, \boldsymbol{X}_2^{(i)}, \cdots, \boldsymbol{X}_{n_i}^{(i)}$ 是来自总体 G_i 的样本，$i = 1, 2$. G_1, G_2 的样本均值向量分别为 $\overline{\boldsymbol{X}}_1, \overline{\boldsymbol{X}}_2$.

Fisher 判别就是将 R^p 中的样本点 $(x_1, x_2, \cdots, x_p)'$ 投影到某个“最佳”方向上，使得来自两个总体的样本点能最大限度地分开. 可以用两样本点投影距离的大小刻画样本分开程度，两样本均值向量 $\overline{\boldsymbol{X}}_1$，$\overline{\boldsymbol{X}}_2$ 的投影距离可以大致反映两总体的样本点的分开程度，因此 Fisher 判别的问题转化为：求一个方向 $\boldsymbol{a}$，使得两总体的样本均值向量 $\overline{\boldsymbol{X}}_1$ 与 $\overline{\boldsymbol{X}}_2$ 在该方向上的投影的距离最大（如图4.2 所示）.

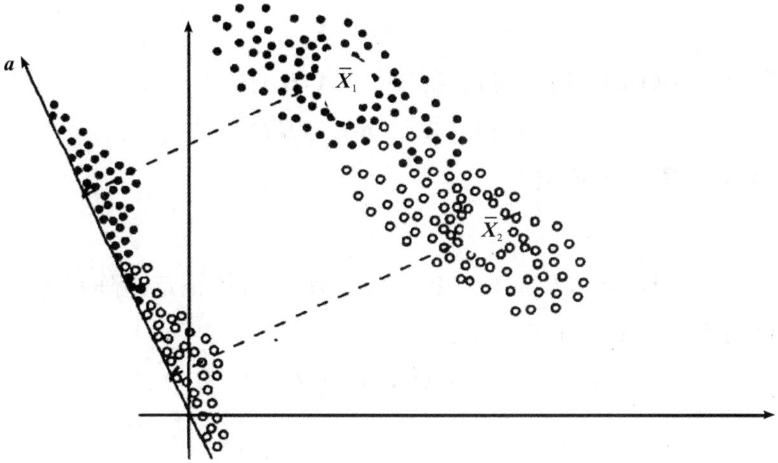

图 **4.2**　两总体样本点的投影

设所求方向 $\boldsymbol{a}$ 是单位向量，$\overline{\boldsymbol{X}}_1$，$\overline{\boldsymbol{X}}_2$ 在 $\boldsymbol{a}$ 上的投影分别记为 $\overline{\boldsymbol{Y}}_1=\boldsymbol{a}'\overline{\boldsymbol{X}}_1$，$\overline{\boldsymbol{Y}}_2=\boldsymbol{a}'\overline{\boldsymbol{X}}_2$，为消除度量单位和自身变异性的影响，取 $\overline{\boldsymbol{Y}}_1$ 与 $\overline{\boldsymbol{Y}}_2$ 的标准化距离.

令

$$d=\overline{\boldsymbol{Y}}_1-\overline{\boldsymbol{Y}}_2=\boldsymbol{a}'(\overline{\boldsymbol{X}}_1-\overline{\boldsymbol{X}}_2)$$

$$\begin{aligned}Var(d)&=\boldsymbol{a}'Var(\overline{\boldsymbol{X}}_1-\overline{\boldsymbol{X}}_2)\boldsymbol{a}=\boldsymbol{a}'[Var(\overline{\boldsymbol{X}}_1)+Var(\overline{\boldsymbol{X}}_2)]\boldsymbol{a}\\&=\boldsymbol{a}'\left[\frac{1}{n_1}\boldsymbol{\Sigma}+\frac{1}{n_2}\boldsymbol{\Sigma}\right]\boldsymbol{a}=\left(\frac{1}{n_1}+\frac{1}{n_2}\right)\boldsymbol{a}'\boldsymbol{\Sigma}\boldsymbol{a}\end{aligned}$$

若 $\boldsymbol{\Sigma}$ 未知，则用 $\boldsymbol{\Sigma}$ 的估计量 $\boldsymbol{S}_w$ 替代，其中

$$\boldsymbol{S}_w=\frac{(n_1-1)\boldsymbol{S}_1+(n_2-1)\boldsymbol{S}_2}{n_1+n_2-2}$$

是混合样本协方差矩阵，则 $Var(d)$ 可以用

$$S_d=\left(\frac{1}{n_1}+\frac{1}{n_2}\right)\boldsymbol{a}'\boldsymbol{S}_w\boldsymbol{a}$$

替代.

则投影后 $\overline{\boldsymbol{Y}}_1$ 与 $\overline{\boldsymbol{Y}}_2$ 的 标准化距离的平方可表示为

$$t^2(\boldsymbol{a})=\frac{[\boldsymbol{a}'(\overline{\boldsymbol{X}}_1-\overline{\boldsymbol{X}}_2)]^2}{\left(\frac{1}{n_1}+\frac{1}{n_2}\right)\boldsymbol{a}'\boldsymbol{S}_w\boldsymbol{a}} \tag{4.3}$$

Fisher 判别就是寻找使得 $t^2(\boldsymbol{a})$ 最大的方向 $\boldsymbol{a}$.

定理 4.2 使得函数 $t^2(\boldsymbol{a})$ 最大的方向 $\boldsymbol{a}$ 为

$$\boldsymbol{a}=\boldsymbol{S}_w^{-1}(\overline{\boldsymbol{X}}_1-\overline{\boldsymbol{X}}_2).$$

证明: 根据柯西不等式,对任意的向量 $\boldsymbol{A},\boldsymbol{B}$ 有

$$(\boldsymbol{A}'\boldsymbol{B})^2\leqslant(\boldsymbol{A}'\boldsymbol{A})\cdot(\boldsymbol{B}'\boldsymbol{B})$$

当且仅当 $\boldsymbol{A}=\boldsymbol{B}$,等号成立.

令

$$\boldsymbol{A}=\boldsymbol{W}^{\frac{1}{2}}\boldsymbol{A}^*,\boldsymbol{B}=\boldsymbol{W}^{-\frac{1}{2}}\boldsymbol{B}^*\text{(其中 }\boldsymbol{W}\text{ 是对称正定矩阵)},$$

则可得柯西不等式的一个变形形式:

$$(\boldsymbol{A}^{*\prime}\boldsymbol{B}^*)^2\leqslant(\boldsymbol{A}^{*\prime}\boldsymbol{W}\boldsymbol{A}^*)(\boldsymbol{B}^{*\prime}\boldsymbol{W}^{-1}\boldsymbol{B}^*)$$

亦即

$$\frac{(\boldsymbol{A}^{*\prime}\boldsymbol{B}^*)^2}{\boldsymbol{A}^{*\prime}\boldsymbol{W}\boldsymbol{A}^*}\leqslant\boldsymbol{B}^{*\prime}\boldsymbol{W}^{-1}\boldsymbol{B}^*$$

等号成立,当且仅当 $\boldsymbol{A}^*=\boldsymbol{W}^{-1}\boldsymbol{B}^*$.

令

$$\boldsymbol{A}^*=\boldsymbol{a},\boldsymbol{W}=\boldsymbol{S}_w,\boldsymbol{B}^*=\overline{\boldsymbol{X}}_1-\overline{\boldsymbol{X}}_2$$

即可证明 $t^2(\boldsymbol{a})$ 取最大值时,当且仅当

$$\boldsymbol{a}=\boldsymbol{S}_w^{-1}(\overline{\boldsymbol{X}}_1-\overline{\boldsymbol{X}}_2).$$

称

$$Y=\boldsymbol{a}'\boldsymbol{X}$$

为 Fisher 判别函数.

$$\boldsymbol{a}=\boldsymbol{S}_w^{-1}(\overline{\boldsymbol{X}}_1-\overline{\boldsymbol{X}}_2)$$

为判别函数的系数. Fisher 判别函数是关于 $\boldsymbol{X}$ 的线性函数.

例 4.5 试运用引例中的数据建立 Fisher 判别函数.

解:

$$\overline{\boldsymbol{X}}_1=\begin{pmatrix}36.4\\62.6\end{pmatrix},\overline{\boldsymbol{X}}_2=\begin{pmatrix}39.0\\60.4\end{pmatrix},\boldsymbol{S}_w=\begin{pmatrix}7.92&5.68\\5.68&6.29\end{pmatrix}$$

判别系数 $\boldsymbol{a}=\boldsymbol{S}_w^{-1}(\overline{\boldsymbol{X}}_1-\overline{\boldsymbol{X}}_2)=(-1.633,1.820)'$

则判别函数为 $Y=\boldsymbol{a}'\boldsymbol{X}=-1.633x_1+1.820x_2$

原来的样本点的投影见表 4.3.

表 **4.3**　样本点的投影

温度 1	温度 2
55.29	46.56
52.20	48.57
52.58	45.30
52.95	47.30
	47.68
	48.05
	40.40

显然在温度 1 条件下炼制的钢铁样品投影值都在 52 以上，而温度 2 下炼制的钢铁样品投影值都低于 50，通过往方向 $\boldsymbol{a}$ 上投影，可以很好地将 2 个钢铁群体分开. 事实上两个单变量 $\boldsymbol{X}_1,\boldsymbol{X}_2$ 的 t 检验在 $\alpha=0.05$ 的显著水平下都不显著.

$$t_1=\frac{\overline{\boldsymbol{X}}_{11}-\overline{\boldsymbol{X}}_{21}}{\sqrt{S_{w_1}\left(\frac{1}{n_1}+\frac{1}{n_2}\right)}}=-1.58$$

$$t_2=\frac{\overline{\boldsymbol{X}}_{12}-\overline{\boldsymbol{X}}_{22}}{\sqrt{S_{w_2}\left(\frac{1}{n_1}+\frac{1}{n_2}\right)}}=1.48$$

$$t_{0.025}(10)=2.23$$

虽然两个指标变量 $\boldsymbol{X}_1,\boldsymbol{X}_2$ 在两个群里无显著差异，但 Fisher 线性判别函数可以有效地将两个群体样本分开.

4.4.2　多个总体的 Fisher 判别

重新考虑两个总体的情形：找到一个投影方向 $\boldsymbol{a}$，使得两个总体的样本均值向量在方向 $\boldsymbol{a}$ 上的投影距离最大化，即

$$t^2(\boldsymbol{a})=\frac{[\boldsymbol{a}'(\overline{\boldsymbol{X}}_1-\overline{\boldsymbol{X}}_2)]^2}{\boldsymbol{a}'\boldsymbol{S}_w\boldsymbol{a}}=\frac{\boldsymbol{a}'(\overline{\boldsymbol{X}}_1-\overline{\boldsymbol{X}}_2)(\overline{\boldsymbol{X}}_1-\overline{\boldsymbol{X}}_2)'\boldsymbol{a}}{\boldsymbol{a}'\boldsymbol{S}_w\boldsymbol{a}}$$

最大化. $t^2(\boldsymbol{a})$ 的分子中

$$(\overline{\boldsymbol{X}}_1-\overline{\boldsymbol{X}}_2)(\overline{\boldsymbol{X}}_1-\overline{\boldsymbol{X}}_2)'$$

反映的是两个群体样本的组间差异性；$t^2(\boldsymbol{a})$ 的分母中的

$$\boldsymbol{S}_w=\frac{(n_1-1)\boldsymbol{S}_1^2+(n_2-1)\boldsymbol{S}_2^2}{n_1+n_2-2}$$

反映的是两群体各自内部的差异性结构. 因此 $t^2(\boldsymbol{a})$ 的最大化就是同时使两群体组间方差最大化，组内方差最小化，这类似于方差分析的思想. 这个思想可以推广到多个总体的判别情形，即多总体的 Fisher 判别就是寻找合适的方向，使得各个群体的样本组间方差最大化、组内方差最小化.

假设有 r 个总体 $G_1,G_2,\cdots,G_r$. 来自第 i 个总体的样本为

$$\boldsymbol{X}_1^{(i)},\boldsymbol{X}_2^{(i)},\cdots,\boldsymbol{X}_{n_i}^{(i)}\ (i=1,2,\cdots,r),$$

样本均值向量为

$$\overline{\boldsymbol{X}}_i=\frac{1}{n_i}\sum_{k=1}^{n_i}\boldsymbol{X}_k^{(i)},$$

所有样本的均值向量为

$$\overline{\boldsymbol{X}}=\frac{1}{r}\sum_{i=1}^{r}\overline{\boldsymbol{X}}_i.$$

对于多总体 $G_1,G_2,\cdots,G_r$，Fisher 判别的目标就是找到方向 $\boldsymbol{a}$ 以使多总体“组间方差”与“组内方差”的比值最大化，即使目标函数

$$\Delta(\boldsymbol{a})=\frac{\boldsymbol{a}'\boldsymbol{B}\boldsymbol{a}}{\boldsymbol{a}'\boldsymbol{W}\boldsymbol{a}}=\frac{\boldsymbol{a}'\left[\sum_{k=1}^{r}n_k(\overline{\boldsymbol{X}}_k-\overline{\boldsymbol{X}})(\overline{\boldsymbol{X}}_k-\overline{\boldsymbol{X}})'\right]\boldsymbol{a}}{\boldsymbol{a}'\left[\sum_{k=1}^{r}\sum_{j=1}^{n_k}(\boldsymbol{X}_j^{(k)}-\overline{\boldsymbol{X}}_k)(\boldsymbol{X}_j^{(k)}-\overline{\boldsymbol{X}}_k)'\right]\boldsymbol{a}}\tag{4.4}$$

达到最大.

定理 4.3 $\boldsymbol{W},\boldsymbol{B}$ 分别表示 r 个总体样本的组内方差矩阵和组间方差矩阵. 矩阵 $\boldsymbol{W}^{-1}\boldsymbol{B}$ 的非零特征值按从大到小顺序排列为

$$\lambda_1\geqslant\lambda_2\geqslant\cdots\geqslant\lambda_s\geqslant0,\text{其中 } s\leqslant\min(r-1,p),$$

对应于各特征值的特征向量分别为

$$\boldsymbol{e}_1,\boldsymbol{e}_2,\cdots,\boldsymbol{e}_s.$$

则方向 $\boldsymbol{a}=\boldsymbol{e}_1$ 时，$\Delta(\boldsymbol{a})$取得最大值 λ_1. 因此，投影到方向 $\boldsymbol{a}=\boldsymbol{e}_1$ 时，可最大化将各群体样本分开. 称线性组合

$$Y_1=\boldsymbol{e}'_1\boldsymbol{X}$$

为 Fisher 第一判别函数.

在有些问题中，仅用一个判别函数不能很好区分各个总体，或者说各群体的差异性不能被清晰表示，各组未能很好地分开. 可以根据实际需要选择多个投影方向，建立多个判别函数. 称线性组合

$$Y_2=\boldsymbol{e}'_2\boldsymbol{X}$$

为 Fisher 第二判别函数，以此类推.

例 4.6　判别分析最著名的例子就是 1936 年 Fisher 发表的鸢尾花(Iris)数据案例. 鸢尾花是法国的国花，其中有三个种类最为有名：Setosa，Versicolour，Virginica. 这三种鸢尾花很像，人们试图建立模型，根据鸢尾花花瓣长、花瓣宽、萼片长、萼片宽四个指标数据对鸢尾花进行分类. 表 4.4 是 150 朵已知种类的鸢尾花花瓣长、花瓣宽、萼片长、萼片宽数据，三种鸢尾花各有 50 个样本.

表 **4.4**　**150** 朵鸢尾花特征数据

编号	类别	x_1	x_2	x_3	x_4
1	1	50	33	14	02
2	3	64	28	56	22
3	2	65	28	46	15
4	3	67	31	56	24
5	3	63	28	51	15
6	1	46	34	14	03
7	3	69	31	51	23
8	2	62	22	45	15
9	2	59	32	48	18
10	1	46	36	10	02
⋮	⋮	⋮	⋮	⋮	⋮
141	2	55	23	40	13
142	2	66	30	44	14
143	2	68	28	48	14
144	1	54	34	17	02
145	1	51	37	15	04
146	1	52	35	15	02
147	3	58	28	51	24
148	2	67	30	50	17

续表

编号	类别	x_1	x_2	x_3	x_4
149	3	63	33	60	25
150	1	53	37	15	02

试建立鸢尾花的 Fisher 判别模型.

解:将三个种类的鸢尾花看作三个总体 G_1, G_2, G_3，它们样本均值分别为

$$\bar{\boldsymbol{x}}_1 = \begin{pmatrix} 50.06 \\ 34.28 \\ 14.62 \\ 2.46 \end{pmatrix}, \bar{\boldsymbol{x}}_2 = \begin{pmatrix} 59.36 \\ 27.70 \\ 42.60 \\ 13.26 \end{pmatrix}, \bar{\boldsymbol{x}}_3 = \begin{pmatrix} 65.88 \\ 29.74 \\ 55.52 \\ 20.26 \end{pmatrix}$$

所有样本的均值为

$$\bar{\boldsymbol{x}} = \frac{1}{3}\sum_{i=1}^{3}\bar{\boldsymbol{X}}_i = \begin{pmatrix} 58.43 \\ 30.57 \\ 37.58 \\ 11.99 \end{pmatrix}$$

三样本的组间差异为

$$\boldsymbol{B} = \sum_{k=1}^{3} n_k (\bar{\boldsymbol{X}}_k - \bar{\boldsymbol{X}})(\bar{\boldsymbol{X}}_k - \bar{\boldsymbol{X}})'$$

$$= \begin{pmatrix} 6321.21 & & & \\ -1995.27 & 1134.49 & & \\ 16524.84 & -5723.96 & 43710.28 & \\ 7127.93 & -2293.27 & 18677.40 & 8041.33 \end{pmatrix}$$

组内差异为

$$\boldsymbol{W} = \sum_{k=1}^{3}\sum_{j=1}^{n_k} (\boldsymbol{X}_j^{(k)} - \bar{\boldsymbol{X}}_k)(\boldsymbol{X}_j^{(k)} - \bar{\boldsymbol{X}}_k)'$$

$$= \begin{pmatrix} 3985.62 & & & \\ 1363.00 & 1696.20 & & \\ 2462.46 & 812.08 & 2722.26 & \\ 564.50 & 480.84 & 627.18 & 615.66 \end{pmatrix}$$

则

$$W^{-1}B=\begin{pmatrix}-3.06 & & & \\ -5.56 & 2.18 & & \\ 8.08 & -2.94 & 21.51 & \\ 10.50 & -3.42 & 27.55 & 11.85\end{pmatrix}$$

$W^{-1}B$ 的正特征值的个数为

$$s=\min(r-1,p)=\min(3-1,4)=\min(2,4)=2,$$

它的两个正的特征值分别为

$$\lambda_1=32.19,\lambda_2=0.29,$$

相应的标准化特征向量为

$$e_1=\begin{pmatrix}-0.083\\ -0.153\\ 0.220\\ 0.281\end{pmatrix},e_2=\begin{pmatrix}0.002\\ 0.216\\ -0.093\\ 0.284\end{pmatrix}$$

经过中心化处理的 Fisher 判别函数为

$$\begin{aligned}y_1&=e_1'(X-\overline{X})\\&=-0.083(x_1-58.43)-0.153(x_2-30.57)\\&\quad+0.220(x_3-37.58)+0.281(x_4-11.99)\\y_2&=e_2'(X-\overline{X})\\&=0.002(x_1-58.43)+0.216(x_2-30.57)\\&\quad-0.093(x_3-37.58)+0.284(x_4-11.99)\end{aligned}$$

例 4.7　科考人员从加利福尼亚的砂岩中收集了原油样本. 这些原油分别来自三类地层中的一类:第一类是 Wilhelm 砂岩;第二类是亚 Mulinia 砂岩;第三类是上层砂岩. 现试图基于砂岩中五种化学成分含量找到一种划分地层类别的方法. 这五种化学成分分别为

y_1 = 钒(每灰分百分比)

$y_2=\sqrt{\text{铁(每灰分百分比)}}$

$y_3=\sqrt{\text{铍(每灰分百分比)}}$

$y_4=\dfrac{1}{[\text{饱和烃(百分比)}]}$

y_5 = 芳香烃

表 4.5 是三类地层的样本数据.

表 **4.5** 三类地层的样本数据

	y_1	y_2	y_3	y_4	y_5
G_1	3.9	51.0	0.20	7.06	12.19
	2.7	49.0	0.07	7.14	12.23
	2.8	36.0	0.30	7.00	11.30
	3.1	45.0	0.08	7.20	13.01
	3.5	46.0	0.10	7.81	12.63
	3.9	43.0	0.07	6.25	10.42
	2.7	35.0	0.00	5.11	9.00
G_2	5.0	47.0	0.07	7.06	6.10
	3.4	32.0	0.20	5.82	4.69
	1.2	12.0	0.00	5.54	3.15
	8.4	17.0	0.07	6.31	4.55
	4.2	36.0	0.50	9.25	4.95
	4.2	35.0	0.50	9.25	4.95
	3.9	41.0	0.10	5.63	2.94
	3.9	36.0	0.07	6.19	2.27
G_2	7.3	32.0	0.30	8.02	12.92
	4.4	46.0	0.07	7.54	5.76
	3.0	30.0	0.00	5.12	10.77
G_3	6.3	13.0	0.50	4.24	8.27
	1.7	5.6	1.00	5.69	4.64
	7.3	24.0	0.00	4.34	2.99
	7.8	18.0	0.50	3.92	6.09
	7.8	25.0	0.70	5.39	6.20
	7.8	26.0	1.00	5.02	2.50
	9.5	17.0	0.05	3.52	5.71
	7.7	14.0	0.30	4.65	8.63
	11.0	20.0	0.50	4.27	8.40

解:这里矩阵 $\boldsymbol{W}^{-1}\boldsymbol{B}$ 最多有

$$s=\min(r-1,p)=2$$

个非零特征值,计算得 $\lambda_1=4.354$ 和 $\lambda_2=0.559$. 经过中心化的 Fisher 线性判别式为

$$z_1=0.312(y_1-6.180)-0.710(y_2-5.081)+2.764(y_3-0.511)+11.809(y_4-0.201)-0.235(y_5-6.434)$$

$$z_2=0.169(y_1-6.180)-0.245(y_2-5.081)-2.046(y_3-0.511)-24.453(y_4-0.201)-0.378(y_5-6.434)$$

分类结果如图 4.3 所示.

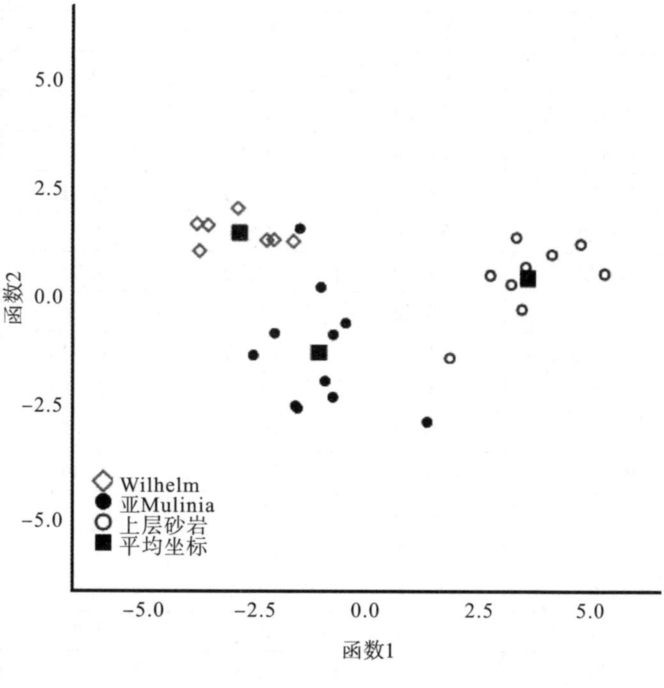

图 **4.3**　分类结果

4.5　实际案例分析

案例 4.1　表 4.6 显示了我国 31 个省域的经济发展水平及相应的人口状况. 如果将 2019 年全国 31 个省、自治区、直辖市的经济发展水平的指标划分为 2 类,其中广东和江苏为一类,其余省份为一类. 现将北京和天津作为待判样品,具体指标数据见表 4.6. 试建立 Fisher 线性判别函数,并将北京和天

津两个待判省份归类.

表 **4.6** **2019** 年全国各省份的经济水平的指标划分数据

省份	人均地区生产总值(亿元)	平均预期寿命(岁)	人口出生率(%)	人口死亡率(%)	等级
北京	35371.28	80.18	8.12	5.49	
天津	14104.28	78.89	6.73	5.3	
河北	35104.52	74.97	10.83	6.12	2
山西	17026.68	74.92	9.12	5.85	2
内蒙古	17212.53	74.44	8.23	5.66	2
辽宁	24909.45	76.38	6.45	7.25	2
吉林	11726.82	76.18	6.05	6.9	2
黑龙江	13612.68	75.98	5.73	6.74	2
上海	38155.32	80.26	7	5.5	2
江苏	99631.52	76.63	9.12	7.04	1
浙江	62351.74	77.73	10.51	5.52	2
安徽	37113.98	75.08	12.03	6.04	2
福建	42395	75.76	12.9	6.1	2
江西	24757.5	74.33	12.59	6.03	2
山东	71067.53	76.46	11.77	7.5	2
河南	54259.2	74.57	11.02	6.84	2
湖北	45828.31	74.87	11.35	7.08	2
湖南	39752.12	74.7	10.39	7.28	2
广东	107671.07	76.49	12.54	4.46	1
广西	21237.14	75.11	13.31	6.14	2
海南	5308.93	76.3	12.87	6.11	2
重庆	23605.77	75.7	10.48	7.57	2
四川	46615.82	74.75	10.7	7.09	2
贵州	16769.34	71.1	13.65	6.95	2
云南	23223.75	69.54	12.63	6.2	2
西藏	1697.82	68.17	14.6	4.46	2
陕西	25793.17	74.68	10.55	6.28	2
甘肃	8718.3	72.23	10.6	6.75	2
青海	2965.95	69.96	13.66	6.08	2
宁夏	3748.48	73.38	13.72	5.69	2
新疆	13597.11	72.35	8.14	4.45	2

1. SPSS 实现步骤

在 SPSS(statistical product and service solutions) 中进行 Fisher 判别分析是十分快捷的. 首先将表 4.6 中的数据输入 SPSS 数据表中，然后依次点击“ 分析—分类—判别式”，进入“判别分析”对话框. 将对话框左侧变量列表中的等级选入“分组变量”框，并点击“定义范围”，在弹出的“判别分析：定义范围”子对话框中，定义判别原始数据的类别区间，本例为两类，故在“最小值”处输入 1，在“最大值”处输入 2，点击“继续”返回“判别分析”对话框. 再从对话框左侧的变量列表中将四个变量选入“自变量”框，作为判别分析的基础数据变量，如图 4.4 所示.

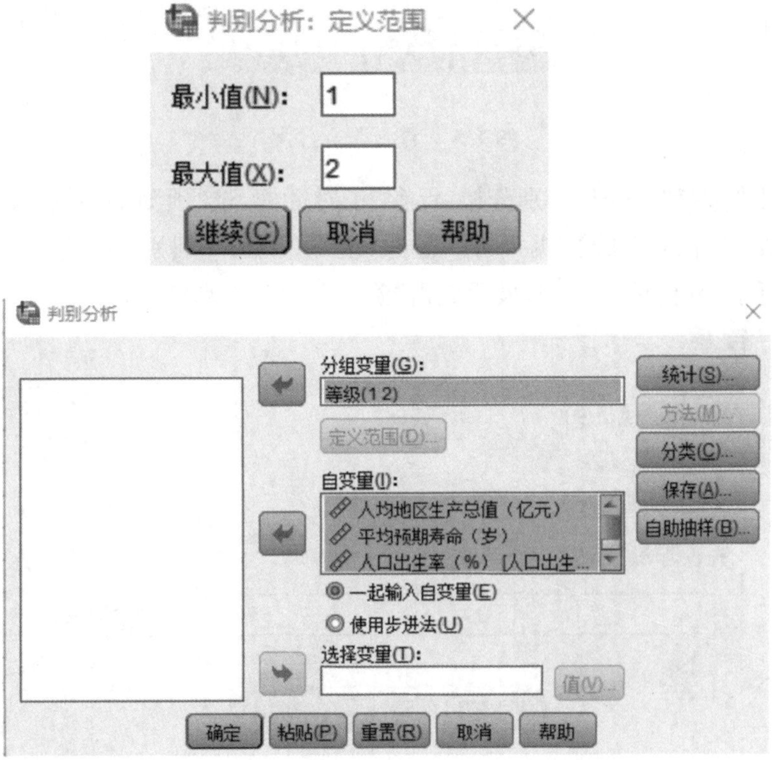

图 **4.4**　变量选择

点击“统计”，弹出“判别分析：统计”子对话框，在“描述”栏中选“平均值”项，要求对各组的各变量做均值与标准差的描述；在“函数系数”栏中选“未标准化”项(注意，不是“费希尔”项)，要求显示费希尔判别法建立的非标准化系数，在“矩阵”栏中选“总协方差”项. 之后，点击“继续”返回“判别分析”对话框，如图 4.5 所示.

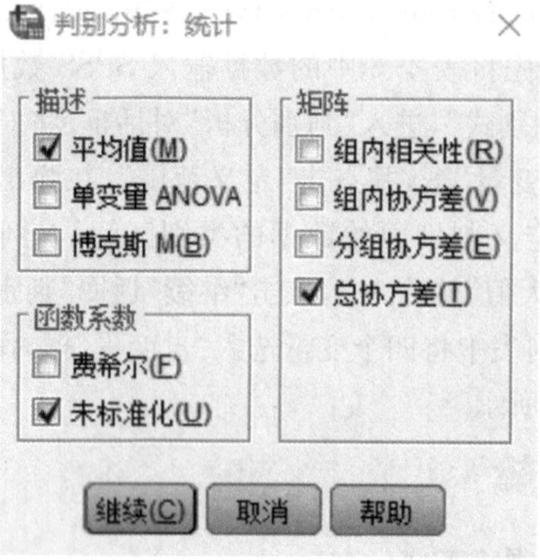

图 **4.5** “统计”子对话框

点击“保存”，弹出“判别分析:保存”子对话框，选“预测组成员”项要求将回判的结果存入原始数据库中. 点击“继续”返回“判别分析”对话框，如图 4.6所示. 其他项目不变，最后点击“确定” 即完成判别分析.

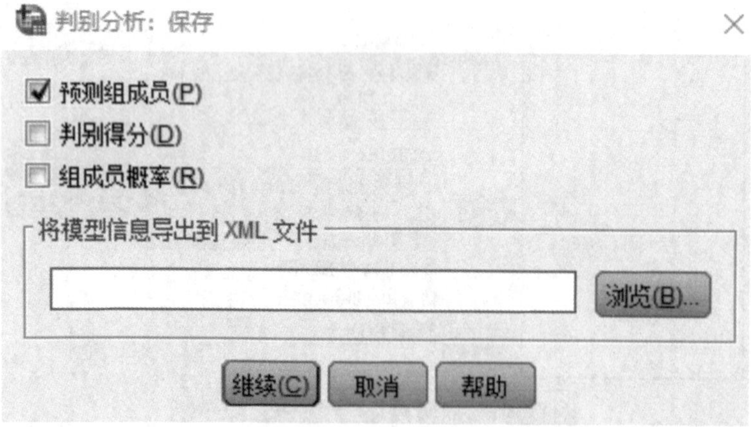

图 **4.6** “保存”子对话框

2. 结果分析

在输出结果中，可以看到各组均值、标准差、协方差矩阵等描述性统计结果以及判别函数. 返回数据表中，可以看到判别结果已经作为一个新的变量被保存，如图 4.7 所示，北京和天津均被划分为第 2 类.

	省份	人均地区生产总值（亿元）	平均预期寿命（岁）	人口出生率（）	人口死亡率（）	等级	Dis_1
1	北京	35371.28	80.18	8.12	5.49	.	2
2	天津	14104.28	78.89	6.73	5.30	.	2
3	河北	35104.52	74.97	10.83	6.12	2	2
4	山西	17026.68	74.92	9.12	5.85	2	2
5	内蒙古	17212.53	74.44	8.23	5.66	2	2
6	辽宁	24909.45	76.38	6.45	7.25	2	2
7	吉林	11726.82	76.18	6.05	6.90	2	2
8	黑龙江	13612.68	75.98	5.73	6.74	2	2
9	上海	38155.32	80.26	7.00	5.50	2	2
10	江苏	99631.52	76.63	9.12	7.04	1	1
11	浙江	62351.74	77.73	10.51	5.52	2	2
12	安徽	37113.98	75.08	12.03	6.04	2	2
13	福建	42395.00	75.76	12.90	6.10	2	2
14	江西	24757.50	74.33	12.59	6.03	2	2
15	山东	71067.53	76.46	11.77	7.50	2	2
16	河南	54259.20	74.57	11.02	6.84	2	2
17	湖北	45828.31	74.87	11.35	7.08	2	2
18	湖南	39752.12	74.70	10.39	7.28	2	2
19	广东	107671.07	76.49	12.54	4.46	1	1
20	广西	21237.14	75.11	13.31	6.14	2	2
21	海南	5308.93	76.30	12.87	6.11	2	2
22	重庆	23605.77	75.70	10.48	7.57	2	2

数据视图　变量视图

图 **4.7**　判别分析结果

在 SPSS 中进行贝叶斯判别分析时，操作步骤与案例 4.1 中的费希尔判别相同，但是在 “判别分析：统计”对话框的“函数系数”栏中要选“费希尔”项而不是“非标准化”项（因为贝叶斯判别思想是由费希尔提出来的，故 SPSS 以此命名）．“保存”部分增加“预测组成员”项，点击“确定”后得到分类结果与上面的结果一样．

逐步判别法也可在 SPSS 中实现．操作步骤仍与案例 4.1 类似，不同之处在于点击“ 分析→分类→判别式”，打开“判别分析”对话框后，将“自变量”框下的“一起输入自变量”项改选为“使用进步法”，此时窗口右侧的“方法”按钮被激活，接着点击进入“判别分析：方法”对话框，在“方法”栏中选择“马氏距离”项，其他选项保持不变，点击“确定”后得到分类结果与上面的结果一样．

案例 4.2　苹果品质鉴别 我国苹果产量占世界总产量的三分之一，数量优势在世界苹果生产国中十分突出，对国际市场的影响力日益明显．但总体上来看，国产苹果品质与进口苹果存在较大差距，所生产的苹果汁质量也受到较大的影响．浓缩苹果汁的品质和价格往往与酸度成正比，酸度提高 1 度，价格就可增加 100～150 美元/吨．与国外相比，国产苹果汁含酸量明显偏低．

表 4.7 给出了国产山东水晶富士(编号 1～20,类别为 1)、美国产咖喱果(编号 21～40,类别为 2)的电导率、pH 和矿物质元素的含量,请对这两种苹果进行 Fisher 判别分析.

表 **4.7** 电导率、**pH** 和矿物质元素的含量

编号	电导率	pH	C(K)	C(Ca)	C(Zn)	C(Mn)	C(Cu)	总量
1	1.271	4.21	965	10.37	3.89	0.78	0.29	980.33
2	1.064	4.15	811	12.2	1.18	0.61	0.69	825.68
3	1.322	4.02	1200	10.14	0.68	0.56	0.53	1211.91
4	1.233	3.95	1611	9.02	0.64	0.35	0.65	1161.64
5	0.923	4.09	812	7.55	0.77	0.51	0.69	821.52
6	1.06	4.32	871	8.1	0.4	0.41	0.37	880.28
7	0.981	4.25	771	6.58	0.68	0.36	0.33	778.95
8	1.012	4.15	733	7.87	1.57	0.41	0.86	743.71
9	1.21	4.39	1042	8.77	1.04	0.53	0.57	1052.91
10	1.373	4.19	1057	7.2	0.79	0.41	0.57	1065.97
11	1.264	4.38	952	10.14	2.43	0.48	0.2	965.25
12	1.121	3.93	1281	10.14	3.19	0.33	0.61	1295.27
13	1.032	4.21	1147	10.5	1.19	0.41	0.37	1159.47
14	1.113	4.15	787	7.87	2.05	1.19	0.61	798.72
15	1.191	4.13	934	7.87	1.77	0.46	0.9	945
16	0.973	4.62	928	9.86	1.26	0.43	0.53	940.08
17	0.992	4.44	891	7.66	0.71	0.31	0.37	900.05
18	1.186	4.47	1157	9.86	0.66	0.41	0.37	1168.3
19	1.13	3.97	982	8.84	0.65	0.28	0.33	992.1
20	1.03	4.07	907	6.66	0.68	0.31	0.74	915.39
21	1.13	4.11	1174	10.9	0.88	0.26	1.26	1187.3
22	1.213	3.59	1092	14.37	0.43	0.17	1.39	1108.36
23	1.261	3.85	1139	10.41	0.22	0.22	1.07	1150.92
24	1.2	3.77	984	11.4	0.3	0.23	1.2	997.13

续表

编号	电导率	pH	C(K)	C(Ca)	C(Zn)	C(Mn)	C(Cu)	总量
25	1.24	3.72	1134	9.41	0.51	0.28	1.26	1145.46
26	1.244	3.73	1190	11.4	0.58	0.29	1.26	1203.53
27	1.234	3.83	1183	7.93	0.46	0.2	1.51	1193.1
28	1.362	3.86	1210	8.42	0.4	0.21	1.26	1220.29
29	1.303	3.76	1038	10.91	0.62	0.37	1.2	1051.1
30	1.179	3.79	998	11.44	0.39	0.38	1.45	1011.66
31	1.3	4	1133	10.41	0.51	0.34	1.32	1145.52
32	1.34	3.93	1139	9.41	0.6	0.44	1.14	1088.46
33	1.345	3.68	1217	10.41	0.51	0.34	1.07	1229.33
34	1.155	3.68	1081	5.45	0.43	0.44	1.14	1088.46
35	1.18	3.79	1053	6.94	0.39	0.71	1.51	1062.55
36	1.005	3.63	986	8.42	0.56	0.69	1.07	996.74
37	1.255	3.72	1011	7.43	0.57	0.58	1.14	1020.72
38	1.194	3.66	1140	6.94	0.26	0.16	1.07	1148.43
39	1.092	3.68	1114	9.94	0.4	0.71	1.07	1126.12
40	1.178	3.76	1061	6.95	0.3	0.5	0.95	1069.7

解：(1)电导率、pH 与苹果品质的关系

首先分析电导率、pH 与苹果品质的关系. 在 SPSS"判别分析"对话框中，选择"电导率、pH"为自变量；点击右边的"统计"选择框，在"描述"栏中选"平均值""单变量 ANOVA"继续(图 4.8).

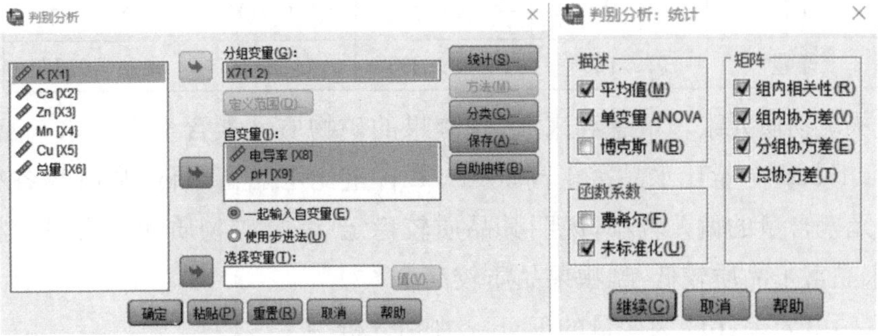

图 **4.8**　变量选择

点击“继续”按钮，得到两种不同品质苹果的电导率、pH 的描述性统计分析结果（表 4.8）.

表 **4.8** 电导率、**pH** 的描述性统计分析结果

	水晶富士		咖喱果	
	平均值	标准偏差	平均值	标准偏差
电导率	1.1241	0.12749	1.2205	0.08845
pH	4.2045	0.18557	3.777	0.12716

由表 4.8 可以看出水晶富士果汁的电导率、pH 均值分别约为 1.124、4.20，平均偏差分别约为 0.127、0.186；咖喱果果汁的电导率、pH 均值分别约为 1.22、3.777，平均偏差分别约为 0.088、0.127. 咖喱果果汁平均电导率较水晶富士高，而 pH 较水晶富士低，且偏差都较低，表明咖喱果中酸物质含量高，品质稳定，品质较高.

类似地，可以运用 SPSS 软件分析各种矿物质元素的含量与苹果品质的关系（结果见表 4.9）

表 **4.9** 各种矿物质含量的描述性统计分析结果

	水晶富士		咖喱果	
	平均值	标准偏差	平均值	标准偏差
K	991.95	209.38317	1103.85	74.62769
Ca	8.86	1.49636	9.4445	2.13216
Zn	1.3115	0.93546	0.466	0.15087
Mn	0.477	0.20515	0.376	0.1796
Cu	0.529	0.19472	1.217	0.15755
总量	980.1265	156.99205	1112.244	74.46172

从矿物质元素含量总和来看，咖喱果的矿物质元素含量高于水晶富士，其 Ca、K、Cu 含量比水晶富士高，Mn、Zn 含量比水晶富士低. 咖喱果各种矿物质元素含量的偏差较小，说明其品质较稳定. 综合矿物质元素含量分析表明，水晶富士品质较低，咖喱果品质较高.

（2）电导率、pH 为变量的 Fisher 判别分析

样品果汁电导率、pH 由电导率仪和酸度计直接测得，故尝试选择两者

进行 Fisher 判别.

在"判别分析"对话框,将变量"电导率、pH"选入"自变量"框;分类对话框依次选择"所有组相等""组内""合并组";保存对话框选择"预测组成员、判别得分、组成员概率",如图 4.9 所示.

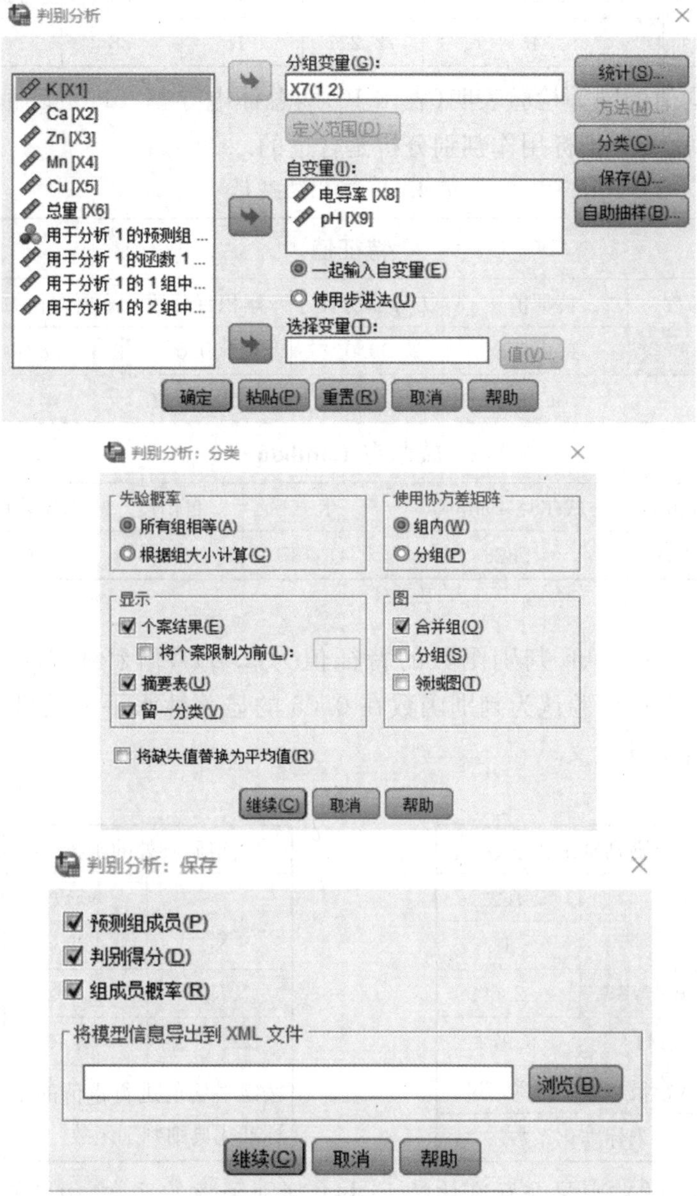

图 **4.9**　变量选择

点击“继续—确定”,输出结果见表 4.10.

表 **4.10** 组平均值的同等检验

	威尔克 Lambda	F	自由度 1	自由度 2	显著性
电导率	.831	7.727	1	38	.008
pH	.345	72.227	1	38	.000

组平均值的同等检验表明(表 4.10)两总体电导率、pH 的均值有显著性差异,说明这两个指标用作判别分析是合适的.

表 **4.11** 输出结果 **1**

特征值				
函数	特征值	方差百分比	累积百分比	典型相关性
1	2.069[a]	100.0	100.0	.821

a. 在分析中使用了前 1 个典则判别函数.

威尔克 Lambda				
函数检验	威尔克 Lambda	卡方	自由度	显著性
1	.326	41.487	2	.000

由表 4.11 可知,判别函数的特征值为 2.069,解释了 100%的方差;Wilks' Lambda 检验认为判别函数在 0.05 的显著性水平上是显著,说明判别函数具有统计意义.

表 **4.12** 输出结果 **2**

典则判别函数系数	
	函数
	1
电导率	−2.599
pH	5.972
(常量)	−20.788
未标准化系数	

组质心处的函数	
X7	函数
	1
1.00	1.402
2.00	−1.402
按组平均值进行求值的未标准化典则判别函数	

表 4.12 的左表是非标准化的 Fisher 判别函数的系数,由此知判别函数为:$y=-20.788-2.599*$电导率$+5.972*\mathrm{pH}$,其中 pH 所占的权重较电

导率高许多，表明 pH 在苹果品质的判别中更为重要. 右表给出了各总体重心处的 Fisher 判别函数值.

表 **4.13** 以电导率、**pH** 为变量的 **Fisher** 判别分析结果

编号	原分类	预测分类	判别函数值	编号	原分类	预测分类	判别函数值
1	1	1	1.053	21	2	1**	0.822
2	1	1	1.232	22	2	2	−2.499
3	1	2**	−0.214	23	2	2	−1.071
4	1	2**	−0.401	24	2	2	−1.39
5	1	1	1.241	25	2	2	−1.793
6	1	1	2.258	26	2	2	−1.744
7	1	1	2.045	27	2	2	−1.12
8	1	1	1.368	28	2	2	−1.274
9	1	1	2.286	29	2	2	−1.718
10	1	1	0.668	30	2	2	−1.216
11	1	1	2.086	31	2	2	−0.277
12	1	2**	−0.23	32	2	2	−0.799
13	1	1	1.674	33	2	2	−2.305
14	1	1	1.105	34	2	2	−1.811
15	1	1	0.783	35	2	2	−1.219
16	1	1	4.276	36	2	2	−1.72
17	1	1	3.152	37	2	2	−1.832
18	1	1	2.827	38	2	2	−2.032
19	1	2**	−0.014	39	2	2	−1.647
20	1	1	0.843	40	2	2	−1.393

表 4.13 显示了各个样品的判别结果，判别函数的临界值为 0.668，大于等于该值则判为第 1 类，说明苹果品质好；否则判为第 2 类，是低品质苹果

表 4.14 交叉验证结果

		类别	预测组成员信息 水晶富士	咖喱果	总计
原始	计数	水晶富士	16	4	20
		咖喱果	1	19	20
	%	水晶富士	80.0	20.0	100.0
		咖喱果	5.0	95.0	100.0
交叉验证[b]	计数	水晶富士	16	4	20
		咖喱果	1	19	20
	%	水晶富士	80.0	20.0	100.0
		咖喱果	5.0	95.0	100.0

表 4.14 是交叉验证结果，该判别模型判别的正确率达到了 87.5%，判别效果良好.

(3)矿物质含量与苹果品质的关系

样品中五种矿物质元素的含量是果汁消化后用火焰原子吸收法测得，故尝试选择矿物质元素含量进行 Fisher 判别. 先检验两种不同品质的矿物质元素含量的均值有无显著性差异. 结果表明(表 4.15)两种品质的苹果汁 Ca 和 Mn 两种矿物质含量并无显著差异；而 K、Zn、Cu 三种矿物质有显著差异，故选取 K、Zn、Cu 三个指标作为判别变量是合适的.

表 4.15 两组均值差异性检验

组平均值的同等检验					
	威尔克 Lambda	F	自由度 1	自由度 2	显著性
K	.882	5.068	1	38	.030
Ca	.974	1.007	1	38	.322
Zn	.705	15.924	1	38	.000
Mn	.933	2.744	1	38	.106
Cu	.201	150.898	1	38	.000

在“判别分析”对话框中，将三种矿物质“K、Zn、Cu”含量作为变量选入“自变量”框进行 Fisher 判别分析，结果见表 4.16.

表 **4.16**　以矿物质含量为变量的 **Fisher** 判别分析结果

编号	原分类	预测分类	判别函数值	编号	原分类	预测分类	判别函数值
1	1	1	−4.389	21	2	2	2.22
2	1	1	−1.398	22	2	2	2.978
3	1	1	−1.533	23	2	2	1.429
4	1	1	−0.338	24	2	2	1.881
5	1	1	−1.234	25	2	2	2.314
6	1	1	−2.703	26	2	2	2.36
7	1	1	−3.158	27	2	2	3.722
8	1	1	−0.756	28	2	2	2.458
9	1	1	−1.672	29	2	2	1.825
10	1	1	−1.553	30	2	2	3.188
11	1	1	−4.303	31	2	2	2.63
12	1	1	−1.999	32	2	2	1.649
13	1	1	−2.653	33	2	2	1.417
14	1	1	−2.199	34	2	2	1.64
15	1	1	−0.358	35	2	2	3.578
16	1	1	−2.122	36	2	2	1.092
17	1	1	−2.8	37	2	2	1.492
18	1	1	−2.429	38	2	2	1.415
19	1	1	−2.868	39	2	2	1.325
20	1	1	−0.808	40	2	2	0.659

表 4.16 表明显示了 40 个样品的判别正确率为 100%. 交叉验证检验结果(表 4.17)显示交叉验证通过率为 95%.

表 **4.17** 交叉验证检验结果

		类别	预测组成员信息		总计
			水晶富士	咖喱果	
原始	计数	水晶富士	20	0	20
		咖喱果	0	20	20
	%	水晶富士	100.0	.0	100.0
		咖喱果	.0	100.0	100.0
交叉验证[b]	计数	水晶富士	19	1	20
		咖喱果	0	20	20
	%	水晶富士	95.0	5.0	100.0
		咖喱果	.0	100.0	100.0

通过对以上两次的 Fisher 判别分析比较，表明水晶富士品质较低，咖喱果品质较高. 由于电导率、pH 的测量比较方便且判别正确率较高，故选其作为主要指标较理想. 对于 40 个已知样品，以电导率、pH 两个变量进行 Fisher 判别的正确率可达 87.5%. 如果增加样品的数目，应可进一步提高正确判别率，从而达到鉴别的目的.

第 5 章 聚类分析

5.1 引言

“物以类聚，人以群分”，聚类是一个古老的问题，它伴随着人类社会的产生和发展而不断深化，人类要认识世界就必须区别不同的事物并认识事物间的相似性. 在科学研究、社会调查甚至是日常生活中，我们有时需要通过观察个体的特征，将群体中的个体归为不同的族群/簇(cluster). 在市场营销中，基于历史交易信息、消费者背景等信息对顾客进行划分，从而对不同类型的消费者实施不同的营销策略；在金融领域，为获得较为平衡的投资组合，需要首先基于一系列金融表现变量(如回报率、波动率、市场资本等)对投资产品(如股票)进行归类；在生物学研究中需要对动植物分类和对基因进行分类，从而获取对种群固有结构的认识；同样的归类思想也可以应用于天文学、考古学、医学、化学、教育学、心理学、语言学和社会学等，以上的归类过程均称为聚类分析(cluster analysis).

聚类分析是通过观察研究对象(样品或变量)不同维度的特征，根据物以类聚的原理将相似的样品(或变量)归为一类的多元统计分析方法，目的在于使各族群内部对象的同质性和不同族群之间对象的异质性最大化.

聚类分析可以用来对样品进行分类,也可以用来对变量进行分类.对样品的分类常称为Q型聚类分析,对变量的分类常称为R型聚类分析.

5.2 相似性度量

聚类分析是将相似的研究对象(样品或变量)聚在一起,相似的程度如何刻画呢?设有容量为 n 的样本观测数据,观测矩阵为

$$\text{样本}\ \boldsymbol{X}=\overset{\text{变量}}{\underset{\text{R型聚类}}{\begin{bmatrix} x_{11} & x_{12} & \cdots & x_{1p} \\ x_{21} & x_{22} & \cdots & x_{2p} \\ \vdots & \vdots & & \vdots \\ x_{n1} & x_{n2} & \cdots & x_{np} \end{bmatrix}}}\left.\vphantom{\begin{bmatrix} x \\ x \\ \vdots \\ x \end{bmatrix}}\right\}\text{Q型聚类}$$

样品之间的聚类称为Q型聚类分析,常用距离来测度样品之间的相似程度;变量之间的聚类称为R型聚类分析,常用相关系数或某种相关性指标来测度变量之间的相似程度.

5.2.1 样品相似性度量

1. 明氏距离

设 $\boldsymbol{X}_{(i)}=(x_{i1},x_{i2},\cdots,x_{ip})'$ 和 $\boldsymbol{X}_{(j)}=(x_{j1},x_{j2},\cdots,x_{jp})'$ 是第 i 个和第 j 个样品的观测值,定义二者之间的明可夫斯基距离为

$$d_{ij}=\left(\sum_{k=1}^{p}|x_{ik}-x_{jk}|^{q}\right)^{\frac{1}{q}}$$

明可夫斯基距离简称为明氏距离.

按 q 取值的不同,又可分成:

① 绝对值距离($q=1$)

$$d_{ij}=\sum_{k=1}^{p}|x_{ik}-x_{jk}|$$

② 欧氏距离($q=2$)

$$d_{ij}=\left(\sum_{k=1}^{p}|x_{ik}-x_{jk}|^{2}\right)^{\frac{1}{2}}$$

③ 切比雪夫距离($q=\infty$)

$$d_{ij} = \max_{1\leqslant k\leqslant p}|x_{ik} - x_{jk}|$$

当 $q\to+\infty$ 时，明可夫斯基距离的极限即为切比雪夫距离，推导过程如下：

记

$$M = \max_{i}|p_i - q_i|$$

$$\left(\sum_{i=1}^{n}|p_i - q_i|^k\right)^{\frac{1}{k}} \geqslant (M^k)^{\frac{1}{k}} = M$$

$$\left(\sum_{i=1}^{n}|p_i - q_i|^k\right)^{\frac{1}{k}} \leqslant (nM^k)^{\frac{1}{k}} = n^{\frac{1}{k}}M$$

$k\to+\infty$，则 $n^{\frac{1}{k}}M\to M$，

因此 $\lim\limits_{k\to+\infty}\left(\sum_{i=1}^{n}|p_i - q_i|^k\right)^{\frac{1}{k}} = M$

同第2章介绍的欧氏距离类似，明氏距离也有两个缺点：一是明氏距离的值受各指标的量纲的影响；二是明氏距离的定义没有考虑到各个变量之间的相关性和相对重要性. 明氏距离将各个指标变量同等对待，仅仅是将各样品在各个指标变量上的离差简单地进行综合.

2. 兰氏距离

$$d_{ij} = \sum_{k=1}^{p}\frac{|x_{ik} - x_{jk}|}{x_{ik} + x_{jk}}$$

它最早由兰斯(Lance)和威廉姆斯(Williams)提出，称为兰氏距离. 它仅用于一切 $x_{ij} > 0$ 的情况，这个距离有助于克服明氏距离的第一个缺点，但没有考虑指标之间的相关性.

3. 马氏距离

$$d_{ij}^2 = (\boldsymbol{X}_{(i)} - \boldsymbol{X}_{(j)})'\boldsymbol{\Sigma}^{-1}(\boldsymbol{X}_{(i)} - \boldsymbol{X}_{(j)})$$

这是印度著名统计学家马哈拉诺比斯(P. C. Mahalanobis)定义的一种距离，$\boldsymbol{\Sigma}$ 表示各观测变量之间的协方差矩阵. 在实际应用中，若总体协方差矩阵未知，则可用样本协方差矩阵作为估计量代替计算. 马氏距离既考虑了各指标变量的相关性，又考虑了观测变量间的变异性，它不受指标变量量纲的影响，克服了明氏距离的两个缺陷.

5.2.2　变量相似性度量

多维数据的指标变量常常表现为向量形式，变量之间的相似性可以从它

们的方向"趋同性"或"相关性"进行考察. 变量相似性度量方法常用的有如下几种：

1. 数量积法

$$r_{ij}=\begin{cases}1, i=j;\\ \dfrac{1}{M}\boldsymbol{X}_i\cdot\boldsymbol{X}_j, i\neq j;\end{cases}$$

$$\boldsymbol{X}_i\cdot\boldsymbol{X}_j=\sum_{k=1}^{n}x_{ki}x_{kj}$$

其中

$$\boldsymbol{X}_i=(x_{1i},x_{2i},\cdots,x_{ni})',\boldsymbol{X}_j=(x_{1j},x_{2j},\cdots,x_{nj})'.$$

是第 i 个和第 j 个指标变量的 n 次观测值. $M>0$ 为适当选择的参数且满足

$$M\geqslant\max_{i\neq j}\{\boldsymbol{X}_i\cdot\boldsymbol{X}_j\}.$$

2. 夹角余弦法

$$r_{ij}=\frac{|\boldsymbol{X}_i\cdot\boldsymbol{X}_j|}{|\boldsymbol{X}_i||\boldsymbol{X}_j|},|\boldsymbol{X}_i|=\left(\sum_{k=1}^{n}x_{ki}^2\right)^{\frac{1}{2}}$$

3. 相关系数法

$$r_{ij}=\frac{\sum_{k=1}^{n}(x_{ki}-\overline{X}_i)(x_{kj}-\overline{X}_j)}{\sqrt{\sum_{k=1}^{n}(x_{ki}-\overline{X}_i)^2}\sqrt{\sum_{k=1}^{n}(x_{kj}-\overline{X}_j)^2}}$$

其中

$$\overline{X}_i=\frac{1}{n}\sum_{k=1}^{n}x_{ki},\overline{X}_j=\frac{1}{n}\sum_{k=1}^{n}x_{kj}.$$

4. 贴近度法

在实际应用中常见的方法有：

① 最大最小法：

$$r_{ij}=\frac{\sum_{k=1}^{n}(x_{ki}\wedge x_{kj})}{\sum_{k=1}^{n}(x_{ki}\vee x_{kj})};$$

② 算术平均最小法：

$$r_{ij}=\frac{\sum_{k=1}^{n}(x_{ki}\wedge x_{kj})}{\frac{1}{2}\sum_{k=1}^{n}(x_{ki}+x_{kj})};$$

③ 几何平均最小法：

$$r_{ij}=\frac{\sum_{k=1}^{n}(x_{ki}\wedge x_{kj})}{\sum_{k=1}^{n}\sqrt{x_{ki}\cdot x_{kj}}},$$

其中 $x_{ki}\wedge x_{kj}$ 表示 x_{ki}，x_{kj} 两者取最小；$x_{ki}\vee x_{kj}$ 表示 x_{ki}，x_{kj} 两者取最大.

以上各种刻画变量相似度的方法中最常用的是夹角余弦法和相关系数法，无论哪种方法，$|r_{ij}|\leqslant 1$ 的绝对值越大说明指标变量间的相似程度越高.

5.3 系统聚类法

系统聚类的基本思想是：距离较近的对象先聚成一类，距离较远的后聚成一类，过程一直进行下去，直至所有研究对象（样品或变量）聚到合适的类中.

系统聚类的步骤为：（以样品聚类为例）

（1）将 n 个样品独自聚成一类，共 n 类；

（2）计算 n 个样品两两之间的距离 d_{ij}，将距离最近的两样品聚为一类，其余样品仍独自聚为一类，共 $n-1$ 类；

（3）计算各类两两之间的距离，将距离最小的两个类聚为一类，其余各类不变，共 $n-2$ 类；

（4）重复以上步骤，直至所有样品聚成一类；

（5）画出聚类图，确定分类个数和类.

5.3.1 最短距离法

设两个类 G_p，G_q 分别含有 n_p，n_q 个样本点，定义两类 G_p，G_q 的距离为

$$d_{pq}=\min_{x_{(i)}\in G_p,x_{(j)}\in G_q} d_{ij}$$

它等于类 G_p 与类 G_q 中距离最近的两样品的距离. 该方法下的类间距离，如图 5.1 所示.

图 **5.1**　类间距离示意图(最短距离法)

5.3.2　最长距离法

定义类 G_p 与类 G_q 的距离为 G_p 与 G_q 中距离最远的两样品的距离，即

$$d_{pq} = \max_{x_{(i)} \in G_p, x_{(j)} \in G_q} d_{ij}$$

该方法下的类间距离如图 5.2 所示.

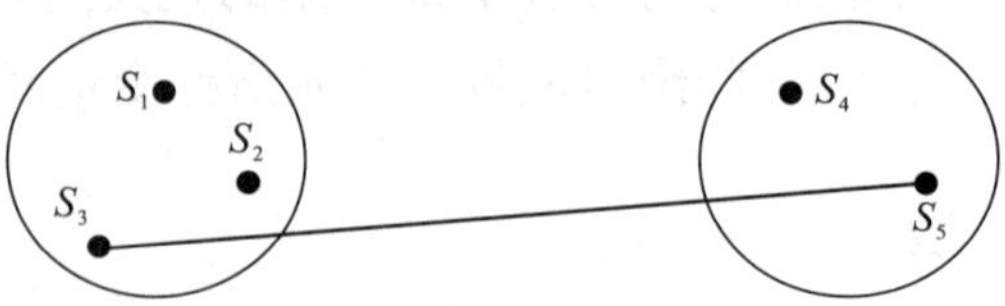

图 **5.2**　类间距离示意图(最长距离法)

5.3.3　重心法

定义类 G_p 与类 G_q 的距离为这两类的重心 $\overline{X}_p$ 和 $\overline{X}_q$ 间的距离.

$$d_{pq} = d_{\overline{X}_p \overline{X}_q}$$

其中 $\overline{X}_p = \dfrac{1}{n_p}\sum_{i=1}^{n_p} X_{(i)}$，$\overline{X}_q = \dfrac{1}{n_q}\sum_{j=1}^{n_q} X_{(j)}$. 该方法下的两类之间的距离如图 5.3 所示.

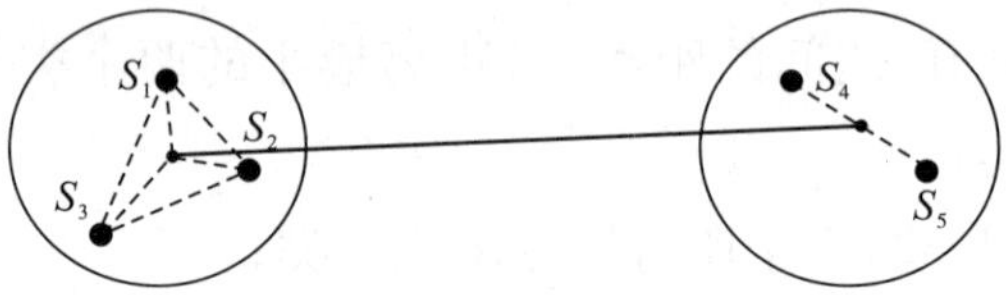

图 **5.3**　类间距离示意图(重心法)

5.3.4　类平均法

定义类 G_p 与类 G_q 的距离为 G_p 和 G_q 中任两个样品间距离的平均值，即

$$d_{pq} = \frac{1}{n_p n_q} \sum_{x_{(i)} \in G_p} \sum_{x_{(j)} \in G_q} d_{ij}$$

其中 n_p，n_q 分别是类 G_p 与类 G_q 中的样品数. 该方法下两类之间的距离如图 5.4 所示.

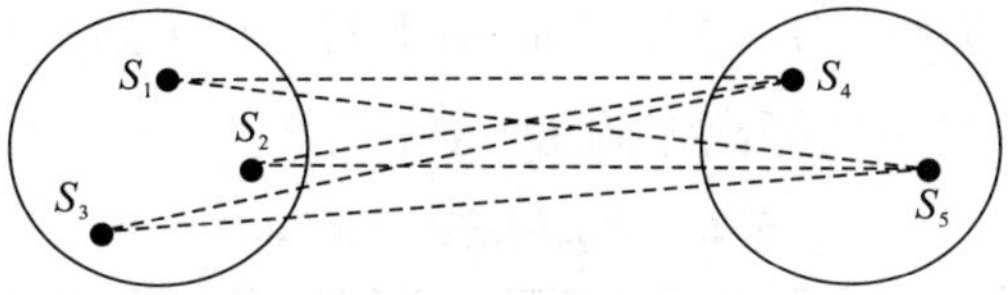

图 5.4　类间距离示意图(类平均法)

5.3.5　离差平方和法

类 G_p 与类 G_q 的样品离差平方和分别定义为

$$S_p = \sum_{i=1}^{n_p}(X_{(i)} - \overline{X}_p)'(X_{(i)} - \overline{X}_p)$$

$$S_q = \sum_{j=1}^{n_q}(X_{(j)} - \overline{X}_q)'(X_{(j)} - \overline{X}_q)$$

如果 G_p 与 G_q 聚为新类 G_r，则类 G_r 的样品离差平方和为

$$S_r = \sum_{k=1}^{n_r}(X_{(k)} - \overline{X}_r)'(X_{(k)} - \overline{X}_r)$$

其中 $\overline{X}_r = \frac{1}{n_r}\sum_{x_{(i)} \in G_p \cup G_q} X_{(i)}, n_r = n_p + n_q.$

它们反映了各类内部样品的离散程度，如果 G_p 与 G_q 这两类距离较近，则合并后增加的离散平方和 $S_r - S_p - S_q$ 应较小，反之则应大.

定义类 G_p 与 G_q 之间的平方距离为

$$d_{pq}^2 = S_r - S_p - S_q.$$

例 5.1　设有六个样品，每个样品只测量一个指标，指标值分别为 1，2，5，7，9，10，试用最短距离法将它们分类.

解：(1) 将每个样品分为一类，采用绝对值距离，计算样品间的距离.

表 5.1　样品间的距离矩阵 $\boldsymbol{D}_{(0)}$

	G_1	G_2	G_3	G_4	G_5	G_6
G_1	0					
G_2	1	0				
G_3	4	3	0			
G_4	6	5	2	0		
G_5	8	7	4	2	0	
G_6	9	8	5	3	1	0

(2) 表 5.1$\boldsymbol{D}_{(0)}$ 中元素最小的是 G_1 与 G_2，G_5 与 G_6 的距离，均为 1，于是将

G_1 与 G_2 合并为新类 G_7，G_5 与 G_6 合成新类 G_8，并运用最短距离法计算新类 G_3、G_4、G_7、G_8 两两之间的距离矩阵 $\boldsymbol{D}_{(1)}$（表 5.2）.

表 **5.2**　样品间的距离矩阵 $\boldsymbol{D}_{(1)}$

	G_3	G_4	G_7	G_8
G_3	0			
G_4	2	0		
G_7	3	5	0	
G_8	4	2	7	0

(3) $D_{(1)}$ 中的最小元素为 G_3 与 G_4，G_4 与 G_8 的距离，为 2，故将 G_4 与 G_8，G_3 与 G_4 合并，即 G_3 与 G_4、G_8 合为一个新类 G_9，再一次运用最短距离法计算新类 G_7、G_9 之间的距离矩阵 $\boldsymbol{D}_{(2)}$，见表 5.3.

表 **5.3**　样品间的距离矩阵 $\boldsymbol{D}_{(2)}$

	G_7	G_9
G_7	0	
G_9	3	0

(4) 将 G_7、G_9 合并为新类 G_{10}，这时 6 个样品聚为一类，聚类结束.

上述的聚类过程可用谱系聚类图表示（图 5.5）.

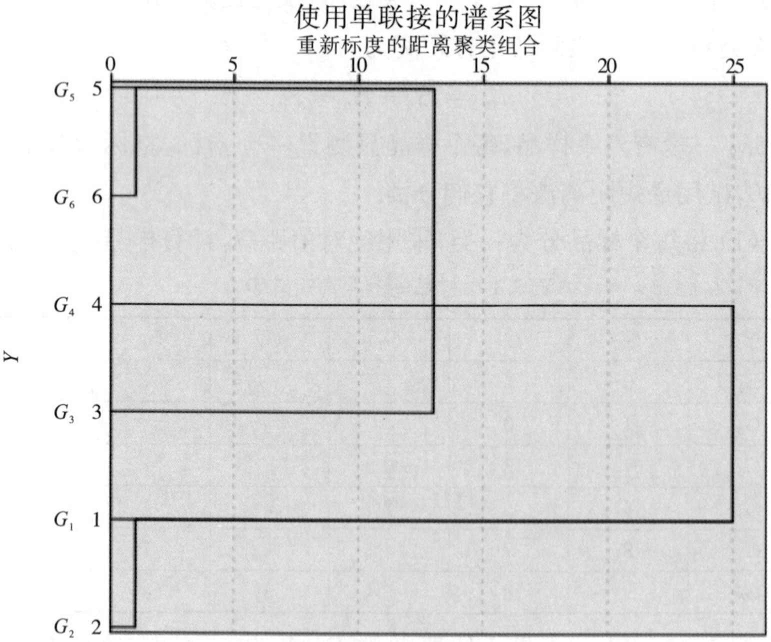

图 **5.5**　最短距离法谱系聚类图

例 5.2 表5.4是5个样品之间的距离矩阵：

表 **5.4** 样品间的距离矩阵 $\boldsymbol{D}_{(0)}$

	G_1	G_2	G_3	G_4	G_5
G_1	0				
G_2	4	0			
G_3	6	9	0		
G_4	1	7	10	0	
G_5	6	3	5	8	0

试用最长距离法、类平均法做系统聚类，并画出谱系聚类图.

1. 最长距离法

(1) 合并 G_1、G_4 为一新类 G_6，计算 G_6 与 G_2、G_3、G_5 两两距离矩阵 $\boldsymbol{D}_{(1)}$（表5.5）.

表 **5.5** 样品间的距离矩阵 $\boldsymbol{D}_{(1)}$

	G_2	G_3	G_5	G_6
G_2	0			
G_3	9	0		
G_5	3	5	0	
G_6	7	10	8	0

(2) 合并 G_2、G_5 为新类 G_7，计算 G_7 与 G_3、G_6 两两距离矩阵 $\boldsymbol{D}_{(2)}$（表5.6）.

表 **5.6** 样品间的距离矩阵 $\boldsymbol{D}_{(2)}$

	G_3	G_6	G_7
G_3	0		
G_6	10	0	
G_7	9	8	0

(3) 合并 G_6、G_7 为新类 G_8，最后 G_8 与 G_3 并为一类 G_9.

上述的聚类过程可用最长距离法谱系聚类图表示（图5.6）：

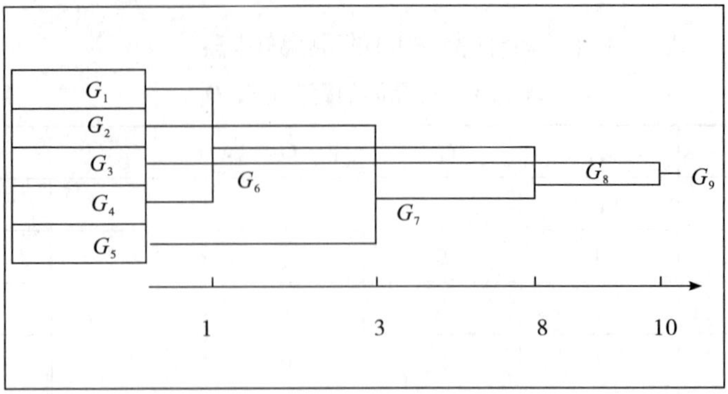

图 5.6　最长距离法谱系聚类图

2. 类平均法

(1) 合并 G_1、G_4 为新类 G_6，并类距离为 1，得样品间距离矩阵 $\boldsymbol{D}_{(1)}$（见表 5.7）.

表 5.7　样品间距离矩阵 $\boldsymbol{D}_{(1)}$

	G_2	G_3	G_5	G_6
G_2	0			
G_3	9	0		
G_5	3	5	0	
G_6	5.5	8	7	0

(2) 合并 G_5、G_2 为新类 G_7，并类距离为 3，得样品间距离矩阵 $\boldsymbol{D}_{(2)}$（见表 5.8）.

表 5.8　样品间距离矩阵 $\boldsymbol{D}_{(2)}$

	G_3	G_6	G_7
G_3	0		
G_6	8	0	
G_7	7	6.25	0

(3) 合并 G_6、G_7 为新类 G_8，并类距离为 6.25，得样品间距离矩阵 $\boldsymbol{D}_{(3)}$（见表 5.9）.

表 **5.9**　样品间距离矩阵 $\boldsymbol{D}_{(3)}$

	G_3	G_8
G_3	0	
G_8	7.5	0

(4) 合并 G_3、G_8 为新类 G_9，并类距离为 7.5，聚类过程结束，上述过程可用类平均法谱系聚类图(图 5.7) 表示.

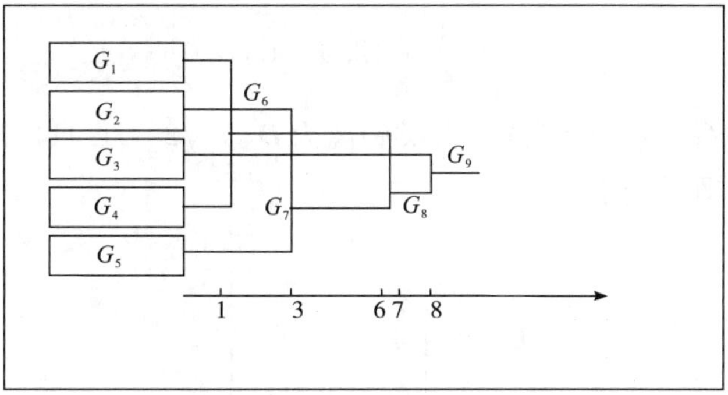

图 **5.7**　类平均法谱系聚类图

例 5.3　设有 5 个样品，每个样品测一个指标，得数据为 1,2,5,7,10. 试用离差平方和法对这 5 个样品聚类，并给出聚成 $k(k=1,2,3,4,5)$ 时的总离差平方和 $S_r(k)$.

解:(1)各个样品单独成类，共 5 类. 利用离差平方和法算得各类之间的距离矩阵为

$$\boldsymbol{D}_{(0)}=\boldsymbol{D}_{(1)}=\frac{1}{2}\begin{pmatrix}0 & & & & \\ 1 & 0 & & & \\ 16 & 9 & 0 & & \\ 36 & 25 & 4 & 0 & \\ 81 & 64 & 25 & 9 & 0\end{pmatrix}$$

$$=\begin{pmatrix}0 & & & & \\ 0.5 & 0 & & & \\ 8 & 4.5 & 0 & & \\ 18 & 12.5 & 2 & 0 & \\ 40.5 & 32 & 12.5 & 4.5 & 0\end{pmatrix}$$

(2)合并 G_1、G_2 为新类 G_6，并类距离为 $\boldsymbol{D}_1=\sqrt{0.5}=0.707$，并计算新类与其他类的平方距离，得

$$\boldsymbol{D}_{(2)}=\begin{pmatrix} 0 & & & \\ \frac{49}{6} & 0 & & \\ \frac{121}{6} & 2 & 0 & \\ \frac{289}{2} & 12.5 & 4.5 & 0 \end{pmatrix}\begin{matrix} G_6 \\ G_3 \\ G_4 \\ G_5 \end{matrix}$$

(3) 合并 G_3、G_4 为新类 G_7，并类距离为 $\boldsymbol{D}_2=\sqrt{2}=1.414$，并计算新类与其他类的平方距离，得

$$\boldsymbol{D}_{(3)}=\begin{pmatrix} 0 & & \\ \frac{81}{4} & 0 & \\ \frac{32}{3} & \frac{289}{2} & 0 \end{pmatrix}\begin{matrix} G_7 \\ G_6 \\ G_5 \end{matrix}$$

(4) 合并 G_7、G_5 为新类 G_8，并类距离为 $\boldsymbol{D}_3=\sqrt{\frac{32}{3}}=3.266.$

计算新类与其他类的平方距离为

$$\boldsymbol{D}_{(4)}=\begin{pmatrix} 0 & \\ \frac{245}{6} & 0 \end{pmatrix}\begin{matrix} G_8 \\ G_6 \end{matrix}$$

(5) 合并 G_8、G_6 为新类 G_9，并类距离为 $\boldsymbol{D}_4=\sqrt{\frac{245}{6}}=6.39$，聚类过程结束.

分类结果及相应的总离差平方和 $S_r(k)$ 为

$k=5$ {1},{2},{5},{7},{10} $S_r(5)=0$

$k=4$ {1,2},{5},{7},{10} $S_r(4)=0.5$

$k=3$ {1,2},{5,7},{10} $S_r(3)=2.5$

$k=2$ {1,2},{5,7,10} $S_r(2)=13.67$

$k=1$ {1,2,5,7,10} $S_r(1)=54$

5.4 K-均值聚类法

K-均值聚类法是麦克奎因(Macqueen)在1967年提出的，它的基本思想是将每一个样品归于最贴近中心(均值)的类. K-均值聚类法是一种快速聚类的方法，采用该方法得到的结果比较简单易懂，对计算机的性能要求不高，因此应用也比较广泛. K-均值聚类法包括如下步骤：

(1) 把样品粗略分成 K 个初始类；

(2) 计算各样品到初始类中心(均值)的距离，进行分类调整，将各样品逐个分派到离其中心最近的类中. 重新计算接受新样品的类和失去样品的类的中心(均值)；

(3) 重复第(2)个步骤，直到各类无元素进出.

K-均值聚类和系统聚类都是根据距离的远近进行聚类的，但两者也有不同. 在系统聚类当中，一旦样品被分入一个类中，它将不再被归入其他的类，类的个数事先未知，而K-均值聚类事先给定类的个数 K，可以不断调整样品所属的类.

K-均值聚类中样品的最终聚类在某种程度上依赖于最初的划分，或“种子”的选择. 有多种初始种子选择的方法可供参考：

(1) 选择 K 个相互距离最远的样品；

(2) 选择数据集前 K 个相互距离超过指定最小距离的样品；

(3) 在相互距离超过某指定最小距离的前提下，随机选择 K 个样品.

例 5.4 设有A,B,C,D四个样品，分别对其测量两个指标 X_1，X_2，结果如下(表5.10). 请用K-均值聚类法将其分为2类.

表 **5.10** A,B,C,D 测量数据

样品指标	X_1	X_2
A	5	3
B	−1	1
C	1	−2
D	−3	−2

解：(1) 将 A,B,C,D 随意分为2类：(A,B) 和 (C,D)，计算各类的中心坐标(表5.11).

表 **5.11** 两类的中心坐标

类	$\overline{X}_1$	$\overline{X}_2$
(A,B)	2	2
(C,D)	-1	-2

(2) 计算各样品到各类中心的距离(这里取欧式距离):

$$d^2(A,(A,B)) = 10, d^2(A,(C,D)) = 61$$

$$d^2(B,(A,B)) = 10, d^2(B,(C,D)) = 9$$

因为 B 到类(C,D) 的距离小于到类(A,B) 的距离,故 B 应该重新分配,调整到类(C,D) 中去,重新分配后各类的中心坐标见表 5.12.

表 **5.12** 各类的中心坐标

类	$\overline{X}_1$	$\overline{X}_2$
(A)	5	3
(B,C,D)	-1	-1

(3) 重复步骤(2) 的工作,计算各样品到各类的中心距离,结果见表 5.13.

表 **5.13** 各样品到各类的中心距离

类	A	B	C	D
(A)	0	40	41	89
(B,C,D)	52	4	5	5

显然,A,B,C,D 四个样品均无须调整,聚类结束.

例 5.5 已知 O_1,O_2,O_3,O_4,O_5 五个样品的两个观测数据(表 5.14),试用 K- 均值聚类法将其分为两类.

表 **5.14** 样品观测数据

指标 \ 样品	O_1	O_2	O_3	O_4	O_5
X	0	0	1.5	5	5
Y	2	0	0	0	2

解:(1) 取 O_1,O_2 为初始类,得初始类中心坐标(表 5.15),即为 O_1,O_2 的观测值.

表 **5.15** 初始类中心坐标

	$\overline{X}$	$\overline{Y}$
(O_1)	0	2
(O_2)	0	0

(2) 各样品到各初始类的距离(取欧氏距离) 为

$d(O_3,O_1)=2.5>d(O_3,O_2)=1.5$ 故 O_3 因归为类(O_2);

$d(O_4,O_1)=\sqrt{29}>d(O_4,O_2)=5$ 故 O_4 因归为类(O_2);

$d(O_5,O_1)=5<d(O_5,O_2)=\sqrt{29}$ 故 O_5 因归为类(O_1).

新的两类为

$$G_1=(O_1,O_5),G_2=(O_2,O_3,O_4),$$

新类的中心为

$$M_1(2.5,2),M_2(2.17,0).$$

(3) 重复(2) 的工作

$d^2(O_1,G_1)=6.25<d^2(O_1,G_2)=8.71$,样品$O_1$ 无须调整;

$d^2(O_2,G_1)=10.25>d^2(O_2,G_2)=4.71$,样品$O_2$ 无须调整;

$d^2(O_3,G_1)=5>d^2(O_3,G_2)=0.67^2$,样品$O_3$ 无须调整;

$d^2(O_4,G_1)=10.25>d^2(O_4,G_2)=8.01$,样品$O_4$ 无须调整;

$d^2(O_5,G_1)=6.25<d^2(O_5,G_2)=8.01$,样品$O_5$ 无须调整;

聚类结束.

K- 均值聚类法对初始种子的选择比较敏感. 可尝试在不同的种子选择下多次进行聚类. 如果不同的初始种子造成了聚类结果很大的不同,或是收敛的速度极其缓慢,可能说明数据可能原本并不存在天然的族群.

K- 均值聚类法也可以作为系统聚类的一种改进. 我们首先用系统聚类法聚类,以各族群的质心为 K- 均值聚类法的初始种子;这样就在系统聚类的基础上,使得个体有被重新分配到其他族群的机会.

5.5 有序样品聚类

在前几节的讨论中,分类的样品是相互独立的,没有考虑样品的先后次序. 但在有些实际问题中,有时样品的相对次序是不能随意变动的,这就产生了有序样品的聚类问题. 例如我们想要研究 1949 年到 2023 年,国民收入可以划分为几个阶段，阶段的划分必须以年份顺序为依据；在地质勘探中，需要通过岩心了解地层结构，按地层深度取样，这时样品的次序也不能打乱；研究人体生长发育规律，根据抽样取得的身高、体重年平均增长数据等指标将人体发展分为几个阶段，此时样品的次序也是固定的.

对于这类有序样品的分类，实质上是需要找出一些分点，将它们划分成几个分段，每个分段看作一类，称这种分类为分割. 显然，分点在不同位置可以得到不同的分割，这样就存在一个“如何决定分点，使达到所谓最优分割”的问题，即要求一个分割能使各段内部样品间的差异最小，而各段之间样品的差异最大，这就是决定分割点的依据. 有序样品聚类法也称为“最优分割法”.

5.5.1 有序样品聚类的基本思想

设 $\boldsymbol{X}_{(1)},\boldsymbol{X}_{(2)},\cdots,\boldsymbol{X}_{(n)}$ 表示 n 个有序样品，有序样品的分类，每一类的形成必须具有如下形式：

$$G_i=\left\{\boldsymbol{X}_{(i)},\boldsymbol{X}_{(i+1)},\cdots,\boldsymbol{X}_{(i+k)}\right\},$$

其中

$$1\leqslant i\leqslant n,k\geqslant 0,\text{且 } i+k\leqslant n,$$

即含在同一类的样品必须是相互邻接的. 因此将有序样品聚为 k 类，即是在各样品间插入 $(k-1)$ 个分割柱，则将 n 个样品分成 k 类，共有

$$R(n,k)=\begin{pmatrix}n-1\\k-1\end{pmatrix}$$

种分法，如果不是有序样品，则样品是彼此独立的，那么 n 个样品分成 k 类共有

$$R'(n,k)=\sum_{\substack{i_1+i_2+\cdots+i_k=n\\ i_j\geqslant 1,j=1,2,\cdots,k}}\frac{n!}{i_1!\cdots i_k!}$$

种分法，这比有序样品聚类的分法多得多. 因此对于有限的 n 和 k，有序样品的所有可能分类结果是有限的，可以在某种损失函数意义下求得最优解. 所以有序样品聚类分析又称为“最优分割”，该算法是 Fisher 在 1958 年最先提出来的，故也称之为“Fisher 最优分割法”. 有序样品聚类就是运用 Fisher 最优分割法寻找最优分割点，先将 n 个样品看成一类，然后根据分类的目标函数逐渐增加分类.

5.5.2 Fisher 最优分割法

设 n 个有序样品依次为

$$\boldsymbol{X}_{(1)},\boldsymbol{X}_{(2)},\cdots,\boldsymbol{X}_{(n)}$$

它们是 m 维向量. 第 i 个样品 $\boldsymbol{X}_{(i)}$ 简记为 $\boldsymbol{X}_{(i)}=i$,
$B(n,k)$ 表示将 n 个样品分为 k 类的某一种分法,将分法 $B(n,k)$ 记为

$$G_1=\{1,2,\cdots,i_2-1\}$$

$$G_2=\{i_2,i_2+1,\cdots,i_3-1\}$$

……

$$G_k=\{i_k,i_k+1,\cdots,n\}$$

其中

$$1=i_1<i_2<\cdots<i_k=n.$$

1. 类的直径

如果某一类 G 包含的样品有 $\{\boldsymbol{X}_{(i)},\boldsymbol{X}_{(i+1)},\cdots,\boldsymbol{X}_{(j)}\}$,则将类 G 简记为

$$G=\{i,i+1,\cdots,j\},$$

该类的均值向量 $\overline{\boldsymbol{X}}_G$ 为

$$\overline{\boldsymbol{X}}_G=\frac{1}{j-i+1}\sum_{t=i}^{j}\boldsymbol{X}_{(t)}.$$

定义类 G 的直径为

$$D(i,j)=\sum_{t=i}^{j}(\boldsymbol{X}_{(t)}-\overline{\boldsymbol{X}}_G)'(\boldsymbol{X}_{(t)}-\overline{\boldsymbol{X}}_G).$$

2. 分类损失函数

设将 n 个有序样品分为 k 类的某一种分法为 $B(n,k)$,则 $B(n,k)$ 的损失函数定义为

$$E[B(n,k)]=\sum_{t=1}^{k}D(i_t,i_{t+1}-1).$$

给定 n,k,则损失函数 $E[B(n,k)]$ 越小,分类越合理. 因此有序样品聚类就是寻找一种分法,使损失函数 $E[B(n,k)]$ 达到最小,使损失函数达到最小的分法记为 $p(n,k)$.

3. 最优解求法

由损失函数的定义可知,n 个有序样品分为两类的最优分法 $p(n,2)$ 应满足

$$E[p(n,2)]=\min_{2\leqslant j\leqslant n}\{D(1,j-1)+D(j,n)\}\tag{5.1}$$

若要找到将 n 个有序样品分为 k 类的最优分法,应建立在将 $j-1$ 个有序样品分为 $k-1$ 类的最优分割基础之上($j=2,3,\cdots,n$),因此有如下递推关系:

$$E[p(n,k)] = \min_{k \leqslant j \leqslant n}\{E[p(j-1,k-1)] + D(j,n)\} \qquad (5.2)$$

以上两个递推公式是 Fisher 最优分割最核心的部分.

当要将 n 个有序样品分为 k 类时，首先找最后一个分点 j_k 使式(5.2)达到最小，即

$$E[p(n,k)] = E[p(j_k-1,k-1)] + D(j_k,n)$$

于是得到第 k 类 $G_k = \{j_k, j_k+1, \cdots, n\}$；

然后找倒数第二个分点 j_{k-1}，使它满足

$$E[p(j_k-1,k-1)] = E[p(j_{k-1}-1,k-2)] + D(j_{k-1}, j_k-1)$$

于是得到第 $k-1$ 类 $G_{k-1} = \{j_{k-1}, j_{k-1}+1, \cdots, j_k-1\}$，如此下去依次可得到所有类

$$G_1, G_2, \cdots, G_k,$$

这就是我们要求的最优解，即

$$p(n,k) = \{G_1, G_2, \cdots, G_k\}.$$

例 5.6 为了了解男童的生长发育规律，今随机抽样统计了男孩从出生到 11 岁每年平均增长的重量数据(表 5.16)，试问男孩发育可分为几个阶段?

表 **5.16** 出生至 **11** 岁男孩每年平均增长的体重数据

年龄	1	2	3	4	5	6	7	8	9	10	11
增重	9.3	1.8	1.9	1.7	1.5	1.3	1.4	2.0	1.9	2.3	2.1

解:这是一个有序样品聚类问题，这里采用有序样品聚类. 首先画出男童体重增重随时间变化的折线图(图 5.8)，根据折线图可以大致确定分类数. 由图 5.8 可知本例男童的身体发育分为 3 个阶段比较合适.

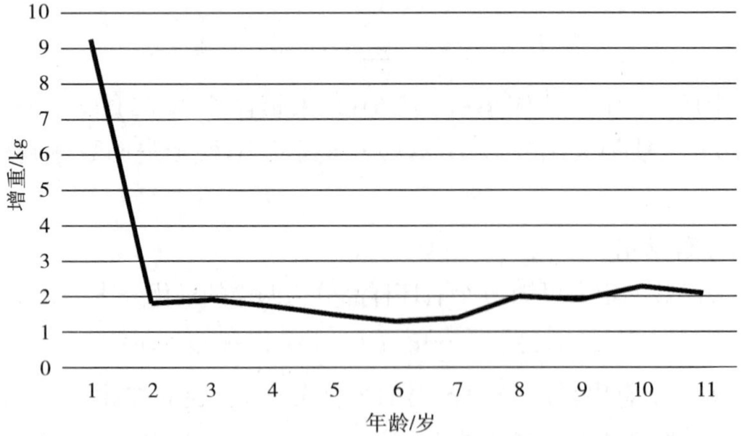

图 **5.8** 男童体重增加与年龄的关系

(1)计算直径 $D(i,j)$

若类 G 包含3个样品,如$\{X_{(2)},X_{(3)},X_{(4)}\}$,则类 G 的均值为

$$\overline{X}_{(G)}=\frac{1.8+1.9+1.7}{3}=1.8,$$

类 G 的直径为 $D(2,4)=(1.8-1.8)^2+(1.9-1.8)^2+(1.7-1.8)^2=0.02$,类似地,可以计算其他类的直径 $D(i,j)$,结果见表5.17.

表 **5.17**　各类的直径 $D(i,j)$

j \ i	1	2	3	4	5	6	7	8	9	10
2	28.125									
3	37.007	0.005								
4	42.208	0.020	0.020							
5	45.992	0.088	0.080	0.020						
6	49.128	0.232	0.200	0.080	0.020					
7	51.100	0.280	0.232	0.088	0.020	0.005				
8	51.529	0.417	0.393	0.308	0.290	0.287	0.180			
9	51.980	0.469	0.454	0.393	0.388	0.370	0.207	0.005		
10	52.029	0.802	0.800	0.774	0.773	0.708	0.420	0.087	0.080	
11	52.128	0.909	0.909	0.895	0.889	0.793	0.452	0.088	0.080	0.020

(2)计算最小分类损失函数 $E[p(l,k)]$

首先计算分成两类的最小分类损失函数 $E[p(l,2)]$,$3\leqslant l\leqslant 11$.先计算最简单的情况:将三个样品$\{1,2,3\}$分成两类.可能的分法为$\{1\}$,$\{2,3\}$或者$\{1,2\}$,$\{3\}$.这两种分法的最小损失函数为

$$\begin{aligned}E[p(3,2)]&=\min\{D(1,1)+D(2,3),D(1,2)+D(3,3)\}\\&=\min\{0+0.005,28.125+0\}\\&=0.005\end{aligned}$$

最小损失函数值为0.005,对应的分法为$\{1\}$,$\{2,3\}$,分点为 $j=2$,记为

$$\mathrm{E}[p(3,2)]=0.005(2).$$

类似地,可计算将四个样品$\{1,2,3,4\}$分成两类的最小损失函数:

$$\begin{aligned}E[p(4,2)]&=\min\{D(1,1)+D(2,4),D(1,2)+D(3,4),D(1,3)+D(4,4)\}\\&=\min\{0+0.02,28.125+0.02,37.007+0\}\end{aligned}$$

$$= 0.02$$

损失函数最小值为 0.02，对应的最优分法为

$$G_1 = \{1\},\ G_2 = \{2,3,4\},$$

分点为 $j=2$，记为

$$E[p(4,2)] = 0.02(2),$$

同样可算出

$$E[p(5,2)], E[p(6,2)], \cdots, E[p(11,2)].$$

其次计算 $E[p(l,3)]$，$4 \leqslant l \leqslant 11$. 当 $l=4$ 时，由递推公式(5.2)和上一步计算结果可知

$$\begin{aligned} E[p(4,3)] &= \min\{E[p(3,2)] + D(4,4), E[p(2,2)] + D(3,4)\} \\ &= \min\{0.005 + 0, 0 + 0.02\} \\ &= 0.005(4) \end{aligned}$$

类似地，可以求出

$$E[p(5,3)], E[p(6,3)], \cdots, E[p(11,3)].$$

同样地，可以求出 $E[p(l,k)]$($3 \leqslant l \leqslant 11$，$2 \leqslant k \leqslant 10$，$k<l$)及对应的分法 $p(l,k)$，结果见表 5.18.

表 **5.18**　最小分类损失函数

l \ k	2	3	4	5	6	7	8	9	10
3	0.005(2)								
4	0.020(2)	0.005(4)							
5	0.088(2)	0.020(5)	0.005(5)						
6	0.232(2)	0.040(5)	0.020(6)	0.005(6)					
7	0.280(2)	0.040(5)	0.025(6)	0.010(6)	0.005(6)				
8	0.417(2)	0.280(8)	0.040(8)	0.025(8)	0.010(8)	0.005(8)			
9	0.469(2)	0.285(8)	0.045(8)	0.030(8)	0.015(8)	0.010(3)	0.005(8)		
10	0.802(2)	0.367(8)	0.127(8)	0.045(10)	0.030(10)	0.015(10)	0.010(10)	0.005(8)	
11	0.909(2)	0.368(8)	0.128(8)	0.065(10)	0.045(11)	0.030(11)	0.015(11)	0.010(11)	0.005(11)

(3)求最优解

假设将样品分为 3 类，即 $k=3$，由表 5.18 知，11 个有序样品分为 3 类的最优解为

$$E[p(11,3)]=0.368(8),$$

括号中的数字8说明最优分类的最后一个分点为 $X_{(8)}$，第3类为

$$G_3=\{X_{(8)},X_{(9)},X_{(10)},X_{(11)}\}.$$

再把其余的7个样品分为2类，由表5.18中 $l=7,k=2$ 对应的元素

$$E[p(7,2)]=0.280(2)$$

分点为 $X_{(2)}$，故

$$G_2=\{X_{(2)},X_{(3)},X_{(4)},X_{(5)},X_{(6)},X_{(7)}\},G_{(1)}=\{X_{(1)}\},$$

从而求得最优分类：

$p(11,3)$：$\{X_{(1)}\},\{X_{(2)},X_{(3)},X_{(4)},X_{(5)},X_{(6)},X_{(7)}\},\{X_{(8)},X_{(9)},X_{(10)},X_{(11)}\}$

类似地，可以求出将这11个样品分成4类，5类，…，11类的最优分法：

$$p(11,k),4\leqslant k\leqslant 11$$

（表5.19）.

表**5.19** 最优分类

1	52.182	{9.3,1.8,1.9,1.7,1.5,1.3,1.4,2.0,1.9,2.3,2.1}
2	0.909	{9.3},{1.8,1.9,1.7,1.5,1.3,1.4,2.0,1.9,2.3,2.1}
3	0.368	{9.3},{1.8,1.9,1.7,1.5,1.3,1.4},{2.0,1.9,2.3,2.1}
4	0.128	{9.3},{1.8,1.9,1.7},{1.5,1.3,1.4},{2.0,1.9,2.3,2.1}
5	0.065	{9.3},{1.8,1.9,1.7},{1.5,1.3,1.4},{2.0,1.9},{2.3,2.1}
6	0.045	{9.3},{1.8,1.9,1.7},{1.5,1.3,1.4},{2.0,1.9},{2.3},{2.1}
7	0.030	{9.3},{1.8,1.9},{1.7},{1.5,1.3,1.4},{2.0,1.9},{2.3},{2.1}
8	0.015	{9.3},{1.8,1.9},{1.7},{1.5},{1.3,1.4},{2.0,1.9},{2.3},{2.1}
9	0.010	{9.3},{1.8},{1.9},{1.7},{1.5},{1.3,1.4},{2.0,1.9},{2.3},{2.1}
10	0.005	{9.3},{1.8},{1.9},{1.7},{1.5},{1.3},{1.4},{2.0,1.9},{2.3},{2.1}
11	0.000	{9.3},{1.8},{1.9},{1.7},{1.5},{1.3},{1.4},{2.0},{1.9},{2.3},{2.1}

（4）分类个数的确定

有序样品分类个数的确定，目前还没有公认有说服力的方法. 确定分类个数的依据常用的方法有2个：一是根据研究问题的实际意义，如例5.6可以根据儿童生理发展规律确定分类数；二是根据 $E[p(n,k)]$ 随 k 变化的趋势图，在曲线拐弯处确定 k，如根据例5.6中 $E[p(n,k)]$ 随 k 变化的趋势图（图5.9），曲线在 $k=3,k=4$ 处拐弯，即分为3类或4类比较好.

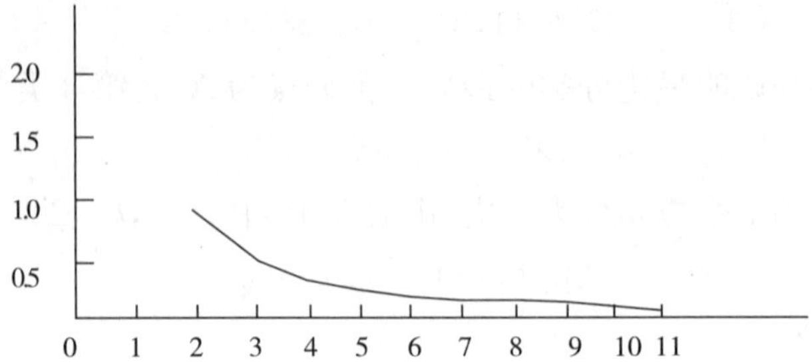

图 5.9　损失函数 $E[p(n,k)]$变化的趋势图

5.6　实际案例分析

案例 5.1　为了研究 2019 年全国各省份(不含港澳台)的经济水平及相应的人口状况，对全国各省份进行聚类分析，选取人均地区生产总值、平均预期寿命、人口出生率、人口死亡率作为研究指标，原始数据见表 5.20(数据来源于国家统计局网站).

表 **5.20**　**2019** 年全国各省份的经济水平及相应的人口状况

省份	人均地区生产总值(亿元)	平均预期寿命(岁)	人口出生率(%)	人口死亡率(%)
北京	35371.28	80.18	8.12	5.49
天津	14104.28	78.89	6.73	5.3
河北	35104.52	74.97	10.83	6.12
山西	17026.68	74.92	9.12	5.85
内蒙古	17212.53	74.44	8.23	5.66
辽宁	24909.45	76.38	6.45	7.25
吉林	11726.82	76.18	6.05	6.9
黑龙江	13612.68	75.98	5.73	6.74
上海	38155.32	80.26	7	5.5
江苏	99631.52	76.63	9.12	7.04
浙江	62351.74	77.73	10.51	5.52
安徽	37113.98	75.08	12.03	6.04
福建	42395	75.76	12.9	6.1
江西	24757.5	74.33	12.59	6.03

续表

省份	人均地区生产总值（亿元）	平均预期寿命（岁）	人口出生率（%）	人口死亡率（%）
山东	71067.53	76.46	11.77	7.5
河南	54259.2	74.57	11.02	6.84
湖北	45828.31	74.87	11.35	7.08
湖南	39752.12	74.7	10.39	7.28
广东	107671.07	76.49	12.54	4.46
广西	21237.14	75.11	13.31	6.14
海南	5308.93	76.3	12.87	6.11
重庆	23605.77	75.7	10.48	7.57
四川	46615.82	74.75	10.7	7.09
贵州	16769.34	71.1	13.65	6.95
云南	23223.75	69.54	12.63	6.2
西藏	1697.82	68.17	14.6	4.46
陕西	25793.17	74.68	10.55	6.28
甘肃	8718.3	72.23	10.6	6.75
青海	2965.95	69.96	13.66	6.08
宁夏	3748.48	73.38	13.72	5.69
新疆	13597.11	72.35	8.14	4.45

1. SPSS 实现步骤

在 SPSS 数据窗口录入表 5.20 中的数据，然后选择“分析-分类”命令，“分类”命令下有两个常用的聚类分析命令：一是“K-均值聚类”；二是“系统聚类”. 此处我们选择“系统聚类”，打开相应的“系统聚类”对话框，如图5.10所示.

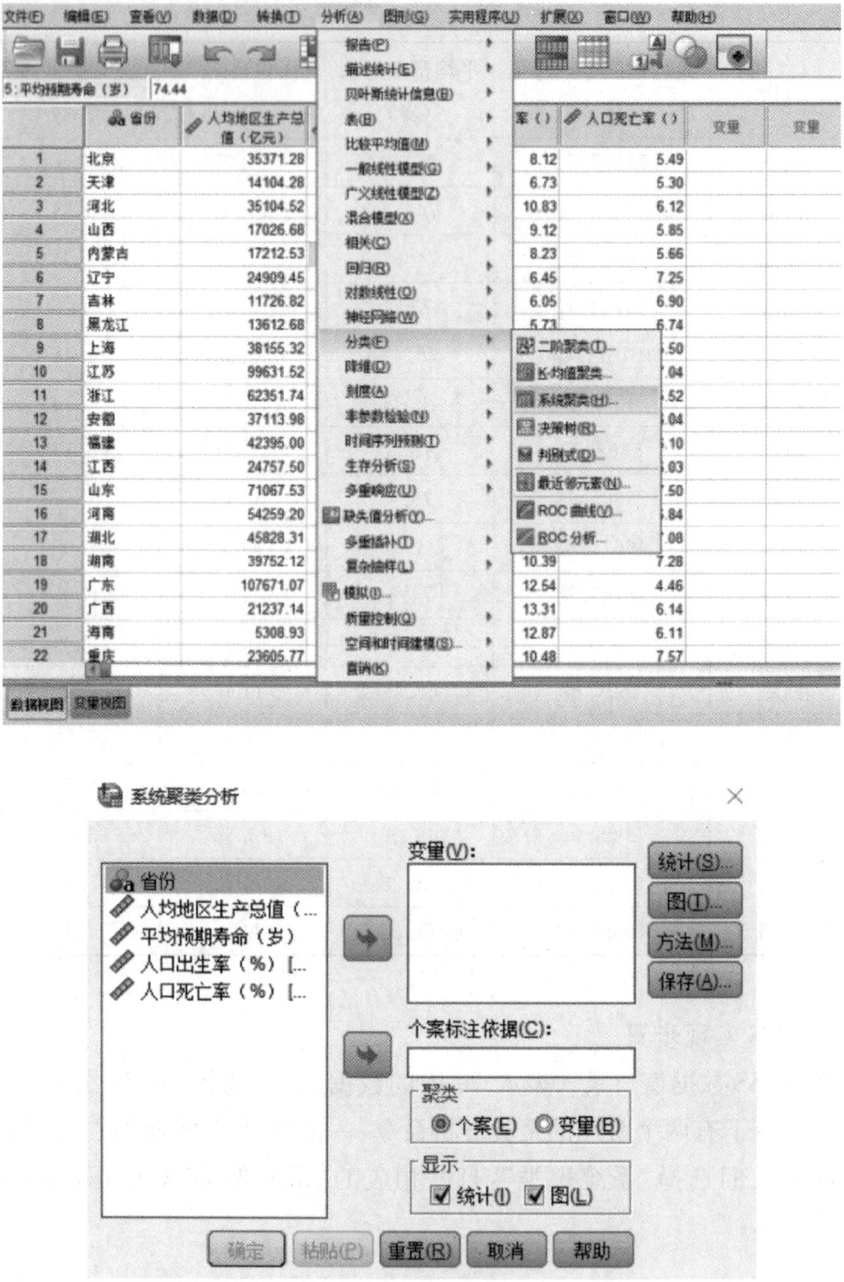

图 **5.10**　系统聚类对话框

然后将四个指标变量输入“变量”框中，将“省份”变量选入“个案标注依据”框中，在下面的“聚类”中有两个选项，分别是“个案”（表示对样品聚类或

Q 型聚类)和“变量”(表示对变量聚类或 R 型聚类). 这里,我们点选“个案”,选择对样品进行聚类.“显示”部分也有两个选项,分别是“统计”和“图”,即可以选择输出统计量或图形,或二者均输出,此处选择二者均输出,如图 5.11 所示.

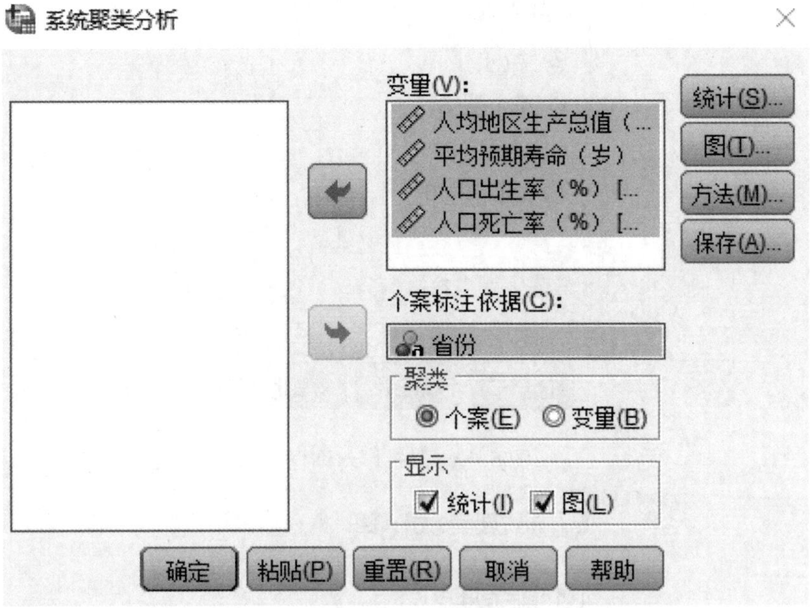

图 **5.11**　变量选择

接着在对话框的最右侧有“统计、图、方法、保存”四个按钮:

(1) “统计”中有“集中计划、近似值矩阵”,还有“聚类成员”.“聚类成员”框架下可以指定聚类的个数,“无”选项为不指定聚类个数,“单个解”为指定一个确定的聚类个数,“解的范围”为指定聚类个数的范围. 此处,我们选择“集中计划”和“近似值矩阵”,不指定聚类个数,点击“继续”,如图 5.12 所示.

(2) “图”中有“谱系图(或树状聚类图)、冰柱图”. 此处我们选择“谱系图”“冰柱图”,冰柱图的方向有水平、垂直两个选项,这里选取垂直方向,点击“继续”,如图 5.13 所示.

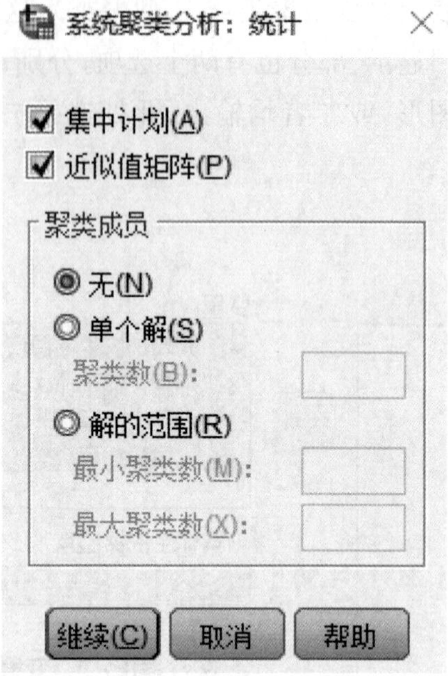

图 **5.12** “统计”对话框

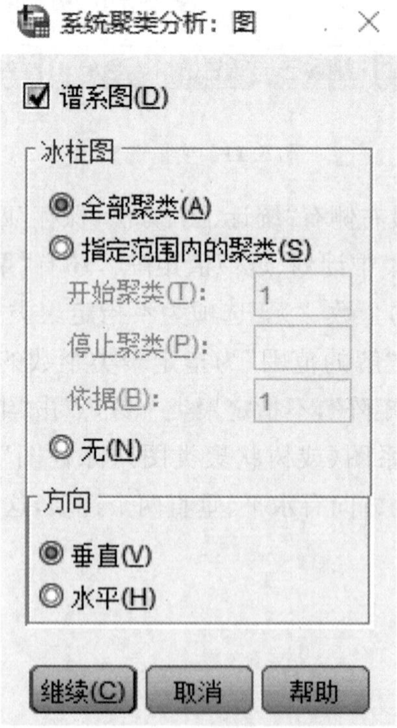

图 **5.13** “图”对话框

(3)“方法”中,“聚类方法”可以选择聚类的方法(如最短距离法或离差平方法等),测量可以选择距离的计算方法(如欧氏距离或明考斯基距离等),转换值可以选择是否对数据进行标准化处理及相应的处理方法. 此处我们选择“组间联结法”和“平方欧氏距离”,“转换值”选择“Z 得分”对数据进行标准化处理,点击“继续”,如图 5.14 所示.

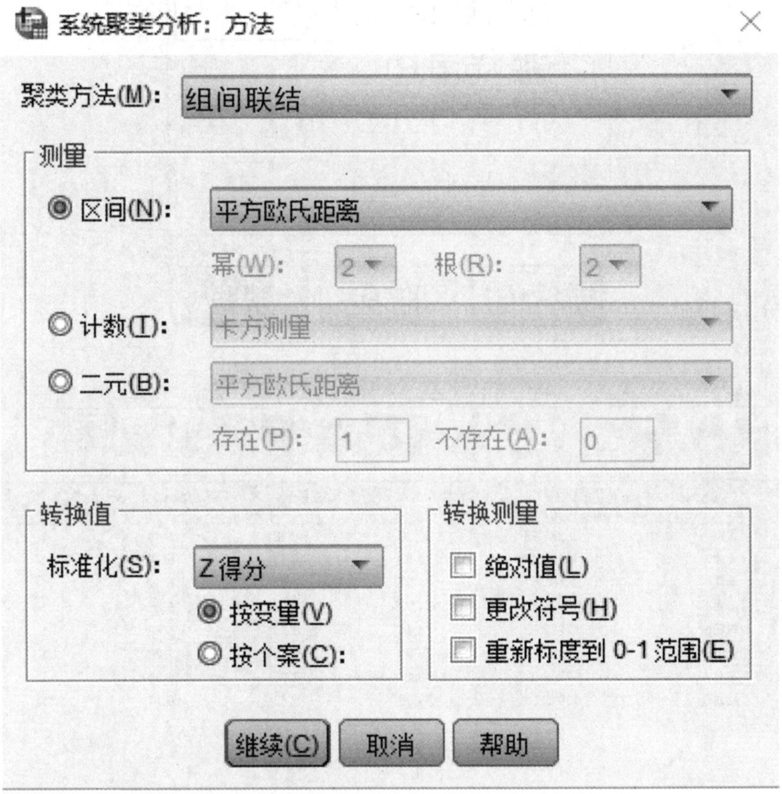

图 **5.14**　“方法”对话框

(4)“保存”中可以选择保存样本的聚类结果,此处我们选择保存样本被聚为 3 类的结果. 点击“保存”,在弹出对话框中点选“单个解”, 然后在其下方聚类数右侧的框中填入“3”,点击“继续”,点击“确定”运行.

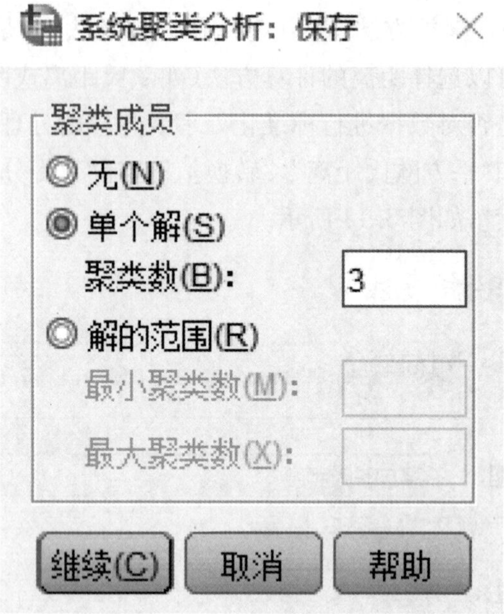

	省份	人均地区生产总值（亿元）	平均预期寿命（岁）	人口出生率（）	人口死亡率（）	CLU3_1	变量
1	北京	35371.28	80.18	8.12	5.49	1	
2	天津	14104.28	78.89	6.73	5.30	1	
3	河北	35104.52	74.97	10.83	6.12	1	
4	山西	17026.68	74.92	9.12	5.85	1	
5	内蒙古	17212.53	74.44	8.23	5.66	1	
6	辽宁	24909.45	76.38	6.45	7.25	1	
7	吉林	11726.82	76.18	6.05	6.90	1	
8	黑龙江	13612.68	75.98	5.73	6.74	1	

图 **5.15**　因子变量

(5)运行结束后，数据窗口中将会多出一个变量名为 *CLU*3_ 1 的新变量，此变量的取值即为将所有样品聚为 3 类时各样品的分类结果，如图 5.15 所示.

选定聚类的方法和需要输出的图表后，点击“确定”运行，则可得到一系列输出结果.

2. 结果分析

图 5.16 为冰柱图，是反映样品聚类情况的图形，冰柱图形象地展示了聚类的动态过程. 对于纵向的冰柱图，可以自下而上看出聚类过程. 从最下面

看，代表吉林和黑龙江的两条冰柱之间的冰柱最长，它对应的类数是30，表示吉林和黑龙江先被聚为一类. 以此类推，直至冰柱长度对应的类数为1时，将江苏所在的类和甘肃所在的类聚在一起成为一个类. 对于给定的类数，若要从冰柱图中得知每类所包含的样本，只需找到长度小于给定类数的冰柱. 然后，以这些冰柱为分隔点，从左起至右，依次分类. 设定类数为3，找到冰柱长度对应类数小于3的冰柱，于是样品被分为3类的结果是广东、江苏为第1类；山东、河南、浙江等27个省份为第2类；西藏、新疆为第3类.

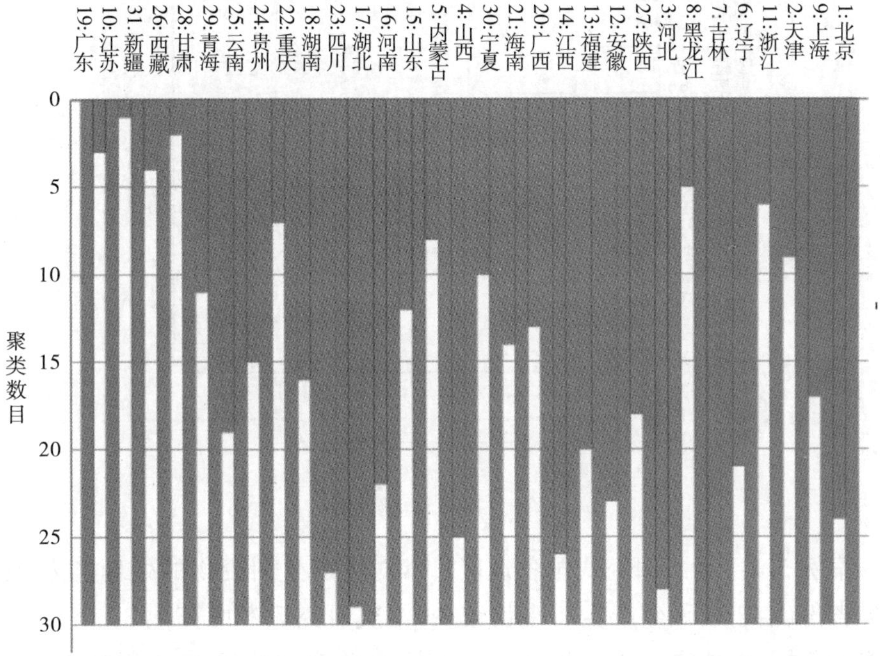

图 **5.16**　冰柱图

图5.17为谱系图，从该图可以由分类个数得到分类情况. 选择类数为3，从距离大概为18的地方往下切，得到的分类结果如图5.16冰柱图中举例所述. 从经济水平和人口状况来看所做的分类，发现第1类为经济水平发达，人口老龄化程度中等，第2类为经济水平较发达，人口老龄化程度偏高，第3类为经济水平一般，人口老龄化程度偏低.

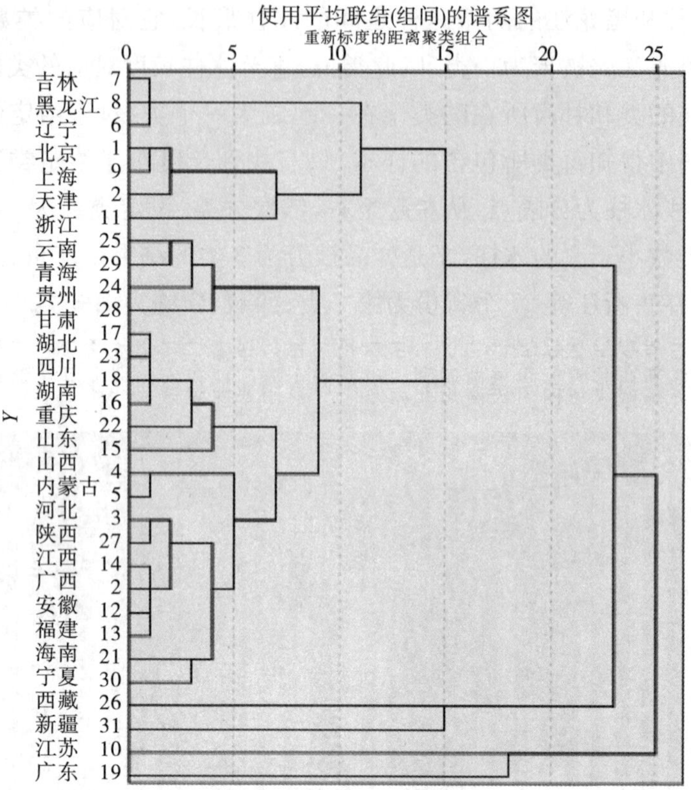

图 **5.17** 聚类谱系图

案例 5.2 为了研究我国各地区日常对生产生活废物的处理能力,对我国各省份(由于西藏生产生活废物较少,本次研究只考虑其他 30 个省份)进行聚类分析.现选取一般工业废物处理率、危险废物处理率、生活垃圾无害处理率、污水处理率作为衡量我国各地区日常生产生活废物处理能力指标,原始数据见表 5.21.(数据来源于 2017 年《中国统计年鉴》《中国环境统计年鉴》)[其中一般工业废物(危险废物)处理量指该年产生的一般工业废物量(危险废物)已综合利用量与已处置量的和.]

表 **5.21** **2016** 年我国各地区日常生产生活废物处理能力

地区	一般工业废物处理率(%)	危险废物处理率(%)	生活垃圾无害处理率(%)	污水处理率(%)
北京	100.00	98.90	100.00	97.50
天津	100.00	99.67	94.50	92.60

续表

地区	一般工业废物处理率(%)	危险废物处理率(%)	生活垃圾无害处理率(%)	污水处理率(%)
河北	92.67	97.34	99.80	97.80
山西	82.79	98.43	99.80	92.60
内蒙古	65.45	96.17	99.80	95.60
辽宁	50.79	91.09	99.60	93.30
吉林	73.14	81.73	87.20	91.30
黑龙江	67.23	90.30	86.90	90.00
上海	99.88	98.27	100.00	94.50
江苏	98.58	88.53	100.00	95.30
浙江	98.73	93.62	100.00	95.00
安徽	95.33	96.41	100.00	97.30
福建	97.01	90.44	99.90	92.20
江西	43.76	93.40	100.00	95.40
山东	86.78	93.13	100.00	97.00
河南	89.77	88.72	99.70	96.90
湖北	67.65	98.51	100.00	94.60
湖南	86.54	95.80	100.00	95.50
广东	93.69	93.26	99.90	94.50
广西	69.33	93.29	100.00	94.00
海南	99.31	64.24	100.00	86.80
重庆	93.58	84.68	100.00	95.50
四川	51.75	94.30	99.30	91.50
贵州	86.34	96.70	96.10	94.80
云南	81.37	72.67	98.20	94.10
陕西	80.55	92.00	99.10	92.40
甘肃	68.52	70.88	99.80	94.90
青海	54.19	9.26	96.00	79.30
宁夏	79.74	93.55	99.30	95.30
新疆	62.08	73.01	91.40	89.30

1. SPSS 实现步骤

在 SPSS 数据窗口录入表 5.21 中的数据，然后选择“分析—分类”命令，“分类”命令下有两个常用的聚类分析命令：一是“K-均值聚类”；二是“系统聚类”. 此处选择“K-均值聚类”，打开相应的“K-均值聚类分析”对话框，如图 5.18 所示.

图 5.18　聚类分析对话框

然后将四个指标变量输入“变量”框中，将地区的变量选入“个案标注依据”框中，“聚类数”设置成“3”，如图 5.19 所示.

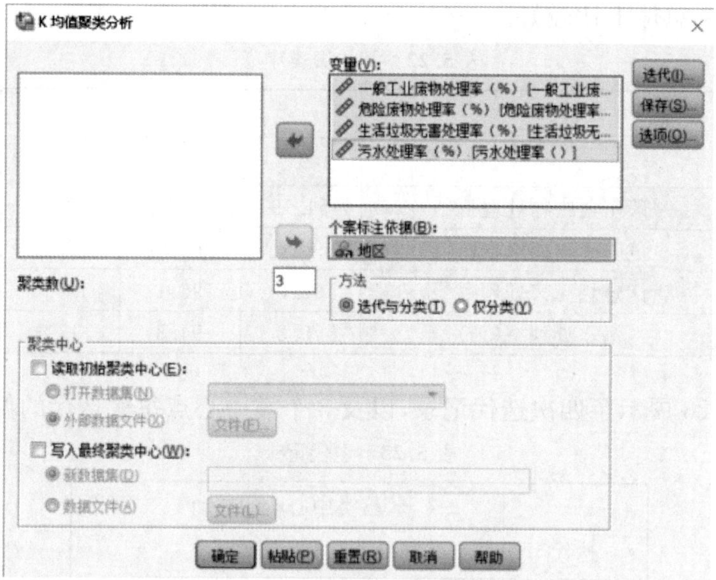

图 **5. 19**　变量选取

接着点击“K-均值聚类分析”对话框右侧的“选择”选项，可以根据实际情况选择输出“初始类中心、方差分析表和每个个案的聚类信息”，点击“保存”按钮可以选择保存“聚类成员、与聚类中心的距离”，如图 5.20 所示.

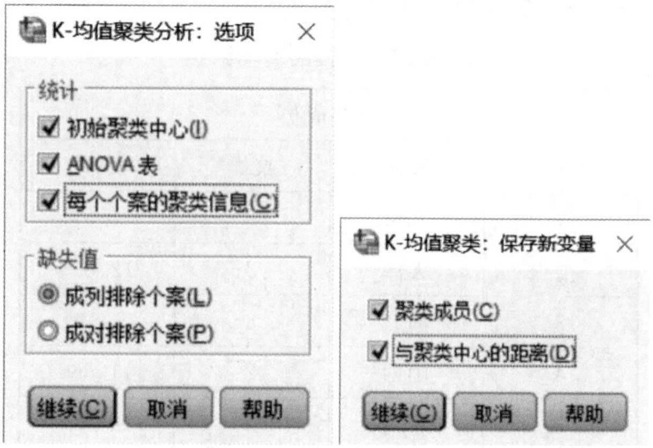

图 **5. 20**　变量选择

最后点击“确定”运行，就可以得到如下聚类结果.

2. 结果分析

输出结果中表 5.22 展示了 3 个类的初始聚类中心的情况，可以看出各类各项指标总体上比较好.

表 **5.22** 初始聚类中心

	聚类		
	1	2	3
一般工业废物处理率(%)	54.19	86.34	43.76
危险废物处理率(%)	9.26	96.70	93.40
生活垃圾无害处理率(%)	96.0	96.1	100.0
污水处理率(%)	79.3	94.8	95.4

表 5.23 展示了四次迭代记录，以及 3 个类中心点每次迭代的偏移情况.

表 **5.23** 迭代记录

迭代	聚类中心中的变动		
	1	2	3
1	.000	6.456	10.687
2	.000	3.641	7.623
3	.000	2.066	2.429
4	.000	.000	.000

表 5.24 展示了每个样品的聚类信息：

表 **5.24** 各样品聚类结果

聚类成员			
个案号	地区	聚类	距离
1	北京	2	11.571
2	天津	2	12.809
3	河北	2	6.840
4	山西	2	11.560
5	内蒙古	3	9.640
6	辽宁	3	11.970
7	吉林	3	15.969

续表

聚类成员			
个案号	地区	聚类	距离
8	黑龙江	3	11.445
9	上海	2	10.701
10	江苏	2	7.499
11	浙江	2	7.403
12	安徽	2	6.784
13	福建	2	5.924
14	江西	3	19.409
15	山东	2	5.802
16	河南	2	4.041
17	湖北	3	12.358
18	湖南	2	6.900
19	广东	2	2.791
20	广西	3	9.663
21	海南	2	29.260
22	重庆	2	7.054
23	四川	3	12.307
24	贵州	2	8.204
25	云南	2	21.421
26	陕西	2	11.403
27	甘肃	3	18.986
28	青海	1	.000
29	宁夏	2	12.192
30	新疆	3	16.475

表 5.25 和表 5.26 展示了最终聚成的 3 个类的中心位置，以及 3 个类中心之间的距离.

表 **5.25** 最终聚类中心

	聚类		
	1	2	3
一般工业废物处理率(%)	54.19	91.72	61.97
危险废物处理率(%)	9.26	91.39	88.27
生活垃圾无害处理率(%)	96.0	99.3	96.4
污水处理率(%)	79.3	94.6	93.0

表 **5.26** 各中心之间的距离

最终聚类中心之间的距离			
聚类	1	2	3
1		91.643	80.563
2	91.643		30.094
3	80.563	30.094	

表 5.27 为各类所包含的样品数，其中第 1 类包含 1 个地区，第 2 类包含 19 个地区，第 3 类包含 10 个地区.

表 **5.27** 各类所包含的样品数

每个聚类中的个案数目		
聚类	1	1.000
	2	19.000
	3	10.000
有效		30.000
缺失		1.000

本案例运用快速聚类法将 30 个省份大致分为了 3 类，结果为：第 1 类是青海；第 2 类包括北京、安徽、福建、广东、贵州、海南、河北、河南、湖南、江苏、宁夏、山东、山西、陕西、上海、天津、云南、浙江、重庆；第 3 类包括甘肃、广西、黑龙江、湖北、吉林、江西、辽宁、内蒙古、四川、新疆．可以发现第 1 类青海省除生活垃圾无害处理率之外，其余三种废物处理率均较低；第 2 类中各省份对四种生产生活产生废物处理能力均较高且比较均衡；第 3 类中各省份

对四种废物的处理能力相对较低且四种废物处理能力不均衡，如湖北省、辽宁省对一般固体废物处理率较其他省份较低，大部分废物需要贮存至第二年再进行综合利用与处置(工业固体废物贮存量指以综合利用或处置为目的，将固体废物暂时贮存或堆存在专设的贮存设施或专设的集中堆存场所内的数量). 同时可以发现，我国各地区生活垃圾无害化处理能力均较强，生活垃圾无害化处理率基本在95%以上.

第 6 章
主成分分析

6.1 引言

在实际问题研究中，为了更全面、准确地反映事物的特征及其发展规律，人们往往要考虑与其有关的多个指标(即变量). 如在评价英超球员综合能力时，要考虑出场、首发、射门、射正、进球、助攻、传球、过人、抢断、点球、拦截、解围、越位、犯规、红牌和黄牌次数、出场时间等；再如在评价某企业的经济效益时需要考虑固定资产利税率、资金利税率、销售收入利税率、资金利润率、流动资金周转天数、万元产值能耗、全员劳动生产率等指标. 这就产生了如下问题：一方面人们为了避免遗漏重要信息而考虑尽可能多的指标；另一方面指标的增多会增加问题的复杂性，同时由于各指标均是对同一事物的反映，不可避免地造成信息的大量重叠，这种信息的重叠有时甚至会抹杀事物的真正特征与内在规律.

基于上述问题，我们希望用少数几个变量代替原有数目庞大的变量，把重复的信息合并起来，既可以降低现有变量的维度，又不会丢失掉重要信息，这种处理数据的思想就称为降维. 经典降维方法包括主成分分析(principal component analysis，PCA) 和因子分析

(factor analysis). 本章主要介绍主成分分析方法,因子分析方法将在下一章介绍.

1846 年,Bracais 提出旋转多元正态椭球到“主坐标”上,使得新变量之间相互独立.英国生物统计学家皮尔逊(Pearson)(1901)最早提出了主成分的概念,霍特林(Hotelling)(1933)最早建立了主成分模型,标志着主成分分析方法走向成熟.主成分分析主要用于构造“综合指标”,以将原始数据最大限度地区分开.

6.2 主成分分析的基本原理

6.2.1 主成分分析的基本思想

主成分分析是利用降维的思想,在损失很少信息的前提下,把多个指标转化为少数几个综合指标的多元统计方法.在主成分分析中将转化生成的综合指标称为“主成分”.主成分与原始变量之间有如下基本假设:

(1)每个主成分是各原始变量的线性组合;

(2)主成分的数量少于原始变量的数量;

(3)主成分保留了原始变量的绝大多数信息;

(4)各主成分之间互不相关.

这样,只需要用少数几个主成分来研究复杂问题,既不丢掉原始数据主要信息,又容易抓住主要矛盾,避开变量之间的共线性问题,便于进一步分析,提高分析效率.

6.2.2 主成分分析的数学模型

设对某一实际问题的研究涉及 n 个样品,每个样品观测 p 个指标,分别用 $X_1, X_2, \cdots, X_p$ 表示,这 p 个指标构成一个 p 维随机向量,记为 $\boldsymbol{X}=(X_1, X_2, \cdots, X_p)'$. 设随机向量 $\boldsymbol{X}$ 的均值向量为 $\boldsymbol{\mu}$,协方差矩阵为 $\boldsymbol{\Sigma}$. 对 $\boldsymbol{X}$ 进行线性变换可以得到新的综合变量,用 $\boldsymbol{Y}=(Y_1, Y_2, \cdots, Y_p)'$ 表示,换言之,新的综合变量 $\boldsymbol{Y}$ 可以表示成 $\boldsymbol{X}$ 的线性组合,即

$$\begin{aligned} Y_1 &= a_{11}X_1 + a_{21}X_2 + \cdots + a_{p1}X_p = \boldsymbol{a}'_1\boldsymbol{X} \\ Y_2 &= a_{12}X_1 + a_{22}X_2 + \cdots + a_{p2}X_p = \boldsymbol{a}'_2\boldsymbol{X} \\ &\cdots\cdots \\ Y_p &= a_{1p}X_1 + a_{2p}X_2 + \cdots + a_{pp}X_p = \boldsymbol{a}'_p\boldsymbol{X} \end{aligned} \tag{6.1}$$

其中 $\boldsymbol{a}_j=(a_{1j},a_{2j},\cdots,a_{pj})'\quad j=1,2,\cdots,p$.
由式(6.1)可得

$$Var(Y_j)=Var(\boldsymbol{a}_j'\boldsymbol{X})=\boldsymbol{a}_j'\boldsymbol{\Sigma}\boldsymbol{a}_j \tag{6.2}$$

$$Cov(Y_j,Y_k)=Cov(\boldsymbol{a}_j'\boldsymbol{X},\boldsymbol{a}_k'\boldsymbol{X})=\boldsymbol{a}_j'\boldsymbol{\Sigma}\boldsymbol{a}_k \tag{6.3}$$

根据基本假设，任意两个不同的主成分不相关，即 $Cov(Y_j,Y_k)=0$，且要求式(6.2) 的方差尽可能的大.

$Y_j=\boldsymbol{a}_j'\boldsymbol{X}$，若对 $\boldsymbol{a}_j'$ 不加限制，对任意常数 c，有

$$Var(cY_j)=Var(c\boldsymbol{a}_j'\boldsymbol{X})=c^2\ \boldsymbol{a}_j'\boldsymbol{\Sigma}\boldsymbol{a}_j$$

则可使 $Var(cY_j)$ 任意大，问题将变得没有意义. 因此设定线性变换(6.1) 在如下约束原则下进行：

(1)$\boldsymbol{a}_j'\boldsymbol{a}_j=1\ (j=1,2,\cdots,p)$.

(2)Y_j 与 Y_k 不相关，即 $Cov(Y_j,Y_k)=0\ (j,k=1,2,\cdots,p;j\neq k)$.

(3)Y_1 是 $X_1,X_2,\cdots,X_p$ 的一切满足原则(1) 的所有线性组合中方差最大者；Y_2 是与 Y_1 不相关的 $X_1,X_2,\cdots,X_p$ 的所有线性组合中方差最大者……Y_p 是与 $Y_1,Y_2,\cdots,Y_{p-1}$ 都不相关的 $X_1,X_2,\cdots,X_p$ 的所有线性组合中方差最大者.

满足以上 3 个原则的 $X_1,X_2,\cdots,X_p$ 的线性组合 $Y_1,Y_2,\cdots,Y_p$ 分别称为原始变量的第一、第二……第 p 个主成分，主成分的方差依次递减，其重要性也依次递减，即

$$Var(Y_1)\geqslant Var(Y_2)\geqslant\cdots\geqslant Var(Y_p).$$

实际研究中通常只挑选前几个方差较大的主成分，从而达到降维、简化问题的目的.

6.2.3　主成分的几何意义

由 6.2.2 节知主成分分析的数学模型实际上是对原始变量做正交变换，在几何上就是做一个坐标变换，因此主成分分析在二维空间中有明显的几何意义. 设共有 n 个样品，每个样品测量了 2 个指标(X_1,X_2)，这 n 个样品点大致分布在一个椭圆内，如图 6.1 所示.

在坐标系 X_1OX_2 中，n 个样品点沿 X_1 方向和 X_2 方向都具有很大的离散性，离散程度可用 X_1,X_2 的方差测定. 若仅考虑 X_1,X_2 中的任何一个指标，都会造成较大的信息损失，因此直接舍弃某一个分量不是“降维”的有效

方法.

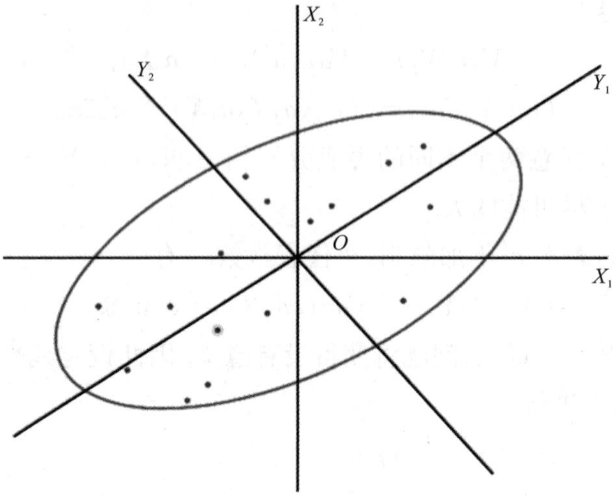

图 **6.1** 样品点分布图

仔细观察椭圆的长短轴会发现：在长轴方向上，数据的变化较大，而在短轴方向上，变化则较小. 若将坐标系 X_1OX_2 旋转某个角度 θ 变成新坐标系 Y_1OY_2，Y_1 轴是椭圆的长轴方向，Y_2 轴是椭圆的短轴方向，旋转变换公式为

$$\begin{cases} Y_1 = X_1\cos\theta + X_2\sin\theta \\ Y_2 = -X_1\sin\theta + X_2\cos\theta \end{cases}$$

新的综合变量 Y_1 和 Y_2 是原始变量 X_1 和 X_2 的线性组合，它的矩阵表示形式为

$$\begin{pmatrix} Y_1 \\ Y_2 \end{pmatrix} = \begin{pmatrix} \cos\theta & \sin\theta \\ -\sin\theta & \cos\theta \end{pmatrix} \begin{pmatrix} X_1 \\ X_2 \end{pmatrix} = \boldsymbol{A}'\boldsymbol{X}$$

其中 $\boldsymbol{A}' = \begin{pmatrix} \cos\theta & \sin\theta \\ -\sin\theta & \cos\theta \end{pmatrix}$ 为旋转变换矩阵，它是正交矩阵，即 $\boldsymbol{A}'\boldsymbol{A} = \boldsymbol{A}\boldsymbol{A}' = \boldsymbol{I}$.

显然，n 个样品点在新坐标系下的坐标 Y_1，Y_2 几乎不相关. n 个样品点在 Y_1 轴上的方差达到最大，即在此方向包含了有关 n 个样品的最大量信息，因此将样品点投射到 Y_1 轴 上，能使信息损失最小. 我们称 Y_1 为第一主成分，Y_2 为第二主成分.

6.3　主成分的求解

6.3.1　总体主成分

1. 从协方差矩阵出发求解主成分

根据主成分分析的约束原则，求第一主成分实际上就是求解如下优化问题：

$$\begin{cases}\max Var(Y_1)\\ s.t.\ \boldsymbol{a}_1'\boldsymbol{a}_1=1\end{cases}\tag{6.4}$$

根据拉格朗日极值法，先作拉格朗日函数：

$$L=\boldsymbol{a}_1'\boldsymbol{\Sigma}\boldsymbol{a}_1-\lambda(\boldsymbol{a}_1'\boldsymbol{a}_1-1)\tag{6.5}$$

其中 λ 是拉格朗日因子.

根据极值条件，有

$$\frac{\partial L}{\partial \boldsymbol{a}_1}=2\boldsymbol{\Sigma}\boldsymbol{a}_1-2\lambda\boldsymbol{a}_1=\boldsymbol{0}\tag{6.6}$$

从而有

$$\boldsymbol{\Sigma}\boldsymbol{a}_1=\lambda\boldsymbol{a}_1\text{ 或者}(\boldsymbol{\Sigma}-\lambda\boldsymbol{I})\boldsymbol{a}_1=\boldsymbol{0}\tag{6.7}$$

则 λ 为 $\boldsymbol{\Sigma}$ 的特征值，a_1 为对应于特征值 λ 的特征向量.

如果 $\boldsymbol{\Sigma}$ 满秩，则它有 p 个正的特征值，记最大的特征值为 λ_1，与其对应的特征向量为 $\boldsymbol{a}_1$，则第一主成分即为 $Y_1=\boldsymbol{a}_1'X$.

下面求第二主成分，由式(6.3)、式(6.7)知 $Cov(Y_2,Y_1)=\boldsymbol{a}_2'\boldsymbol{\Sigma}\boldsymbol{a}_1=\boldsymbol{a}_2'\lambda_1\boldsymbol{a}_1=\lambda_1\boldsymbol{a}_2'\boldsymbol{a}_1=0$，即 $\boldsymbol{a}_2'\boldsymbol{a}_1=0$.

则求第二主成分实际上就是求如下优化问题的解：

$$\begin{cases}\max Var(Y_2)\\ s.t.\ \boldsymbol{a}_2'\boldsymbol{a}_2=1,\boldsymbol{a}_2'\boldsymbol{a}_1=0\end{cases}\tag{6.8}$$

作拉格朗日函数：

$$L=\boldsymbol{a}_2'\boldsymbol{\Sigma}\boldsymbol{a}_2-\lambda(\boldsymbol{a}_2'\boldsymbol{a}_2-1)-\mu\boldsymbol{a}_2'\boldsymbol{a}_1\tag{6.9}$$

其中 λ 和 μ 是拉格朗日因子.

由极值条件，有

$$\frac{\partial L}{\partial \boldsymbol{a}_2}=2\boldsymbol{\Sigma}\boldsymbol{a}_2-2\lambda\boldsymbol{a}_2-\mu\boldsymbol{a}_1=\boldsymbol{0}\tag{6.10}$$

式(6.10)两端左乘 $\boldsymbol{a}_1'$，有

$$2\boldsymbol{a}'_1\boldsymbol{\Sigma}\boldsymbol{a}_2 - 2\lambda\boldsymbol{a}'_1\boldsymbol{a}_2 - \mu\,\boldsymbol{a}'_1\boldsymbol{a}_1 = 0$$

由约束原则

$$\boldsymbol{a}'_1\boldsymbol{a}_1 = 1, \boldsymbol{a}'_2\boldsymbol{a}_1 = \boldsymbol{a}'_1\boldsymbol{a}_2 = 0$$

则有

$$\mu = 0.$$

因此

$$2\boldsymbol{\Sigma}\boldsymbol{a}_2 - 2\lambda\boldsymbol{a}_2 = \boldsymbol{0},$$

即

$$(\boldsymbol{\Sigma} - \lambda\boldsymbol{I})\boldsymbol{a}_2 = \boldsymbol{0}$$

记 $\boldsymbol{\Sigma}$ 的第二大特征值为 λ_2，与其对应的特征向量为 $\boldsymbol{a}_2$，则第二主成分即为

$$Y_2 = \boldsymbol{a}'_2\boldsymbol{X}.$$

以此类推，可求出其他主成分.

结论：设 $\boldsymbol{X} = (X_1, X_2, \cdots, X_p)'$ 的协方差矩阵为 $\boldsymbol{\Sigma}$，其特征值为 $\lambda_1 \geqslant \lambda_2 \geqslant \cdots \geqslant \lambda_p \geqslant 0$，相应地，单位化的特征向量为 $\boldsymbol{a}_1, \boldsymbol{a}_2, \cdots, \boldsymbol{a}_p$，那么 $Y_1 = \boldsymbol{a}'_1\boldsymbol{X}$，$Y_2 = \boldsymbol{a}'_2\boldsymbol{X}, \cdots, Y_p = \boldsymbol{a}'_p\boldsymbol{X}$ 分别为原始变量 $\boldsymbol{X}$ 的第一主成分，第二主成分，…，第 p 主成分.

例 6.1 已知

$$\boldsymbol{X} = \begin{pmatrix} X_1 \\ X_2 \end{pmatrix} \sim N_2(\boldsymbol{0}, \boldsymbol{\Sigma}), \boldsymbol{\Sigma} = \begin{pmatrix} 1 & 4 \\ 4 & 100 \end{pmatrix},$$

求 $\boldsymbol{X}$ 的全部主成分.

解：(1) 求 $\boldsymbol{\Sigma}$ 的特征值

$$|\boldsymbol{\Sigma} - \lambda\boldsymbol{I}| = \begin{vmatrix} 1-\lambda & 4 \\ 4 & 100-\lambda \end{vmatrix} = (1-\lambda)(100-\lambda) - 16 = 0$$

解得 $\lambda_1 = 100.16, \lambda_2 = 0.8386$.

(2) 求特征值对应的单位特征向量 $\boldsymbol{a}_1, \boldsymbol{a}_2$

$$\boldsymbol{\Sigma}\boldsymbol{a}_1 = \lambda_1\boldsymbol{a}_1 \Rightarrow \boldsymbol{a}_1 = (0.0403, 0.9992)'$$

$$\boldsymbol{\Sigma}\boldsymbol{a}_2 = \lambda_2\boldsymbol{a}_2 \Rightarrow \boldsymbol{a}_2 = (-0.9992, 0.0403)'$$

(3) 所求第一主成分为：$Y_1 = \boldsymbol{a}'_1\boldsymbol{X} = 0.0403X_1 + 0.9992X_2$

第二主成分为：$Y_2 = \boldsymbol{a}'_2\boldsymbol{X} = -0.9992X_1 + 0.0403X_2$.

2. 主成分的性质

性质 6.1 $\boldsymbol{Y}$ 的协方差矩阵为对角阵 $\boldsymbol{\Lambda}$，且

$$\boldsymbol{\Lambda} = diag(\lambda_1, \lambda_2, \cdots, \lambda_p),$$

其中 $\lambda_1, \lambda_2, \cdots, \lambda_p$ 是协方差矩阵的特征值.

证明：

$$\begin{aligned} Cov(Y_i, Y_j) &= Cov(\boldsymbol{a}_i'\boldsymbol{X}, \boldsymbol{a}_j'\boldsymbol{X}) = \boldsymbol{a}_i' Cov(\boldsymbol{X}, \boldsymbol{X})\boldsymbol{a}_j \\ &= \boldsymbol{a}_i'\boldsymbol{\Sigma}\boldsymbol{a}_j = \boldsymbol{a}_i'\lambda_j\boldsymbol{a}_j = \lambda_j\boldsymbol{a}_i'\boldsymbol{a}_j = \lambda_j\,\delta_i^j = \begin{cases} \lambda_i, i = j \\ 0, i \neq j \end{cases} \end{aligned}$$

$$\therefore Var(\boldsymbol{Y}) = \Big(Cov(Y_i, Y_j)\Big) = \begin{pmatrix} \lambda_1 & & & \\ & \lambda_2 & & \\ & & \ddots & \\ & & & \lambda_p \end{pmatrix}$$

性质 6.2 主成分的总方差等于原始变量的总方差.

证明：$\sum_{i=1}^{p} Var(X_i) = \sum_{i=1}^{p} Cov(X_i, X_i) = \mathrm{tr}(\boldsymbol{\Sigma})$

由矩阵迹的性质知：矩阵的迹等于它所有特征值的和，则

$\mathrm{tr}(\boldsymbol{\Sigma}) = \sigma_{11} + \sigma_{22} + \cdots + \sigma_{pp}(\sigma_{ii} = Var(X_i))$，

即 $\boldsymbol{\Sigma}$ 的对角线元素 $= \lambda_1 + \lambda_2 + \cdots + \lambda_p$

又

$$\begin{aligned} \because Var(Y_i) &= Cov(\boldsymbol{a}_i'\boldsymbol{X}, \boldsymbol{a}_i'\boldsymbol{X}) = \boldsymbol{a}_i' Cov(\boldsymbol{X}, \boldsymbol{X})\boldsymbol{a}_i = \boldsymbol{a}_i'\boldsymbol{\Sigma}\boldsymbol{a}_i = \boldsymbol{a}_i'(\lambda_i\boldsymbol{a}_i) \\ &= \lambda_i\boldsymbol{a}_i'\boldsymbol{a}_i = \lambda_i, \end{aligned}$$

$$\therefore \sum_{i=1}^{p} Var(Y_i) = \lambda_1 + \lambda_2 + \cdots + \lambda_p = \sum_{i=1}^{p} Var(X_i)$$

定义 6.1 称 $\alpha_k = \dfrac{\lambda_k}{\lambda_1 + \lambda_2 + \cdots + \lambda_p}(k = 1, 2, \cdots, p)$ 为第 k 个主成分 Y_k 的方差贡献率，称 $\dfrac{\sum_{i=1}^{m}\lambda_i}{\sum_{i=1}^{p}\lambda_i}$ 为主成分 $Y_1, Y_2, \cdots, Y_m$ 的累计贡献率.

性质 6.3 主成分 Y_j 与原始变量 X_i 的相关系数为 $\rho(Y_j, X_i) = \dfrac{\sqrt{\lambda_j}}{\sqrt{\sigma_{ii}}}a_{ij}$.

证明:$Y_j = \boldsymbol{a}'_j\boldsymbol{X} = a_{1j}X_1 + a_{2j}X_2 + \cdots + a_{pj}X_p$，则 $Var(Y_j) = \lambda_j$, $Var(X_i) = \sigma_{ii}$

令 $\boldsymbol{e}_i = (0,\cdots,0,1,0,\cdots,0)'$, $\boldsymbol{e}_i$ 是第 i 个元素为 1 的单位向量，则$X_i = \boldsymbol{e}'_i\boldsymbol{X}$

$$Cov(Y_j, X_i) = Cov(\boldsymbol{a}'_j\boldsymbol{X}, \boldsymbol{e}'_i\boldsymbol{X}) = \boldsymbol{a}'_j\boldsymbol{\Sigma}\boldsymbol{e}_i = \boldsymbol{e}'_i\boldsymbol{\Sigma}\boldsymbol{a}_j = \lambda_j\boldsymbol{e}'_i\boldsymbol{a}_j = \lambda_j a_{ij}$$

故 $\rho(Y_j, X_i) = \dfrac{Cov(Y_j, X_i)}{\sqrt{Var(Y_j)}\sqrt{Var(X_i)}} = \dfrac{\lambda_j a_{ij}}{\sqrt{\lambda_j}\sqrt{\sigma_{ii}}} = \dfrac{\sqrt{\lambda_j}}{\sqrt{\sigma_{ii}}}a_{ij}$

性质 6.4 $\sum_{i=1}^{p}\rho^2(Y_j, X_i)\sigma_{ii} = \lambda_j$

证明:由性质 6.3 得

$$\sum_{i=1}^{p}\rho^2(Y_j, X_i)\sigma_{ii} = \sum_{i=1}^{p}\frac{\lambda_j}{\sigma_{ii}}a_{ij}^2\sigma_{ii} = \sum_{i=1}^{p}\lambda_j a_{ij}^2 = \lambda_j\sum_{i=1}^{p}a_{ij}^2 = \lambda_j$$

性质 6.5 $\sum_{j=1}^{p}\rho^2(Y_j, X_i) = 1$

证明:$Y_j = \boldsymbol{a}'_j\boldsymbol{X}$，令 $\boldsymbol{A} = (\boldsymbol{a}_1, \boldsymbol{a}_2, \cdots, \boldsymbol{a}_p)$，

则 $Y = \begin{pmatrix} Y_1 \\ Y_2 \\ \vdots \\ Y_p \end{pmatrix} = \begin{pmatrix} \boldsymbol{a}'_1\boldsymbol{X} \\ \boldsymbol{a}'_2\boldsymbol{X} \\ \vdots \\ \boldsymbol{a}'_p\boldsymbol{X} \end{pmatrix} = \begin{pmatrix} \boldsymbol{a}'_1 \\ \boldsymbol{a}'_2 \\ \vdots \\ \boldsymbol{a}'_p \end{pmatrix}\boldsymbol{X} = \boldsymbol{A}'\boldsymbol{X}.$

由于 $\boldsymbol{a}'_j\boldsymbol{a}_j = 1$，且 $\boldsymbol{a}'_j\boldsymbol{a}_i = 0$ $\therefore \boldsymbol{A}$ 是正交矩阵 $\therefore \boldsymbol{X} = \boldsymbol{A}\boldsymbol{Y}$

即

$$X_i = a_{i1}Y_1 + a_{i2}Y_2 + \cdots + a_{ip}Y_p,$$

故

$$\begin{aligned} Var(X_i) &= Cov(X_i, X_i) = \sigma_{ii} \\ &= Cov(a_{i1}Y_1 + a_{i2}Y_2 + \cdots + a_{ip}Y_p, a_{i1}Y_1 + a_{i2}Y_2 + \cdots + a_{ip}Y_p) \\ &= a_{i1}^2 Cov(Y_1, Y_1) + a_{i2}^2 Cov(Y_2, Y_2) + \cdots + a_{ip}^2 Cov(Y_p, Y_p) \\ &= \lambda_1 a_{i1}^2 + \lambda_2 a_{i2}^2 + \cdots + \lambda_p a_{ip}^2 \end{aligned}$$

由性质 6.3 知，

$$\rho(Y_j, X_i) = \frac{\sqrt{\lambda_j}}{\sqrt{\sigma_{ii}}}a_{ij},$$

$$\therefore \sum_{j=1}^{p}\rho^2(Y_j,X_i)=\sum_{j=1}^{p}\frac{\lambda_j a_{ij}^2}{\sigma_{ii}}=\frac{1}{\sigma_{ii}}\sum_{j=1}^{p}\lambda_j a_{ij}^2=1$$

注：根据复相关系数的定义，$\sum_{j=1}^{k}\rho^2(Y_j,X_i)=\rho_{i\cdot 1,2,\cdots,k}^2$ 即为 X_i 与 Y_1，Y_2，…，Y_k 的复相关系数的平方，表示 X_i 的方差由 $Y_1,Y_2,\cdots,Y_k$ 联合解释的能力.

定义 6.2　X_i 与前 k 个主成分 $Y_1,Y_2,\cdots,Y_k$ 的复相关系数平方和称为 $Y_1,Y_2,\cdots,Y_k$ 对原始变量 X_i 的方差贡献率. 前 k 个主成分对 X_i 的方差贡献率反映了提取的主成分解释原始变量的能力.

例 6.2　设 $\boldsymbol{X}=(X_1,X_2,X_3)'$ 的协方差矩阵为

$$\boldsymbol{\Sigma}=\begin{pmatrix}1 & 2 & 0\\ -2 & 5 & 0\\ 0 & 0 & 2\end{pmatrix}$$

Y_1,Y_2,Y_3 分别是 $\boldsymbol{X}=(X_1,X_2,X_3)'$ 的第一、第二、第三主成分. 试求各个主成分对每个原始变量的方差贡献率及主成分 (Y_1,Y_2) 对 X_1,X_2,X_3 的方差贡献率.

解：$\boldsymbol{\Sigma}$ 的特征值为

$$\lambda_1=5.83>\lambda_2=2.00>\lambda_3=0.17$$

相应的特征向量为

$$\boldsymbol{a}_1=\begin{pmatrix}0.383\\ -0.924\\ 0.000\end{pmatrix},\boldsymbol{a}_2=\begin{pmatrix}0\\ 0\\ 1\end{pmatrix},\boldsymbol{a}_3=\begin{pmatrix}0.924\\ 0.383\\ 0.000\end{pmatrix}$$

若取一个主成分，则其方差贡献率为 $\dfrac{\lambda_1}{\lambda_1+\lambda_2+\lambda_3}=72.875\%$. 主成分对每一个原始变量的方差贡献率见表 6.1.

表 **6.1**　主成分对每一个原始变量的方差贡献率

i	$\rho(Y_1,X_i)$	$\rho_{i\cdot 1}^2$	$\rho(Y_2,X_i)$	$\rho_{i\cdot 1,2}^2$
1	0.925	0.855	0.000	0.855
2	−0.998	0.996	0.000	0.996
3	0.000	0.000	1.000	1.000

表 6.1 中，Y_1 对 X_3 的方差贡献率为 0，如果仅取一个主成分，X_3 的信息

全部损失,故应再取 Y_2,此时,Y_1,Y_2 的累计贡献率为

$$\frac{5.83+2.00}{8}=97.875\%.$$

(Y_1,Y_2) 对 X_1,X_2,X_3 的方差贡献率分别为

$$\rho_{1\cdot1,2}^2=85.5\%,\rho_{2\cdot1,2}^2=99.6\%,\rho_{3\cdot1,2}^2=100\%.$$

3. 从相关系数矩阵出发求解主成分

从原始变量的协方差矩阵出发求解主成分存在如下两个问题:一是对同样的变量使用不同的单位,其主成分分析的结果往往不一样,甚至差异很大,这样作出的分析通常没有意义;二是各变量方差的差异较大(实际应用中常表现为各变量数据间的数值大小相差较大),以致主成分分析的结果受方差大的变量影响较大,方差较小的变量几乎被忽略了.鉴于这两种情形,我们常常将各原始变量标准化,然后从标准化变量的协方差矩阵(即原始变量的相关系数矩阵)出发求解主成分.

将原始变量 $X_1,X_2,\cdots,X_p$ 进行 Z 标准化,即

$$Z_i=\frac{X_i-E(X_i)}{\sqrt{Var(X_i)}},i=1,2,\cdots,p.$$

随机向量 $\boldsymbol{Z}=(Z_1,Z_2,\cdots,Z_p)'$ 的协方差矩阵即为原始变量 $\boldsymbol{X}=(X_1,X_2,\cdots,X_p)'$ 的相关系数矩阵 $\rho=(\rho(X_i,X_j))_{p\times p}$. 从相关系数矩阵出发求解主成分的步骤与从协方差矩阵 $\boldsymbol{\Sigma}$ 出发求解主成分的步骤完全类似,这里就不再一一赘述了.

例 6.3 设 $\boldsymbol{X}=(X_1,X_2,\cdots,X_3)'$ 的协方差矩阵为

$$\boldsymbol{\Sigma}=\begin{pmatrix}16&2&30\\2&1&4\\30&4&100\end{pmatrix},$$

请分别从 $\boldsymbol{X}$ 的协方差矩阵与相关系数矩阵出发求解主成分.

解:(1) 从协方差矩阵 $\boldsymbol{\Sigma}$ 出发求解

$\boldsymbol{\Sigma}$ 的特征值及单位特征向量分别为

$$\lambda_1=109.793,\lambda_2=6.469,\lambda_3=0.738$$

$$\boldsymbol{a}_1=\begin{pmatrix}0.305\\0.041\\0.951\end{pmatrix},\boldsymbol{a}_2=\begin{pmatrix}0.944\\0.120\\-0.308\end{pmatrix},\boldsymbol{a}_3=\begin{pmatrix}-0.127\\0.992\\-0.002\end{pmatrix}$$

相应的主成分分别为 $Y_1=0.305X_1+0.041X_2+0.951X_3$

$Y_2=0.944X_1+0.120X_2-0.308X_3$

$Y_3=-0.127X_1+0.992X_2-0.002X_3$

Y_1 的方差贡献率为 $\dfrac{\lambda_1}{\lambda_1+\lambda_2+\lambda_3}=\dfrac{109.793}{117}\approx 0.938.$

(2) 从相关系数矩阵 $\boldsymbol{\rho}$ 出发求解

$$\boldsymbol{\rho}=(\rho(X_i,Y_j))=\begin{pmatrix}1.0 & 0.50 & 0.75\\ 0.50 & 1.00 & 0.40\\ 0.75 & 0.40 & 1.00\end{pmatrix}$$

$\boldsymbol{\rho}$ 的特征值及特征向量分别为

$$\lambda_1^*=2.114,\lambda_2^*=0.646,\lambda_3^*=0.240$$

$$\boldsymbol{a}_1^*=\begin{pmatrix}0.627\\ 0.497\\ 0.600\end{pmatrix},\boldsymbol{a}_2^*=\begin{pmatrix}-0.241\\ 0.856\\ -0.457\end{pmatrix},\boldsymbol{a}_3^*=\begin{pmatrix}-0.741\\ 0.142\\ 0.656\end{pmatrix}$$

主成分为：$Y_1^*=0.627Z_1+0.497Z_2+0.600Z_3$

$Y_2^*=-0.241Z_1+0.856Z_2-0.457Z_3$

$Y_3^*=-0.741Z_1+0.142Z_2+0.656Z_3$

其中 Z_1,Z_2,Z_3 分别是 X_1,X_2,X_3 的标准化随机变量.

Y_1^* 的方差贡献率为 $\dfrac{\lambda_1^*}{\lambda_1^*+\lambda_2^*+\lambda_3^*}=\dfrac{2.114}{3}=0.705.$

比较从 $\boldsymbol{\Sigma}$ 出发和从 $\boldsymbol{\rho}$ 出发主成分求解结果：从 $\boldsymbol{\rho}$ 出发的第一主成分 Y_1^* 的方差贡献率为 0.705 明显小于从 $\boldsymbol{\Sigma}$ 出发的 Y_1 的方差贡献率. 事实上，原始变量方差之间的差异越大，这一点往往越明显.

一般而言，对于度量单位不同的指标或取值范围彼此差异非常大的指标，不直接从协方差矩阵出发进行主成分分析，而是考虑将数据标准化，如在对上市公司的财务状况进行分析时，常常会涉及利润总额、市盈率、每股净利润率等指标，其中利润总额取值常常从几十万元到上百万元，而每股净利润在 1 以下，不同指标取值范围相差很大，这时若直接从协方差矩阵入手进行主成分分析，利润总额将明显起支配作用，而其他指标将很难在主成分中体现出来，此时应考虑对数据标准化处理.

但是对原始数据标准化处理后倾向于各个指标的作用在主成分的构成

中相等,这就抹杀了原始变量在离散程度上的差异,标准化后各变量方差相等,均为 1 ,然而实际上方差也是对数据信息的重要描述. 由此看来,对同度量或取值范围在同量级的数据,还是直接从协方差矩阵出发求解主成分为宜. 至于从相关系数矩阵出发还是从协方差矩阵出发求解主成分,目前还没有定论,要具体情况具体分析.

6.3.2 样本主成分

由前面的讨论可知,我们可以从协方差矩阵$\boldsymbol{\Sigma}$或相关系数矩阵$\boldsymbol{\rho}$出发求解主成分. 但在实际问题中$\boldsymbol{\Sigma}$与$\boldsymbol{\rho}$一般都是未知的,需要通过样本进行估计.

设有 n 个样品,每个样品有 p 个观测指标,设 $\boldsymbol{x}_i = (x_{i1}, x_{i2}, \cdots, x_{ip})'$,则样本数据可表示为

$$\boldsymbol{X} = \begin{pmatrix} x_{11} & \cdots & x_{1p} \\ x_{21} & \cdots & x_{2p} \\ \vdots & \vdots\ \vdots\ \vdots & \vdots \\ x_{n1} & \cdots & x_{np} \end{pmatrix} = (\boldsymbol{x}_1, \boldsymbol{x}_2, \cdots, \boldsymbol{x}_n)'$$

则总体协方差矩阵$\boldsymbol{\Sigma}$和相关系数矩阵$\boldsymbol{\rho}$可以分别用样本协方差矩阵$\boldsymbol{S}$和样本相关系数矩阵$\boldsymbol{R}$来估计.

$$\hat{\boldsymbol{\Sigma}} = \boldsymbol{S} = (s_{ij})_{p\times p} = \frac{1}{n-1}\sum_{k=1}^{n}(\boldsymbol{X}_k - \overline{\boldsymbol{X}})(\boldsymbol{X}_k - \overline{\boldsymbol{X}})'$$

$$\hat{\boldsymbol{\rho}} = \boldsymbol{R} = (r_{ij})_{p\times p}, r_{ij} = \frac{s_{ij}}{\sqrt{s_{ii}}\ \sqrt{s_{jj}}}$$

其中 $s_{ij} = \frac{1}{n-1}\sum_{k=1}^{n}(x_{ki} - \overline{X}_i)(x_{kj} - \overline{X}_j), \overline{X}_i = \frac{1}{n}\sum_{k=1}^{n}x_{ki}$.

以$\boldsymbol{S}$代替$\boldsymbol{\Sigma}$或以$\boldsymbol{R}$代替$\boldsymbol{\rho}$,按照总体主成分求解方法即可求出样本主成分. 事实上,利用样本数据求解主成分的过程就是求样本协方差矩阵或样本相关系数矩阵的特征根和特征向量的过程.

6.4 主成分个数的选取

主成分分析希望能用尽可能少的主成分包含原始变量尽可能多的信息,一般情况下主成分的个数应该小于原始变量的个数. 主成分个数的确定一般有如下几种方法.

(1)百分比截点法:使用足够多的主成分来反映一定百分比的总方差. 主成

分的累计贡献率反映了被主成分解释的方差占原始指标总方差的百分比. 一般要求累计贡献率 $\dfrac{\sum_{i=1}^{m}\lambda_i}{\sum_{i=1}^{p}\lambda_i} \geqslant 80\%$,根据这个条件来确定主成分的个数 m.

(2) 平均截点法:求出所有特征值的平均值 $\bar{\lambda} = \dfrac{1}{p}\sum_{i=1}^{p}\lambda_i$,选取特征值大于平均特征值的主成分. 特别地,如果是从相关系数矩阵出发求解主成分,特征值的平均值为 1,则选择特征值大于 1 的主成分. 平均截点法使用最广,是很多统计软件包的默认准则.

(3) 碎石图法:将主成分按照其方差(即 $\boldsymbol{\Sigma}$ 的特征值)从大到小的顺序排列,以各个主成分的序号为横轴,以各个主成分的方差为纵轴绘制曲线图,即碎石图(图 6.2). 观察曲线的"肘部",即由其开始,曲线下降的趋势开始趋于平缓,保留"肘部"以上的主成分即可.

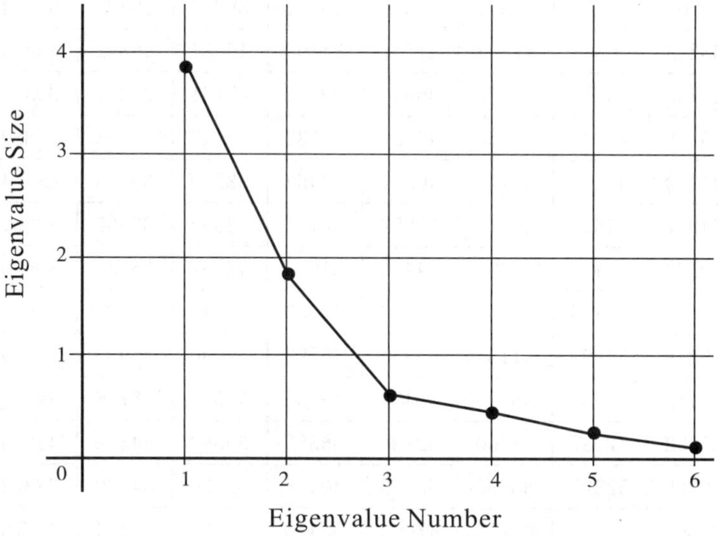

图 **6.2** 碎石图

观察图 6.2,从第三个主成分开始特征值变化的趋势变得平稳,所以选取前三个主成分是比较合适的. 采用这种方法确定的主成分个数与按累计贡献率确定的主成分个数往往是一致的.

6.5 实际案例分析

案例 6.1 为了掌握我国各地区主要行业的城镇私营单位就业人员平均工资水平，选取 2018 年我国 30 个省、自治区、直辖市（由于西藏部分数据缺失，不予考虑）9 个行业城镇私营单位就业人员平均工资数据（数据来源于 2019 年《中国统计年鉴》）见表 6.2. 下面用主成分分析方法处理该数据，希望用较少的变量描述这些行业各地区就业人员的工资水平. 其中这 9 个行业分别为 X_1：农、林、牧、渔业；X_2：制造业；X_3：电力、热力、燃气及水生产和供应业；X_4：建筑业；X_5：住宿和餐饮业；X_6：金融业；X_7：房地产业；X_8：教育业；X_9：文化、体育和娱乐业.

表 **6.2** **2018** 年 **30** 个省、自治区、直辖市 **9** 大行业城镇私营单位就业人员平均工资数据

地区	X_1	X_2	X_3	X_4	X_5	X_6	X_7	X_8	X_9
北京	43879	71612	64970	60527	51289	178822	90586	81359	70601
天津	39708	65203	61804	52389	48171	84834	59620	62304	58991
河北	33259	40363	47883	41751	34196	45684	40842	42262	36965
山西	25468	36347	34889	36653	29778	47131	34381	30342	27389
内蒙古	35748	43533	47068	40894	37332	41017	36396	38889	35832
辽宁	31113	37200	38117	40911	33465	38259	39906	38154	34072
吉林	24087	34850	29375	37852	32101	42562	33560	39201	30818
黑龙江	30123	34405	32493	34426	31009	43467	36683	32520	29379
上海	35481	53476	47540	53306	46030	75916	53133	56617	58022
江苏	39849	54899	51184	55353	46793	57090	45953	49419	51389
浙江	46465	50886	58523	52474	43738	95588	58776	49605	49722
安徽	31652	47537	41550	52739	35582	39863	44562	41575	36344
福建	40488	52325	38695	55760	40428	58436	54779	38302	38296
江西	29800	45036	41283	47000	35470	47932	50484	42875	41298
山东	50724	55736	61642	58444	47908	59989	52889	53243	52010
河南	29889	39704	38131	43665	34371	39414	43995	39035	34377
湖北	29164	40146	38205	43816	36283	47732	46880	38048	34307
湖南	34049	39694	38164	45382	30993	55415	46389	43399	33523
广东	40548	55393	41696	58738	43084	45267	62525	52559	61534
广西	33700	41201	40541	39776	33157	47627	45846	33871	32223

续表

地区	X_1	X_2	X_3	X_4	X_5	X_6	X_7	X_8	X_9
海南	39147	42279	31674	43018	41192	44074	76908	33845	47000
重庆	40825	54735	52970	54612	40152	78604	56222	50118	49472
四川	35287	43694	44846	44627	36778	46921	46827	43570	40273
贵州	30113	43706	53702	45111	36795	60731	52743	43135	35720
云南	41797	45509	39138	40204	38449	36435	45790	46142	34313
陕西	29498	40982	43750	41532	32302	46532	43642	38915	34424
甘肃	32273	39645	43186	38152	38111	45113	44128	44615	34905
青海	28831	38625	49591	40529	32990	29454	29670	41935	43044
宁夏	32661	44872	48425	44869	34113	43400	39663	35089	35359
新疆	34594	43875	51917	45567	37816	51368	41939	38608	41101

1. SPSS 实现步骤

SPSS 软件中主成分分析与因子分析均在因子分析模块中完成. 因此，在 SPSS 数据表中录入上面的数据后，依次点击“分析—降维—因子”进入“因子分析”对话框，如图 6.3 所示，然后将左边的 9 个变量全部选入变量框中.

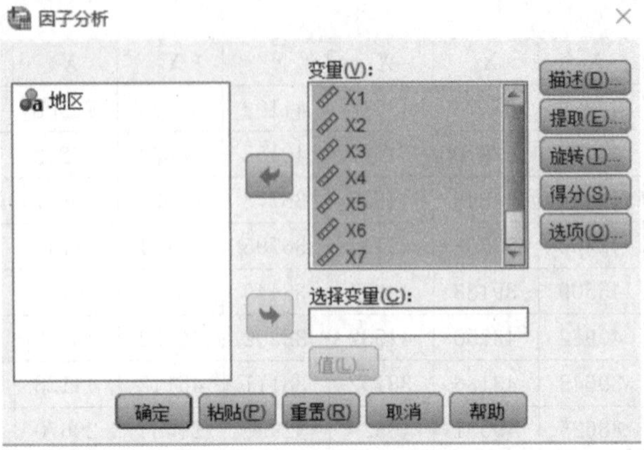

图 **6.3** 因子分析对话框

接着点击“因子分析”对话框右侧的“提取”按钮，打开相应对话框，其中“方法”选择系统默认选项“主成分”，“分析”部分可以选择是从“相关性矩阵”还是从“协方差矩阵”出发求解主成分，默认是从“相关性矩阵”出发. 本例中各变量的量纲差别不大，为了保留各变量自身的变异信息，选择从“协方差矩阵”出发求解主成分. “显示”部分可以选择输出“未旋转因子解”和“碎石图”. “提取”部分是选择提取主成分个数的依据：选项“特征根”表示提取大于所有特征根平均值的特征根对应的主成分；如果是从相关系数矩阵出发求解主成分，所有特征值平均值为 1，即选取对应特征值大于 1 的主成分. 选项“因子的固定数目”，表示可以直接指定要选取的主成分数，如图 6.4 所示.

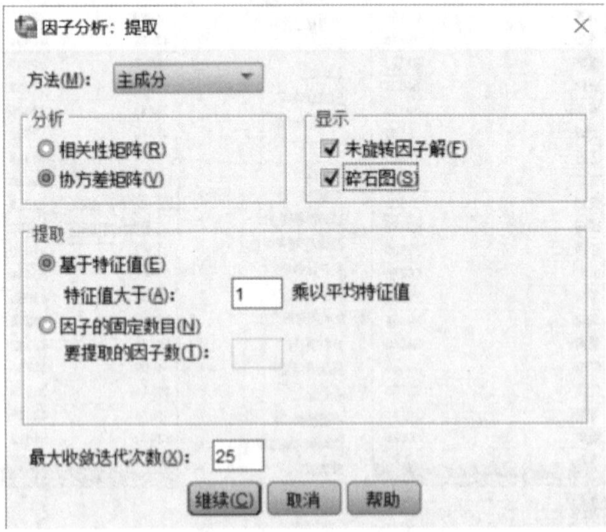

图 **6.4** 提取子对话框

最后点击确定运行，即完成了主成分分析.

2. 结果分析

表 6.3 给出了各原始变量的信息损失程度和该次分析提取前 m 个主成分从每个原始变量中提取的信息. 表中“原始”所对应的两列分别表示各原始变量的方差和主成分所提取的方差；“重新标度”所对应的两列分别表示将各变量的方差转化为 1（除以自身方差）后主成分解释的方差占比. 例如对 X_1 的方差贡献率为 $\frac{15803855.47}{38637535.61}=0.409$. 从表中可以看到变量 X_6 有94.5%的信息被主成分提取，是损失信息最少的变量；而变量 X_1 只有40.9%的信息被主成分提取，损失信息 59.1%，是信息损失最大的变量.

表 **6.3**　共同度

	原始		重新标度	
	初始	提取	初始	提取
X_1	38637535.609	15803885.471	1.000	.409
X_2	77257007.697	60114862.006	1.000	.778
X_3	83491221.007	43314792.240	1.000	.519
X_4	52737182.369	28631935.780	1.000	.543
X_5	33208377.844	21701010.872	1.000	.653
X_6	760448307.151	718930215.061	1.000	.945
X_7	158347672.852	108136091.902	1.000	.683
X_8	103509246.585	84478867.640	1.000	.816
X_9	112899357.426	79322923.014	1.000	.703

表 6.4 给出了主成分解释原始变量总方差的情况. 此处，根据 SPSS 默认的“保留大于特征根均值的特征根”的标准，本例仅提取了 1 个特征根，为 1160434584，它是第一主成分的方差，这一个主成分保留了原始变量81.7%的信息，即第一主成分的方差贡献率为 81.7%，亦即保留的特征根占所有特征根的和的比值，由此可见第一主成分解释原始变量总差异的效果比较好. 对应的重新标度部分所显示的是该主成分对原始各变量方差贡献率（见表 6.3 最后一列）的和，即 $0.409+0.778+0.519+0.543+0.653+0.945+0.683+0.816+0.703=6.049$，以及该主成分占所有主成分对原始变量方差贡献率总和（等于 9）的比值为 $6.049/9\approx0.672$.

表 6.5 给出了可以计算主成分关于原始变量的线性表达式的系数向量

（在因子分析中被称为因子载荷矩阵）.

表 **6.4**　特征值与方差贡献率

		初始特征值[a]			提取载荷平方和		
	成分	总计	方差百分比	累积 %	总计	方差百分比	累积%
原始	1	1160434583.987	81.690	81.690	1160434583.987	81.690	81.690
	2	122749949.346	8.641	90.331			
	3	70933655.842	4.993	95.324			
	4	24624893.752	1.733	97.058			
	5	15684004.890	1.104	98.162			
	6	10972342.001	.772	98.934			
	7	7946797.425	.559	99.494			
	8	4678388.000	.329	99.823			
	9	2511293.297	.177	100.000			
重新标度	1	1160434583.987	81.690	81.690	6.049	67.215	67.215
	2	122749949.346	8.641	90.331			
	3	70933655.842	4.993	95.324			
	4	24624893.752	1.733	97.058			
	5	15684004.890	1.104	98.162			
	6	10972342.001	.772	98.934			
	7	7946797.425	.559	99.494			
	8	4678388.000	.329	99.823			
	9	2511293.297	.177	100.000			

表 **6.5**　因子载荷

成分矩阵[a]		
	原始	重新标度
	成分	成分
	1	1
X_1	3975.410	.640
X_2	7753.377	.882
X_3	6581.397	.720
X_4	5350.882	.737
X_5	4658.434	.808
X_6	26812.874	.972
X_7	10398.851	.826
X_8	9191.239	.903
X_9	8906.342	.838

上述结果是从协方差矩阵出发计算主成分得到的，如果选择从相关系数矩阵出发，所有输出结果中会没有重新标度部分，在后续例题中将会看到. 另外，除了按默认设置保留主成分外，我们也可以自主设定合适的主成分的个数. 在实际进行主成分分析时，可以先按照默认设置做一次主成分分析，然后根据特征根碎石图确定应保留主成分的个数，再重新做分析. 对于本例，从碎石图(图 6.5)可以看出，碎石图的“肘部”位于第二个主成分的位置，说明选择保留主成分的个数为 2 或 3 也是合适的.

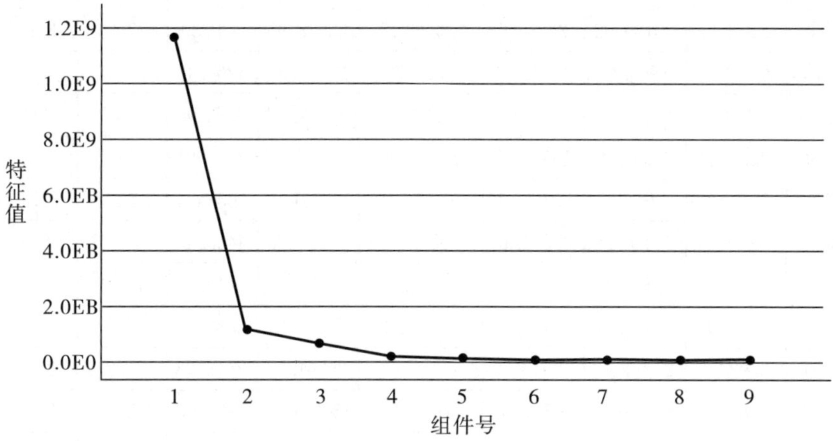

图 **6. 5**　碎石图

案例 6. 2　在工业企业经济效益的评价中，涉及的指标往往较多. 为了简化数据结构，抓住经济效益评价中的主要方面，我们可由原始数据提取少数主成分，运用主成分分析对各省域的工业企业经济效益进行综合评价. 本例选取工业销售产值、资产总计、负债合计、所有者权益合计、主营业务收入、利润总额、投资收益、平均用工人数等 8 个指标表征各省域工业企业的经济效益. 原始数据见表 6.6(数据来源于国家统计局网站)，其中，前 7 项指标的单位是亿元，最后一项指标的单位是万人.

表 **6.6 2016** 年分地区规模以上工业企业主要经济指标

地区	工业销售产值 X_1	资产总计 X_2	负债合计 X_3	所有者权益合计 X_4	主营业务收入 X_5	利润总额 X_6	投资收益 X_7	平均用工人数 X_8
北京	17837.5	43093.68	19798.13	23272.45	19746.96	1608.26	635.55	104.45
天津	26654.45	25075.09	15385.02	10095.2	25888.2	2046.69	−6.52	146.98
河北	46906.78	44562.88	24449.56	19977.44	47318.6	2815.11	−229.49	367.32
山西	12757.28	33621.95	25579.36	8041.22	14226.45	294.78	92.52	190.72
内蒙古	19884.38	30900.83	19445.75	11370.2	20056.67	1344.41	29.95	120.71
辽宁	21035.9	36106.92	23272.9	12286.17	22038.95	575.39	77.04	228.05
吉林	23412.38	8969.47	9932.67	9022.79	23431.37	1268.49	95.45	143.47
黑龙江	11103.56	14951.92	8399.97	6542.24	11347.77	295.54	7.67	117.4
上海	31056.8	39838.24	19588.27	20004.96	34315.15	2913.91	604.7	215.34
江苏	155820.09	114536.32	59466.56	54939.31	156591.04	10574.4	215.01	1111.84
浙江	66628.47	69468.91	38304.18	30863.45	65453.88	4469.42	326.89	690.3
安徽	42329.72	33563.37	19039.87	14403.25	42190.46	2242.26	45.46	330.49
福建	43309.15	32081.3	16779.94	15169.6	42537.24	2889.26	40.51	421.66
江西	32928.8	21811.92	10549.25	11192.47	35961.32	2443.93	31.24	269.13
山东	148872.26	105046.32	56837.87	47850.6	150641.21	8820.02	189.58	905.76
河南	79404.82	60454.73	28805.88	31347.06	79657.15	5240.61	87.93	724.19
湖北	47295.43	37942.33	20355.9	17502.7	45850.64	2713.46	185.24	343.86
湖南	39319.29	25518.07	13343.81	12171.52	39134.64	2028.59	16.73	336.31
广东	129840.69	105604.17	59318.72	45694.31	129151.31	8383.04	463.62	1435.86
广西	23406.97	16023.46	9825.4	6185.34	22231.3	1393.35	−163.42	174.62
海南	1765.1	2764.18	1538.21	1225.97	1668.92	101.87	10.52	10.87
重庆	23497.42	20214.63	12374.58	7709.01	23467.03	1648.36	56.99	194.95
四川	42103.39	41514.58	24234.79	17167.51	41529.25	2339.82	−56.51	338.15
贵州	11550.45	14319.98	9074.84	5238.94	11172.44	847.02	18.63	103.41
云南	10080.39	19474.18	12431.16	7031.04	10149.03	334.98	66.62	90.18
西藏	163.73	1110.65	550.52	554.21	171.82	16.94	0.56	2
陕西	21788.47	30828.91	17380.7	13368.89	21027.9	1589	70.87	175.01
甘肃	6527.42	12263.36	8076.14	4187.87	7850.29	72.68	−46.23	59.71
青海	2663.51	6143.77	4203.12	1937.98	2244.47	80.02	1.95	20.13
宁夏	3899.68	8521.18	5773.39	2745.6	3646.1	143.23	5.53	31.12
新疆	8105.79	19538.65	12525.08	7005.82	8300.96	386.59	32.02	71.57

1. SPSS 实现步骤

将表 6.6 中的数据录入 SPSS 数据表,依次点选“分析—降维—因子”,进入“因子分析”对话框,如图 6.6 所示.

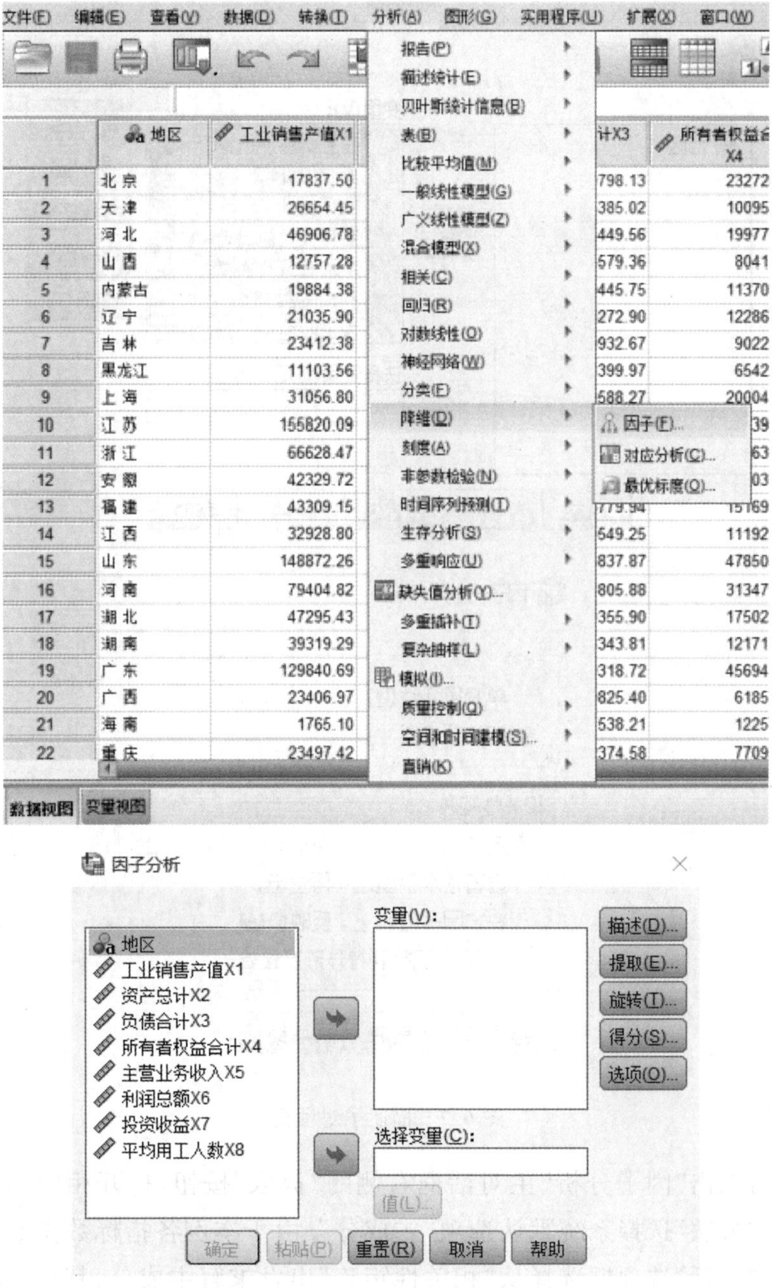

图 **6.6**　因子分析对话框

将 8 个指标变量选入“变量”框中，然后点击右侧的“描述”按钮，在弹出的对话框(图 6.7)中，在“相关性矩阵”中选择“系数”. 点击“继续”回到“因子分析”主对话框.

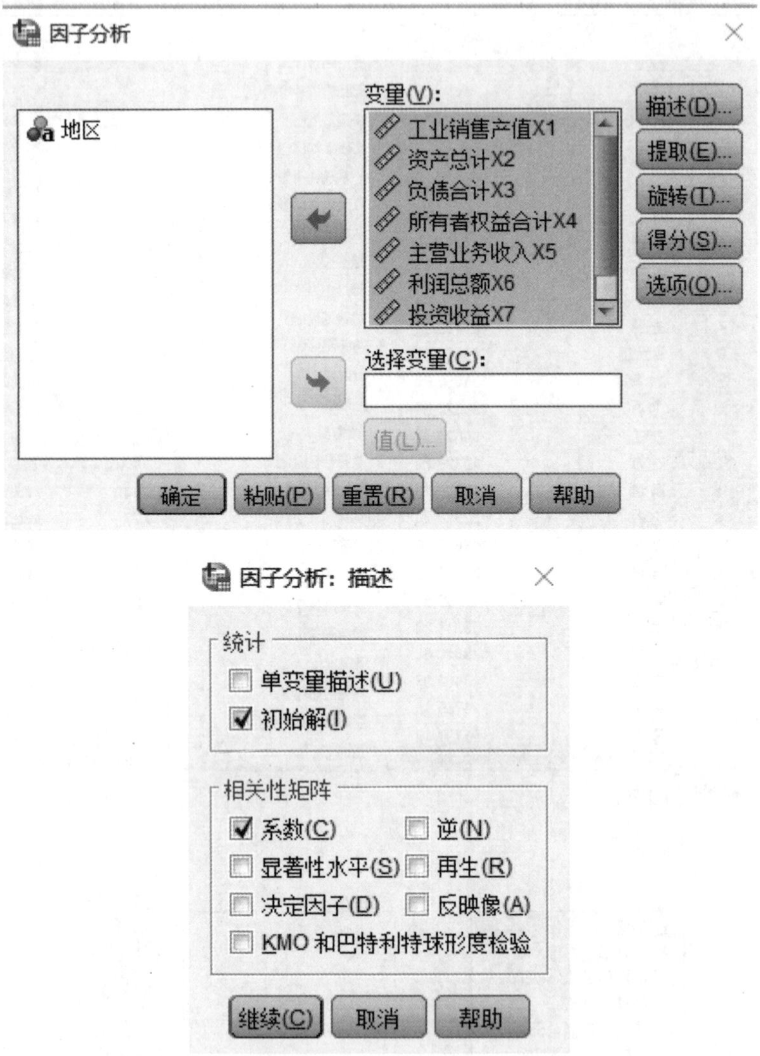

图 **6.7**　描述子对话框

接着点击“因子分析”主对话框右侧的“提取”按钮，打开相应的子对话框，其中“方法”选择系统默认选项“主成分”. 由于本例各指标数据数量级差别很大，“分析”选项框选择从“相关性矩阵”出发求解主成分，其余选项同案例 6.1,最后点击“确定”,即完成主成分分析.

2. 结果分析

表 6.7 是样本相关系数矩阵,可以看到 8 个变量之间存在较强的相关关系,适合进行主成分分析.

表 **6.7** 样本相关系数矩阵

相关系数矩阵									
		X_1	X_2	X_3	X_4	X_5	X_6	X_7	X_8
相关性	X_1	1.000	.958	.936	.962	1.000	.990	.345	.952
	X_2	.958	1.000	.991	.988	.959	.954	.492	.937
	X_3	.936	.991	1.000	.959	.937	.923	.455	.928
	X_4	.962	.988	.959	1.000	.964	.969	.520	.927
	X_5	1.000	.959	.937	.964	1.000	.990	.354	.949
	X_6	.990	.954	.923	.969	.990	1.000	.405	.945
	X_7	.345	.492	.455	.520	.354	.405	1.000	.385
	X_8	.952	.937	.928	.927	.949	.945	.385	1.000

表 **6.8** 特征值与方差贡献率

总方差解释						
成分	初始特征值			提取载荷平方和		
	总计	方差百分比	累积/%	总计	方差百分比	累积/%
1	6.958	86.981	86.981	6.958	86.981	86.981
2	.828	10.349	97.330			
3	.109	1.362	98.692			
4	.079	.986	99.678			
5	.018	.224	99.902			
6	.008	.094	99.996			
7	.000	.003	100.000			
8	9.390$E-6$	.000	100.000			

提取方法:主成分分析法.

表 6.8 给出了相关系数矩阵的特征根及对应主成分的方差贡献率和累计贡献率.本例保留了大于 1 的特征根,可看到仅提取了 1 个主成分,其方差

贡献率为86.981%,说明该第一主成分基本上提取了原始变量的大部分信息.这样由分析原来的8个变量转化为仅需分析1个综合变量,极大地起到了降维的作用.

表6.9 变量共同度

公因子方差		
	初始	提取
X_1	1.000	.963
X_2	1.000	.981
X_3	1.000	.944
X_4	1.000	.980
X_5	1.000	.965
X_6	1.000	.964
X_7	1.000	.237
X_8	1.000	.925

提取方法:主成分分析法.

表6.9是各原始变量的共同度.可以看出除了第7个变量,其余变量的共同度都在90%以上,说明提取一个主成分是合适的,原始变量的信息损失不大.

主成分分析的关键在于能否对主成分赋予新的意义,并给出合理的解释,这个解释应根据主成分的计算结果结合定性分析来进行.主成分是原始变量的线性组合,在这个组合中各变量的系数有大有小,有正有负,有的大小相当,因而不能简单地认为这个主成分就是某个原始变量的属性.线性组合中某变量的系数的绝对值大表明该主成分主要综合了该变量的信息,如果有几个变量的系数大小相当,则应认为这一主成分是这几个变量的综合,这几个变量综合在一起具有怎样的经济意义,要结合经济专业知识,给出恰如其分的解释,才能达到深刻分析经济成因的目的.

本例中有8个指标,这8个指标有很强的依赖性,通过主成分计算后,选择了1个主成分.该主成分的线性组合表达式中除了投资收益 X_7 的系数相对较小外,其余变量的系数大小相当,因此第一主成分可看成 $X_1,X_2,X_3,X_4,X_5,X_6,X_8$ 的综合变量.可以理解为第一主成分反映了工业企业的整体规模和工业生产的收益，主要体现了工业企业的投入和产出.我国目前的工业企业中，经济效益首先反映在投入与产出之比上，其中固定资产所产生的经济效益更大一些.

通常为了分析各样品在主成分上所反映的经济意义方面的情况，还需将原始数据代入主成分表达式计算出各样品的主成分得分，根据各样品的主成分得分就可以对样品进行大致分类或者排序.关于用样品主成分得分进行排序的问题，目前常用的方法是以每个主成分 Y_k 的方差贡献率 α_k 为权数，对主成分 $Y_1, Y_2, \cdots, Y_m$ 进行线性组合，构造一个综合评价函数 $F=\alpha_1 Y_1+\alpha_2 Y_2+\cdots+\alpha_m Y_m$，依据计算出的各样品 F 值大小并进行排序或分类划级.这一方法目前在一些专业文献中都有介绍，但在实践中有时应用效果并不理想，一直以来存在较大争议，主要原因是生成主成分的特征向量的各分量符号不一致，很难进行排序评价.因此，有下面的改进：只用第一主成分做评价指标.理由是第一主成分与原始变量综合相关度最高，并且第一主成分对应于数据变异最大的方向，也就是使数据信息损失最小、精度最高的一维综合变量.但值得指出的是，使用这种方法是有前提条件的，即当主成分系数全为正的时候，也就是要求所有评价指标变量都正相关的时候，第一主成分才可以用来进行排序.如果系数中有正有负或近似为零，则说明第一主成分是无序指数，不能用作排序评价指标.而如果第一主成分系数全为正，则第二，第三，…，第 p 主成分由于与第一主成分正交，系数肯定有正有负，因而一般来说均为无序指数，不能用作排序评价指标.

本例中第一主成分的系数均为正，因此可以用第一主成分得分进行排序和分类.31个省、自治区、直辖市的主成分得分以及按大小排序的结果见表6.10.

表 **6.10**　各地区工业企业经济效益排序

地区	得分	地区	得分	地区	得分
江苏	7.3965	安徽	0.0025	云南	−1.6359
广东	6.8213	湖南	−0.4068	新疆	−1.7152
山东	6.4052	辽宁	−0.6139	贵州	−1.7702
浙江	2.7918	江西	−0.6368	黑龙江	−1.8179
河南	2.6189	陕西	−0.7182	甘肃	−2.1450

续表

地区	得分	地区	得分	地区	得分
上海	0.5890	内蒙古	−0.8815	宁夏	−2.3215
湖北	0.4713	天津	−0.8827	青海	−2.4605
河北	0.3613	山西	−0.9187	海南	−2.5999
四川	0.2203	重庆	−1.0763	西藏	−2.7230
北京	0.1980	吉林	−1.1877		
福建	0.1465	广西	−1.5181		

由表 6.10 的各地区得分可知,有许多地区的得分是负数,但并不表明这些地区的经济效益就为负,这里的正负仅表示该地区与平均水平的位置关系,经济效益的平均水平算作零点,这是在分析过程中将数据标准化导致的.

第 7 章
因子分析

7.1 引言

因子分析是主成分分析的推广，它是利用降维的思想，从研究原始变量的相关系数矩阵出发，把一些具有错综复杂关系的变量归结为少数几个综合因子的一种多元统计分析方法. 因子分析的概念起源于 1904 年英国著名心理学家 Spearman 发表的名为《对智力测验得分进行统计分析》的文章. 目前因子分析在心理学、社会学、经济学等学科中都有广泛的应用，是多元统计分析的典型方法之一.

因子分析与主成分分析不同的是它试图将 p 个可观测变量通过数量较少的潜在的不可观测的公共因子来加以解释. 例如，由 50 道题组成的一套综合素质测试卷，题目涉及语言表达能力、逻辑思维能力、运动能力、思想修养等方面. 每一位应试者在各题上的得分是可观测的，可以看作一个 50 维随机向量的取值. 每道题上的得分是表面现象，应试者在语言表达能力、逻辑思维能力、运动能力、思想修养等方面(称为公共因子)的能力大小才是本质的变量，但是这些公共因子都比较抽象，是潜在的，难以直接加以观测或度量，所以希望充分利用应试者在各题上的得分信息，分析计算出应试者在每个公共因子方面的水平高低，这就是因子分析要解决的问题.

7.2 因子分析的基本原理

7.2.1 因子分析的基本思想

因子分析的基本思想是在保证原始数据信息损失最小的原则下，利用降维的思想，通过研究众多变量之间的内部依赖关系，从原始变量的相关系数矩阵出发，找出这些真正相关的变量，并把相关性较强的变量归为一类，最终形成几类假想变量，不同类间变量的相关性则较低.每类变量代表了一个“公共因子”，即一种内在结构，因子分析就是寻找该结构，并解释每个因子的含义.原始变量是可观测的，而公共因子是不可观测的，称为潜变量.如评价一个商场的购物体验，顾客关心的是商店在环境、服务和价格三个方面的表现.这三个方面除了价格外，商场的环境和服务都是潜变量，都不便于直接测量，只能通过其他具体指标进行间接反映.潜变量在心理学、社会学、行为科学等学科中非常常见，表示人能力的变量(如智力、乐感、逻辑思维能力等)都是不可观测的潜变量.因子分析正是利用这些潜在变量(或公共因子)去解释可观测的原始变量的一种工具.换言之，因子分析是希望在一组具有相关性的数据中，将原来的高维变量空间降维处理为低维变量空间，而这个低维变量空间是由新的因子构成的.因子分析的功能是简化数据，探测数据的基本结构；目的是分解原始变量，从中归纳“公共因子”，并把原始变量分解为两部分：一是能被公共因子解释的部分，表现为公共因子的线性组合；二是不能被公共因子解释的部分，称为特殊因子.

7.2.2 Spearman 单因子模型

在介绍因子分析的基本理论之前，先介绍 Spearman 在 1904 年用到的例子. Spearman 在该例中研究了 33 名同学的古典语、法语、英语三门课考试成绩之间的相关性，并得到如下相关系数矩阵(表 7.1).

表 7.1 三门课考试成绩相关系数矩阵

	古典语	法语	英语
古典语	1.00	0.83	0.78
法语	0.83	1.00	0.67
英语	0.78	0.67	1.00

由相关系数矩阵可以看出学生的三门考试成绩是高度相关的.这背后应该存在一个潜在的因素,如语言能力,这个潜在的共同因素决定了学生这三门课程考试成绩,导致三门考试成绩高度相关.用 F 表示"学生的语言能力",学生的各科成绩 X_i 的大部分信息由语言能力解释.Spearman 基于学生 3 门语言成绩的数据提出了单因子模型:

$$X_1 = a_1F + \varepsilon_1$$
$$X_2 = a_2F + \varepsilon_2$$
$$X_3 = a_3F + \varepsilon_3$$

F 称为公共因子;ε_i 称为特殊因子;系数 a_i 称为因子载荷($i = 1,2,3$).

当然,大多数时候一个公共因子是不够的,错综复杂的变量可能需要多个公共因子共同刻画,这就需要下面将要学习的正交因子模型.

7.2.3 正交因子模型

设有 n 个样品,每个样品观测 p 个变量,这 p 个变量之间有较强的相关性.由于数据进行标准化变换后,不改变变量之间的相互关系,而又能消除因量纲或数量级的不同所造成的影响,使问题得到简化,所以接下来的讨论都建立在已经标准化的数据上.设 $X = (X_1, X_2, \cdots, X_p)'$ 是将样本观测数据进行标准化处理后的变量,其均值向量为 $\boldsymbol{\mu} = \mathbf{0}$,协方差矩阵为 $\boldsymbol{\Sigma} = (\sigma_{ij})$.正交因子模型为

$$\begin{cases} X_1 = a_{11}F_1 + a_{12}F_2 + \cdots + a_{1m}F_m + \varepsilon_1 = \boldsymbol{a}'_1\boldsymbol{F} + \varepsilon_1 \\ X_2 = a_{21}F_1 + a_{22}F_2 + \cdots + a_{2m}F_m + \varepsilon_2 = \boldsymbol{a}'_2\boldsymbol{F} + \varepsilon_2 \\ \cdots \\ X_p = a_{p1}F_1 + a_{p2}F_2 + \cdots + a_{pm}F_m + \varepsilon_p = \boldsymbol{a}'_p\boldsymbol{F} + \varepsilon_p \end{cases} \tag{7.1}$$

式(7.1)中,$F_1, F_2, \cdots, F_m (m \leqslant p)$ 称为公共因子;a_{ij} 称为因子载荷,反映了 X_i 和 F_j 之间的相关程度;ε_i 称为特殊因子,是原始变量不能被公共因子解释的部分,代表公共因子以外的其他因素的影响.

上述模型可以表示为矩阵形式:

$$\boldsymbol{X} = \boldsymbol{AF} + \boldsymbol{\varepsilon} \tag{7.2}$$

其中,

$$\boldsymbol{A}=\begin{pmatrix} a_{11} & a_{12} & \cdots & a_{1m} \\ a_{21} & a_{22} & \cdots & a_{2m} \\ \vdots & \vdots & \cdots & \vdots \\ a_{p1} & a_{p2} & \cdots & a_{pm} \end{pmatrix}=\begin{pmatrix} \boldsymbol{a}_1' \\ \boldsymbol{a}_2' \\ \vdots \\ \boldsymbol{a}_p' \end{pmatrix}(\boldsymbol{a}_j=(a_{j1},a_{j2},\cdots,a_{jm})',(j=1,2,\cdots,p))$$

为因子载荷矩阵；$\boldsymbol{F}=(F_1,F_2,\cdots,F_m)'$ 是公共因子向量，是 m 维不可观测的列向量；$\boldsymbol{\varepsilon}=(\varepsilon_1,\varepsilon_2,\cdots,\varepsilon_p)'$ 是特殊因子向量.

对正交因子模型有如下假定：

(1)$E(\boldsymbol{F})=\boldsymbol{0}_{m\times 1},Var(\boldsymbol{F})=I$. 各公共因子均值为0，标准差为1，且公共因子之间不相关：$Cov(F_i,F_j)=\begin{cases}1, & i=j,\\ 0, & i\neq j,\end{cases}(i,j=1,2,\cdots,m)$；

(2)$E(\boldsymbol{\varepsilon})=\boldsymbol{0}_{p\times 1},Var(\boldsymbol{\varepsilon})=\boldsymbol{\Phi}=diag(\sigma_1^2,\sigma_2^2,\cdots,\sigma_p^2)$. 各个特殊因子之间不相关，且均值为零，但各个特殊因子的标准差不一定相等；

(3)$Cov(\boldsymbol{F},\boldsymbol{\varepsilon})=\boldsymbol{0}$，即 $Cov(F_i,\varepsilon_j)=0$，即公共因子与特殊因子是不相关的.

从几何意义上来看，$\boldsymbol{F}$ 可看作高维空间中 m 个相互垂直的坐标轴，若把 X_i 看作 m 维空间中的一个点，则 a_{ij} 表示 X_i 在坐标轴 F_j 上的投影.

7.2.4 因子模型的性质

性质 7.1 $\boldsymbol{X}$ 的协方差矩阵 $\boldsymbol{\Sigma}$ 可以分解为

$$\boldsymbol{\Sigma}=\boldsymbol{A}\boldsymbol{A}'+\boldsymbol{\Phi} \tag{7.3}$$

证明：

$$\begin{aligned}\boldsymbol{\Sigma}&=Var(\boldsymbol{AF}+\boldsymbol{\varepsilon})=Cov(\boldsymbol{AF}+\boldsymbol{\varepsilon},\boldsymbol{AF}+\boldsymbol{\varepsilon})\\&=\boldsymbol{A}Cov(\boldsymbol{F},\boldsymbol{F})\boldsymbol{A}'+2\boldsymbol{A}Cov(\boldsymbol{F},\boldsymbol{\varepsilon})+Cov(\boldsymbol{\varepsilon},\boldsymbol{\varepsilon})\end{aligned}$$

根据因子模型假设，

$$Cov(\boldsymbol{F},\boldsymbol{F})=\boldsymbol{I},Cov(\boldsymbol{\varepsilon},\boldsymbol{\varepsilon})=\boldsymbol{\Phi},Cov(\boldsymbol{F},\boldsymbol{\varepsilon})=\boldsymbol{0}$$

因此 $\boldsymbol{\Sigma}=\boldsymbol{A}\boldsymbol{A}'+\boldsymbol{\Phi}$.

如果选取的公共因子只有少数几个，则 $\boldsymbol{A}$ 只有少数几列，上述的分解式揭示了协方差矩阵 $\boldsymbol{\Sigma}$ 的一个简单结构. 由于 $\boldsymbol{\Phi}$ 是对角矩阵，故 $\boldsymbol{\Sigma}$ 的非对角元素可由 $\boldsymbol{A}$ 的元素完全确定，即因子载荷完全确定了原始变量之间的协方差，即

$$\sigma_{ij}=Cov(X_i,X_j)$$

$$= Cov(a_{i1}F_1 + a_{i2}F_2 + \cdots + a_{im}F_m + \varepsilon_i, a_{j1}F_1 + a_{j2}F_2 + \cdots + a_{jm}F_m + \varepsilon_j)$$

$$= a_{i1}a_{j1} + a_{i2}a_{j2} + \cdots + a_{im}a_{jm} \quad (i \neq j, 1 \leqslant i, j \leqslant p)$$

例如，

若矩阵 $\boldsymbol{\Sigma} = \begin{pmatrix} 9 & -11 & -5 & 20 \\ -11 & 27 & 17 & -42 \\ -5 & 17 & 52 & -5 \\ 20 & -42 & -5 & 86 \end{pmatrix}$ 为随机向量 $\boldsymbol{X} = (X_1, X_2, X_3, X_4)'$ 的协方差矩阵，则 $\boldsymbol{\Sigma}$ 可分解为

$$\boldsymbol{\Sigma} = \boldsymbol{AA}' + \boldsymbol{\Phi}$$

其中

$$\boldsymbol{A} = \begin{pmatrix} 2 & -1 \\ -4 & 3 \\ 1 & 7 \\ 9 & -2 \end{pmatrix}, \boldsymbol{\Phi} = \begin{pmatrix} 4 & 0 & 0 & 0 \\ 0 & 2 & 0 & 0 \\ 0 & 0 & 2 & 0 \\ 0 & 0 & 0 & 1 \end{pmatrix}$$

当 $m = p$ 时，任何协方差 $\boldsymbol{\Sigma}$ 均可按式(7.3)进行分解，如可取 $\boldsymbol{A} = \boldsymbol{\Sigma}^{1/2}$，$\boldsymbol{\Phi} = \boldsymbol{0}$，但此时的分解对因子分析来说毫无意义，因为因子分析的目的就是要降维. 出于降维的需要，我们希望 m 要比 p 小得多，通常只能使这种分解近似成立. 近似程度越好，表明因子模型的拟合效果越佳，则用少数 m 个因子去描述原始变量间的协方差关系（如果从相关系数矩阵出发就是相关关系）也就越有效. 在因子个数的选择上既希望 m 尽可能小，又希望因子模型的拟合效果尽可能好，这两个目标是矛盾的，因为通常 m 越小因子模型的拟合效果就越差，实践中我们应根据实际情况确定一个折中、合理的 m.

7.2.5 因子载荷的统计意义

为了更好地理解因子分析模型及计算结果，需要对模型中各个参数的含义有正确的理解.

1. 因子载荷

由式(7.1)知

$$Cov(X_i, F_j) = Cov(a_{i1}F_1 + a_{i2}F_2 + \cdots + a_{im}F_m + \varepsilon_i, F_j) = a_{ij}$$

即因子载荷矩阵 $\boldsymbol{A}$ 的元素 a_{ij} 是 X_i 与 F_j 的协方差.

若 $\boldsymbol{X}$ 的各分量已经标准化了，则

$$\rho(X_i,F_j)=\frac{Cov(X_i,F_j)}{\sqrt{Var(X_i)Var(F_j)}}=Cov(X_i,F_j)=a_{ij}$$

此时载荷 a_{ij} 表示 X_i 与 F_j 的相关系数.

2. 变量共同度与剩余方差

由于

$$X_i=a_{i1}F_1+a_{i2}F_2+\cdots+a_{im}F_m+\varepsilon_i, i=1,2,\cdots,p$$

则

$$\begin{aligned}\sigma_{ii}&=Cov(X_i,X_i)\\&=a_{i1}^2Var(F_1)+a_{i2}^2Var(F_2)+\cdots+a_{im}^2Var(F_m)+Var(\varepsilon_i)\end{aligned}$$

令

$$h_i^2=a_{i1}^2+a_{i2}^2+\cdots+a_{im}^2, \sigma_i^2=Var(\varepsilon_i)$$

则

$$\sigma_{ii}=h_i^2+\sigma_i^2, i=1,2,\cdots,p$$

h_i^2 反映了公共因子对原始变量 X_i 方差的解释能力，可以看作公共因子对 X_i 的方差贡献，称为变量 X_i 的共同度；σ_i^2 是特殊因子方差，表示 ε_i 对变量 X_i 的方差贡献，称为变量 X_i 的剩余方差. 共同度 h_i^2 越大，公共因子能解释 X_i 方差的比例越大，说明因子模型的拟合效果越好.

3. 公共因子的方差贡献

共同度考虑的是所有公共因子 $F_1,F_2,\cdots,F_m$ 与某一个原始变量 X_i 的关系. 类似地，考虑某一个公共因子 F_j 与所有原始变量 $X_1,X_2,\cdots,X_p$ 的关系. 令 $g_j^2=a_{1j}^2+a_{2j}^2+\cdots+a_{pj}^2(j=1,2,\cdots,m)$，则 g_j^2 表示的是公共因子 F_j 对 $\boldsymbol{X}$ 的每一个分量 X_i 所提供的方差的总和，称为公共因子 F_j 对原始变量 $\boldsymbol{X}$ 的方差贡献，它是衡量公共因子相对重要性的指标. g_j^2 越大，表明公共因子 F_j 对 $\boldsymbol{X}$ 的贡献越大. 若将因子载荷矩阵 $\boldsymbol{A}$ 的所有 g_j^2 算出来，按从大到小顺序排列，就可以依此提炼出最有影响的公共因子.

7.3 因子载荷的求解

因子分析过程可以分为确定因子载荷、因子旋转和计算因子得分三个步骤. 当给定 p 个变量的 n 组观测值时，将样本协方差矩阵 $\boldsymbol{S}$(或样本相关系数

矩阵$\boldsymbol{R}$）看作总体协方差矩阵$\boldsymbol{\Sigma}$（或总体相关系数矩阵$\boldsymbol{\rho}$）的估计，如何从$\boldsymbol{S}$（或$\boldsymbol{R}$）出发，提取较少的m个因子，估计因子载荷矩阵$\boldsymbol{A}$及特殊方差$\boldsymbol{\Phi}$，从而建立因子模型，这是因子分析首先要解决的问题，也是因子分析的基本任务. 估计因子载荷矩阵的方法有很多，如主成分法、主轴因子法、最小二乘法、极大似然法、α 因子提取法等，不同的方法求解因子载荷的出发点不同，所得结果也不完全相同. 这里将着重介绍比较常用的三种估计因子载荷矩阵的方法：主成分法、主轴因子法、极大似然法.

7.3.1　主成分法

由性质 7.1 知，原始变量的协方差矩阵可以分解为

$$\boldsymbol{\Sigma} = \boldsymbol{A}\boldsymbol{A}' + \boldsymbol{\Phi}$$

由矩阵代数知识可知，实对称矩阵$\boldsymbol{\Sigma}$可以谱分解为如下形式：

$$\boldsymbol{\Sigma} = \sum_{j=1}^{p} \lambda_j \boldsymbol{e}_j \boldsymbol{e}'_j = \boldsymbol{\Lambda}\boldsymbol{\Lambda}',$$

其中

$$\boldsymbol{\Lambda} = (\sqrt{\lambda_1}\boldsymbol{e}_1, \sqrt{\lambda_2}\boldsymbol{e}_2, \cdots, \sqrt{\lambda_p}\boldsymbol{e}_p), (\lambda_j, \boldsymbol{e}_j)(j = 1,2,\cdots,p)$$

是$\boldsymbol{\Sigma}$的一对特征对（特征值 - 特征向量），若后 $p-m$ 个特征值很小，忽略掉谱分解的后 $p-m$ 个特征对，令

$$\boldsymbol{a}_j = \sqrt{\lambda_j}\boldsymbol{e}_j, \hat{\boldsymbol{A}} = (\boldsymbol{a}_1, \boldsymbol{a}_2, \cdots, \boldsymbol{a}_m),$$

则

$$\boldsymbol{\Sigma} \approx \hat{\boldsymbol{A}}\hat{\boldsymbol{A}}'$$

令

$$\hat{\boldsymbol{\Phi}} = \begin{pmatrix} \sigma_1^2 & & & \\ & \sigma_2^2 & & \\ & & \ddots & \\ & & & \sigma_p^2 \end{pmatrix} = diag(\sigma_1^2, \sigma_2^2, \cdots, \sigma_p^2),$$

其中

$$\sigma_i^2 = \sigma_{ii} - \sum_{j=1}^{m} a_{ij}^2 = \sigma_{ii} - h_i^2,$$

则$\boldsymbol{\Phi}$可以恢复$\boldsymbol{\Sigma}$的对角线元素.

在样本层面，$\boldsymbol{\Sigma}$可以用样本协方差矩阵估计. 这种估计因子载荷矩阵的

方法，类似于求解主成分的过程，称为主成分法.

例 7.1 一个 12 岁的女孩对她身边的 7 个人进行 9 分制评分，评分数据见表 7.2. 评分基于五个维度进行，分别是“友好”“聪明”“快乐”“受人喜爱”和“公正”：

表 **7.2 7** 个人对 **12** 岁女孩的五个维度评分数据

评分人	友好	聪明	快乐	受人喜爱	公正
女同学 1	1	5	5	1	1
姐姐	8	9	7	9	8
女同学 2	9	8	9	9	8
父亲	9	9	9	9	9
老师	1	9	1	1	9
男同学	9	7	7	9	9
女同学 3	9	7	9	9	7

解：五个变量的相关系数矩阵如下：

$$\boldsymbol{R}=\begin{pmatrix}1.000 & 0.296 & 0.881 & 0.995 & 0.545\\ 0.296 & 1.000 & -0.22 & 0.326 & 0.837\\ 0.881 & -0.022 & 1.000 & 0.867 & 0.130\\ 0.995 & 0.326 & 0.867 & 1.000 & 0.544\\ 0.545 & 0.837 & 0.130 & 0.544 & 1.000\end{pmatrix}$$

根据相关系数的大小，变量的可能分组为：{友好，快乐，受人喜爱} 和 {聪明，公正}，因此我们期望通过 2 个公共因子解释变量间的相关性.

基于主成分法提取 $m=2$ 个公共因子，从相关系数矩阵 $\boldsymbol{R}$ 出发的因子分析结果见表 7.3.

表 **7.3** 主成分法估计因子载荷矩阵结果

变量	载荷		共同度 h_i^2	剩余方差 σ_i^2
	F_1	F_2		
友好	0.969	−0.231	0.993	0.007
聪明	0.519	0.807	0.921	0.079
快乐	0.785	−0.587	0.960	0.040
受人喜爱	0.971	−0.210	0.987	0.013
公正	0.704	0.667	0.940	0.060
特征值	3.263	1.538	4.802	
方差贡献率	0.653	0.308	0.960	
累积方差贡献率	0.653	0.960	0.960	

$$\hat{A}\hat{A}'+\boldsymbol{\Phi}=\begin{pmatrix}0.969 & -0.231\\ 0.519 & 0.807\\ 0.785 & -0.587\\ 0.971 & -0.210\\ 0.704 & 0.667\end{pmatrix}\begin{pmatrix}0.969 & 0.519 & 0.785 & 0.971 & 0.704\\ -0.231 & 0.807 & -0.587 & -0.210 & 0.667\end{pmatrix}$$

$$+\begin{pmatrix}0.007 & 0 & 0 & 0 & 0\\ 0 & 0.079 & 0 & 0 & 0\\ 0 & 0 & 0.040 & 0 & 0\\ 0 & 0 & 0 & 0.013 & 0\\ 0 & 0 & 0 & 0 & 0.060\end{pmatrix}$$

$$=\begin{pmatrix}1.000 & 0.317 & 0.896 & 0.990 & 0.528\\ 0.317 & 1.000 & -0.066 & 0.335 & 0.904\\ 0.896 & -0.66 & 1.000 & 0.885 & 0.161\\ 0.990 & 0.335 & 0.885 & 1.000 & 0.543\\ 0.528 & 0.904 & 0.161 & 0.543 & 1.000\end{pmatrix}$$

7.3.2 主轴因子法

主轴因子法是对主成分法的修正. 在主成分法中，我们忽略 $\boldsymbol{\Phi}$，对 $\boldsymbol{S}$ 或 $\boldsymbol{R}$ 进行谱分解，估计载荷矩阵. 主轴因子法则使用一个初始的估计值 $\hat{\boldsymbol{\Phi}}^{(0)}$，

对 $\boldsymbol{S}-\hat{\boldsymbol{\Phi}}^{(0)}$ 或$\boldsymbol{R}-\hat{\boldsymbol{\Phi}}^{(0)}$ 使用主成分法相同的操作进行因子分析. 下面从样本相关系数矩阵出发介绍主轴因子法估计因子载荷矩阵的过程.

根据因子模型有

$$\boldsymbol{R}=\boldsymbol{A}\boldsymbol{A}'+\boldsymbol{\Phi},$$

令

$$\boldsymbol{R}^{*}=\boldsymbol{R}-\boldsymbol{\Phi}=\boldsymbol{A}\boldsymbol{A}',$$

称$\boldsymbol{R}^{*}$ 为$\boldsymbol{X}$的约相关矩阵. 易见$\boldsymbol{R}^{*}$ 中对角线元素为h_i^2,而不是1,非对角线元素与$\boldsymbol{R}$中完全一样,并且$\boldsymbol{R}^{*}$ 也是一个非负定矩阵. 给定$\boldsymbol{\Phi}$一个初始值

$$\hat{\boldsymbol{\Phi}}^{(0)}=diag\left(\hat{\sigma}_1^2,\hat{\sigma}_2^2,\cdots,\hat{\sigma}_p^2\right),$$

则约相关矩阵可估计为

$$\hat{\boldsymbol{R}}^{*}=\boldsymbol{R}-\hat{\boldsymbol{\Phi}}^{(0)}=\begin{pmatrix}\hat{h}_1^2 & r_{12} & \cdots & r_{1p}\\ r_{21} & \hat{h}_2^2 & \cdots & r_{2p}\\ \vdots & \vdots & \cdots & \vdots\\ r_{p1} & r_{p2} & \cdots & \hat{h}_p^2\end{pmatrix}$$

$\hat{h}_i^2=1-\hat{\sigma}_i^2$ 是h_i^2 的初始估计.

$\hat{\boldsymbol{R}}^{*}$ 的前m个特征值依次设为$\hat{\lambda}_1^{*}\geqslant\hat{\lambda}_2^{*}\geqslant\cdots\geqslant\hat{\lambda}_m^{*}\geqslant0$,相应的单位正交特征向量为$\hat{\boldsymbol{e}}_1^{*},\hat{\boldsymbol{e}}_2^{*},\cdots,\hat{\boldsymbol{e}}_m^{*}$,则$\boldsymbol{A}$的主因子解为

$$\hat{\boldsymbol{A}}=(\sqrt{\hat{\lambda}_1^{*}}\,\hat{\boldsymbol{e}}_1^{*},\sqrt{\hat{\lambda}_2^{*}}\,\hat{\boldsymbol{e}}_2^{*},\cdots,\sqrt{\hat{\lambda}_m^{*}}\,\hat{\boldsymbol{e}}_m^{*}),$$

将$\hat{\boldsymbol{A}}$代入

$$\boldsymbol{R}=\boldsymbol{A}\boldsymbol{A}'+\boldsymbol{\Phi},$$

可以重新估计$\boldsymbol{\Phi}$:

$$\hat{\sigma}_i^2=1-\hat{h}_i^2=1-\sum_{j=1}^{m}\hat{a}_{ij}^2,i=1,2,\cdots,p,$$

重复上述过程,迭代更新$\hat{\boldsymbol{\Phi}}^{(0)}$ 以及$\boldsymbol{R}-\hat{\boldsymbol{\Phi}}^{(0)}$ 的分解,直到收敛.

注:① 某些数据迭代方法是不收敛的,且有可能$\boldsymbol{S}-\hat{\boldsymbol{\Phi}}^{(0)}$ 或$\boldsymbol{R}-\hat{\boldsymbol{\Phi}}^{(0)}$ 是非正定的,有可能得到负特征值,使结果较难解释.

② 特殊方差σ_i^2 的初始估计值:从样本协方差矩阵$\boldsymbol{S}$出发求解时,σ_i^2 的初始值常取$\boldsymbol{S}$的逆矩阵$\boldsymbol{S}^{-1}$ 的第i个对角线元素的倒数$1/s_{ii}$;从样本协方差矩阵$\boldsymbol{R}$出发求解时,σ_i^2 的初始值常取$\boldsymbol{R}$的逆矩阵$\boldsymbol{R}^{-1}$ 的第i个对角线元素的倒数$1/r_{ii}$.

用 12 岁女孩的例子，分别用主成分法和主轴因子法估计因子载荷矩阵，结果比较见表 7.4：

表 **7.4**　主成分法和主轴因子法估计因子载荷矩阵结果

变量	主成分法估计		主轴因子法估计		共同度 $\hat{h}_i^2$
	F_1	F_2	F_1	F_2	（主轴因子法）
友好	0.969	−0.231	0.981	−0.210	0.995
聪明	0.519	0.807	0.487	0.774	0.837
快乐	0.785	−0.587	0.771	−0.544	0.881
受人喜爱	0.971	−0.210	0.982	−0.188	0.995
公正	0.704	0.667	0.667	0.648	0.837
特征值	3.263	1.538	3.202	1.395	
方差贡献率	0.653	0.308	0.704	0.307	
累计方差贡献率	0.653	0.960	0.704	1.01	

两种方法求解的因子载荷差距并不是特别大. 但运用主轴因子法选取 2 个公共因子，累积方差贡献率达到 1.01，超过了 1，说明出现了负的特征值，导致分析结果不好解释.

7.3.3　极大似然法

由数理统计知识知道，当我们知道总体的分布类型或可以假设其分布类型时，可以用极大似然法估计参数.

设公共因子 $\boldsymbol{F} \sim N_m(\boldsymbol{0},\boldsymbol{I})$，特殊因子 $\boldsymbol{\varepsilon} \sim N_p(\boldsymbol{0},\boldsymbol{\Phi})$，$\boldsymbol{F}$ 与 $\boldsymbol{\varepsilon}$ 相互独立. $X_{(1)},X_{(2)},\cdots,X_{(n)}$ 是来自正态总体 $\boldsymbol{X} \sim N_p(\boldsymbol{\mu},\boldsymbol{\Sigma})$ 的样本，其中 $\boldsymbol{\Sigma}=\boldsymbol{AA}'+\boldsymbol{\Phi}$. 由样本值 $\boldsymbol{x}_{(1)},\boldsymbol{x}_{(2)},\cdots,\boldsymbol{x}_{(n)}$ 计算得到关于 $\boldsymbol{\mu}$ 和 $\boldsymbol{\Sigma}$ 的似然函数 $L(\boldsymbol{\mu},\boldsymbol{\Sigma})$，即

$$L(\boldsymbol{\mu},\boldsymbol{\Sigma}) = \frac{1}{(2\pi)^{\frac{np}{2}}\ |\boldsymbol{\Sigma}|^{\frac{n}{2}}}\exp\left[-\frac{1}{2}\sum_{j=1}^{n}(\boldsymbol{x}_{(j)}-\boldsymbol{\mu})'\boldsymbol{\Sigma}^{-1}(\boldsymbol{x}_{(j)}-\boldsymbol{\mu})\right]$$

由于 $\boldsymbol{\Sigma}=\boldsymbol{AA}'+\boldsymbol{\Phi}$，则似然函数 $L(\boldsymbol{\mu},\boldsymbol{\Sigma})=L(\boldsymbol{\mu},\boldsymbol{A},\boldsymbol{\Phi})$，设 $\boldsymbol{\mu},\boldsymbol{A},\boldsymbol{\Phi}$ 的极大似然估计值分别为 $\hat{\boldsymbol{\mu}},\hat{\boldsymbol{A}},\hat{\boldsymbol{\Phi}}$，即有 $L(\hat{\boldsymbol{\mu}},\hat{\boldsymbol{A}},\hat{\boldsymbol{\Phi}})=\max L(\boldsymbol{\mu},\boldsymbol{A},\boldsymbol{\Phi})$. 可以证明

$$\hat{\boldsymbol{\Sigma}} = \frac{1}{n}\sum_{i=1}^{n}(\boldsymbol{x}_{(i)}-\bar{\boldsymbol{x}})(\boldsymbol{x}_{(i)}-\bar{\boldsymbol{x}})',\hat{\boldsymbol{\mu}}=\bar{\boldsymbol{x}},$$

$\hat{\boldsymbol{A}}$ 和 $\hat{\boldsymbol{\Phi}}$ 满足方程组

$$\begin{cases} \hat{\boldsymbol{\Sigma}}\hat{\boldsymbol{\Phi}}^{-1}\hat{\boldsymbol{A}} = \hat{\boldsymbol{A}}(\boldsymbol{I}_m + \hat{\boldsymbol{A}}'\hat{\boldsymbol{\Phi}}^{-1}\hat{\boldsymbol{A}}) \\ \hat{\boldsymbol{\Phi}} = diag(\hat{\boldsymbol{\Sigma}} - \hat{\boldsymbol{A}}\hat{\boldsymbol{A}}') \end{cases}$$

由于 $\boldsymbol{A}$ 的解不唯一，因此为了得到唯一解，可附加计算上方便的唯一性条件：$\boldsymbol{A}'\boldsymbol{\Phi}^{-1}\boldsymbol{A}$ 是对角矩阵，$\hat{\boldsymbol{A}}$ 和 $\hat{\boldsymbol{\Phi}}$ 一般可以用迭代方法解得.

7.4 因子旋转

因子模型的参数估计完成之后，还要对模型中的公共因子进行合理的解释以有助于我们对公共因子的理解. 公共因子是否易于解释，很大程度上取决于因子载荷矩阵 $\boldsymbol{A}$ 的结构. 假设因子载荷矩阵 $\boldsymbol{A}$ 是从相关系数矩阵出发求解所得，则 $Var(X_i)=1$，故 $\sum_{j=1}^{m} a_{ij}^2 = h_i^2 \leqslant 1$，故 $|a_{ij}| \leqslant 1$，矩阵 $\boldsymbol{A}$ 的所有元素介于 -1 和 1 之间. 如果 $\boldsymbol{A}$ 的每一行都只有一个元素绝对值接近于 1，其余元素接近于 0，即每个变量仅在一个公共因子上有较大的载荷，而在其余公共因子上的载荷较小，则因子模型中的公共因子常常就易于解释，这是一种因子解释大为简化的理想情形，称之为简单结构. 如果载荷矩阵 $\boldsymbol{A}$ 的元素大多居中，不大不小，则不利于因子命名. 因子旋转的目的就是使得旋转之后的载荷矩阵在每一列上的元素的绝对值尽量地拉开差距，使得载荷的绝对值要么接近于 1，要么接近于零，这时就突出了每个公共因子和其载荷较大的那些变量的联系，矛盾的主要方面显现出来了，该公共因子的含义也就能通过这些载荷较大的变量作出合理的说明.

7.4.1 因子及载荷的不唯一性

对公共因子 $\boldsymbol{F}$ 做正交变换，即令 $\boldsymbol{A}^* = \boldsymbol{AT}$，$\boldsymbol{F}^* = \boldsymbol{T}'\boldsymbol{F}$，$\boldsymbol{T}$ 为任一 $m \times m$ 正交矩阵，则因子模型(7.2) 可表示为

$$\boldsymbol{X} = \boldsymbol{A}^* \boldsymbol{F}^* + \boldsymbol{\varepsilon},$$

公共因子 $\boldsymbol{F}^*$ 仍满足正交因子模型的假设：

$$E(\boldsymbol{F}^*) = \boldsymbol{T}'E(\boldsymbol{F}) = \boldsymbol{0},$$

$$Var(\boldsymbol{F}^*) = \boldsymbol{T}'Var(\boldsymbol{F})\boldsymbol{T} = \boldsymbol{T}'\boldsymbol{T} = \boldsymbol{I},$$

$$Cov(\boldsymbol{F}^*, \boldsymbol{\varepsilon}) = \boldsymbol{T}'Cov(\boldsymbol{F}, \boldsymbol{\varepsilon}) = \boldsymbol{0},$$

新的载荷矩阵仍满足

$$\boldsymbol{\Sigma} = \boldsymbol{A}^* \boldsymbol{A}^{*\prime} + \boldsymbol{\Phi}.$$

所以公共因子及其载荷矩阵并不唯一，可以按照任意的正交矩阵 $\boldsymbol{T}$ 提供的方向旋转，这种不唯一性为“因子旋转”提供了理论基础. 因此可以寻找使得因子及其载荷结构更简单、解释更方便清晰的旋转方向 $\boldsymbol{T}$.

从几何的角度，以公共因子变量为坐标轴建立空间坐标系，因子载荷矩阵 $\boldsymbol{A}$ 的第 i 行元素就构成了原始变量 X_i 在公共因子空间的坐标. 因子旋转的目标就是使得每个原始变量都由某个公共因子主要决定(对应的因子载荷很大，接近于 1)，而与其他公共因子关系不大(对应的因子载荷接近 0). 换言之，因子旋转的目标就是让坐标轴靠近尽可能多的点.

回到 12 岁女孩的例子. 表 7.5 显示的运用主成分法求解的未旋转的因子载荷，可以看出各因子载荷绝对值没有明显的差异，如变量“公正”关于公共因子 F_1 的因子载荷分别为 0.704，0.667，既不靠近 0，也不靠近 ±1，因此不便于公共因子的解释.

表 **7.5**　未旋转的因子载荷

变量	因子载荷	
	F_1	F_2
友好	0.969	−0.231
聪明	0.519	0.807
快乐	0.785	−0.587
受人喜爱	0.971	−0.210
公正	0.704	0.667

对于这样一个载荷矩阵，我们可以绘制 5 个原始变量在因子空间(F_1，F_2)上的散点图(图 7.1)，如第 5 个变量“公正”在因子空间中的坐标为(0.704，0.667)，各原始变量在因子空间中对应的点没有很靠近因子轴. 如果将原来的因子轴旋转到新的因子空间(F_1^*，F_2^*)，使新的因子轴尽可能地靠近更多的点(图 7.1)，则原始变量 X_1，X_3，X_4 在公共因子 F_1^* 上的载荷较大，而在 F_2^* 上的载荷较小；而 X_2 和 X_5 在公共因子 F_2^* 上的载荷较大，而在 F_1^* 上的载荷较小. 这说明 F_1^* 与变量 X_1，X_3，X_4 关系紧密，可以将公共因子 F_1^* 命名为亲和力；F_2^* 与变量 X_2 和 X_5 关系紧密，可以将公共因子 F_1^* 命名为亲和力. 这样旋转后方便对原始变量进行归类解释.

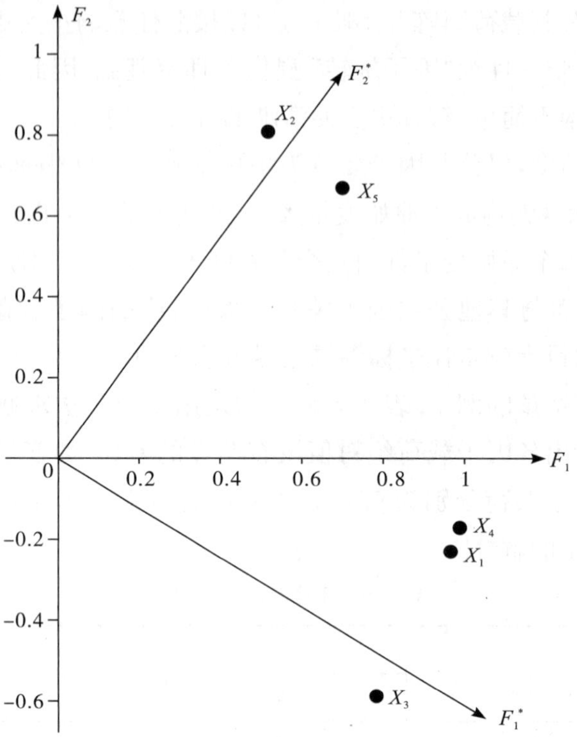

图 **7.1**　主成分解的因子载荷及旋转

7.4.2　正交因子旋转

因子旋转有正交旋转和斜交旋转两类.正交旋转是在因子载荷矩阵右乘一正交矩阵而得.正交旋转保持角度和距离都不变,原来正交的公共因子经旋转后仍保持正交性,共同度也不变,点的相对位置也维持原状,只有参考系改变了.斜交旋转则放弃了公共因子之间彼此独立这个限制,不要求因子轴保持垂直,旋转更加自由,可以使因子轴靠近更多的点,因而可以得到更为简洁的形式,其实际意义更容易解释.不论正交旋转还是斜交旋转都应当使新的因子载荷绝对值要么尽可能地接近 0,要么尽可能地接近 1.

1. 公共因子个数为 2

如果公共因子个数为 2,即 $m=2$,那么可以通过观察因子载荷坐标系决定如何旋转坐标轴.还是回到 12 岁女孩的例子,通过肉眼看可以观察到因子轴顺时针旋转 35°之后,因子轴靠近更多的点.由于受正交旋转条件的限制,F_1^* 没有达到最理想的状态.F_1^* 如果逆时针旋转到 F_1^{**} 的位置,那么因子轴会靠近更多的点(图 7.2),但此时因子轴 F_1^{**} 与 F_2^{**} 不垂直，是斜交旋转.

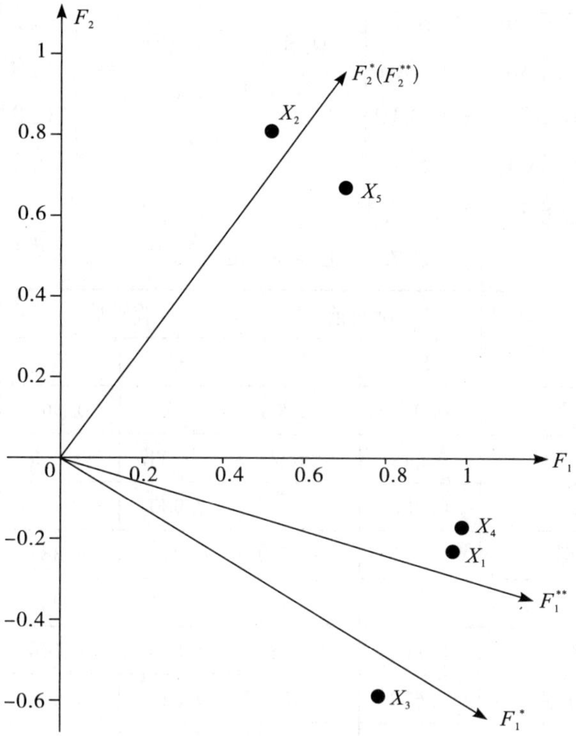

图 **7.2**　主成分解的因子载荷及旋转分析

下面介绍如何求解旋转后的因子载荷矩阵. 选择一个角度 φ 来让因子轴更加靠近点构成的聚类. 新的因子载荷矩阵可以通过图像测量出来，或者通过 $\boldsymbol{A}^* = \boldsymbol{AT}$ 得到. 其中

$$\boldsymbol{T} = \begin{pmatrix} \cos\varphi & -\sin\varphi \\ \sin\varphi & \cos\varphi \end{pmatrix}$$

回到 12 岁女孩的例子：

$$\varphi = 35^\circ, \boldsymbol{T} = \begin{pmatrix} 0.819 & 0.574 \\ -0.574 & 0.819 \end{pmatrix}$$

通过旋转，得到了如下的载荷矩阵：

$$A^* = AT = \begin{pmatrix} 0.969 & -0.231 \\ 0.519 & 0.807 \\ 0.785 & -0.587 \\ 0.971 & -0.210 \\ 0.704 & 0.667 \end{pmatrix} \begin{pmatrix} 0.819 & 0.574 \\ -0.574 & 0.819 \end{pmatrix} = \begin{pmatrix} 0.927 & 0.367 \\ -0.037 & 0.959 \\ 0.980 & -0.031 \\ 0.916 & 0.385 \\ 0.194 & 0.950 \end{pmatrix}$$

旋转后的载荷与原载荷对比见表 7.6：

表 **7.6** 旋转后的因子载荷

变量	旋转前		旋转后		共同度 $\hat{h}_i^2$
	F_1	F_2	F_1^*	F_2^*	
友好	0.969	−0.231	0.927	0.367	0.993
聪明	0.519	0.807	−0.037	0.959	0.921
快乐	0.785	−0.587	0.980	−0.031	0.960
受人喜爱	0.971	−0.210	0.916	0.385	0.987
公正	0.704	0.667	0.194	0.950	0.940
特征值	3.263	1.538	2.696	2.106	4.802
方差贡献率	0.653	0.308	0.539	0.421	0.960
累积方差贡献率	0.653	0.960	0.539	0.960	0.960

由旋转后的因子载荷矩阵可见，第一个公共因子与变量“友好、快乐、受人喜爱”高度相关，这三个原始变量所包含的公共信息可以用亲和力概括，因此第一个公共因子可以命名为亲和力；第二个公共因子在“聪明”和“公正”两个原始变量上的载荷比较大，这两个原始变量反映了人的理性层面的能力，因此第二个公共因子可命名为逻辑思维能力. 因此旋转之后公共因子的解释能力增强，更便于我们分析、解释实际问题.

2. 正交旋转的性质

性质 7.2 在正交旋转下，变量的共同度不变，但因子的方差贡献率会发生变化.

证明：设已求得的因子模型为

$$\boldsymbol{X} = \boldsymbol{AF} + \boldsymbol{\varepsilon}$$

$\boldsymbol{T} = (t_{ij})_{m \times m}$ 为任意的正交矩阵，对载荷矩阵 $\boldsymbol{A}$ 做如下正交变换：

$$\boldsymbol{A}^* = \boldsymbol{AT}, \boldsymbol{F}^* = \boldsymbol{T}'\boldsymbol{F},$$

则

$$\boldsymbol{X} = \boldsymbol{A}^* \boldsymbol{F}^* + \boldsymbol{\varepsilon},$$

亦即

$$X_i = a_{i1}^* F_1^* + a_{i2}^* F_2^* + \cdots + a_{im}^* F_m^* + \varepsilon_i, i = 1, 2, \cdots, p$$

则变量 X_i 的共同度为

$$\begin{aligned} h_i^* &= \sum_{j=1}^{m} a_{ij}^{*\,2} = \sum_{j=1}^{m} (\sum_{k=1}^{m} a_{ik} t_{kj})^2 \\ &= \sum_{j=1}^{m} \sum_{k=1}^{m} a_{ik}^2 t_{kj}^2 + \sum_{j=1}^{m} \sum_{k,l=1,k\neq l}^{m} a_{ik} t_{kj} a_{il} t_{lj} \\ &= \sum_{k=1}^{m} a_{ik}^2 \left(\sum_{j=1}^{m} t_{kj}^2 \right) + \sum_{k,l=1,k\neq l}^{m} a_{ik} a_{il} \left(\sum_{j=1}^{m} t_{kj} t_{lj} \right) \end{aligned}$$

$\boldsymbol{T}$ 为正交矩阵，故 $\boldsymbol{T}$ 的每一行(列)的元素平方和等于 1，$\boldsymbol{T}$ 的不同行(或列)对应元素之积的和等于 0，

即

$$\sum_{j=1}^{m} t_{kj}^2 = 1, \sum_{j=1}^{m} t_{kj} t_{lj} = 0 \ (k \neq l)$$

故

$$h_i^{*\,2} = \sum_{k=1}^{m} a_{ik}^2 = h_i^2$$

说明正交旋转后，变量的共同度没有发生变化.

类似地，可以求出第 j 个公共因子 F_j 的方差贡献：

$$\begin{aligned} g_j^{*\,2} &= \sum_{i=1}^{p} a_{ij}^{*\,2} = \sum_{i=1}^{p} (\sum_{k=1}^{m} a_{ik} t_{kj})^2 \\ &= \sum_{i=1}^{p} \sum_{k=1}^{m} a_{ik}^2 t_{kj}^2 + \sum_{i=1}^{p} \sum_{k,l=1,k\neq l}^{m} a_{ik} a_{il} t_{kj} t_{lj} \\ &= \sum_{k=1}^{m} t_{kj}^2 \left(\sum_{i=1}^{p} a_{ik}^2 \right) = \sum_{k=1}^{m} g_k^2 t_{kj}^2 \end{aligned}$$

说明正交旋转后公共因子的方差贡献率发生了变化.

3. 方差最大正交旋转法

使用图像法做正交旋转局限于 $m = 2$，当公共因子个数大于 2 个，即 $m > 2$ 时，无法通过目测确定旋转的角度，这时需要通过一种算法求解旋转的正交矩阵. 有很多的解析方法已经被提出，如方差最大正交旋转法、四次方

差最大正交旋转法、平均正交旋转法等,其中最常用的是方差最大正交旋转法. 因子旋转的目的是使各因子载荷实现两级分化,即实现各因子载荷之间的差异极大化,而描述差异性的统计指标是方差,所以,关键是方差最大化.

借鉴样本方差的定义,对于公共因子 F_k,在其上的因子载荷的方差定义为

$$\begin{aligned} V_k &= \frac{1}{p}\sum_{i=1}^{p}\left[\left(\frac{a_{ik}^2}{h_i^2}\right)-\frac{1}{p}\sum_{i=1}^{p}\left(\frac{a_{ik}^2}{h_i^2}\right)\right]^2 \\ &= \frac{1}{p}\sum_{i=1}^{p}\left(\frac{a_{ik}^2}{h_i^2}\right)^2-\left(\frac{1}{p}\sum_{i=1}^{p}\frac{a_{ik}^2}{h_i^2}\right)^2 \end{aligned}$$

取 a_{ik}^2 是为了消除 a_{ik} 符号不同的影响,除以 h_i^2 是为了消除各变量对因子依赖程度不同的影响. 所有公共因子载荷之间的总方差为 $V=\sum_{k=1}^{m}V_k$. 现在问题转化为求一个正交矩阵 $\boldsymbol{T}$,对已知的因子载荷矩阵 $\boldsymbol{A}$ 做相应的正交变换后,新的因子载荷矩阵中的元素能使 V 达到极大值.

回到 12 岁女孩的数据,方差最大正交旋转法得到的旋转后因子载荷与图像法得到的旋转后因子载荷(表 7.7)十分接近.

表 **7.7** 方差最大正交旋转后的因子载荷

变量	未旋转		图像法旋转		方差最大正交旋转		共同度 $\hat{h}_i^2$
	F_1	F_2	F_1	F_2	F_1	F_2	
友好	0.969	−0.231	0.927	0.367	0.951	0.298	0.993
聪明	0.519	0.807	0.037	0.959	0.033	0.959	0.921
快乐	0.785	−0.587	0.980	−0.031	0.975	−0.103	0.960
受人喜爱	0.971	−0.210	0.916	0.385	0.941	0.317	0.987
公正	0.704	0.667	0.194	0.950	0.263	0.993	0.940
特征值	3.263	1.538	2.696	2.106	2.811	1.991	4.802
方差贡献率	0.653	0.308	0.539	0.421	0.398	0.398	0.960
累积方差贡献率	0.653	0.960	0.539	0.960	0.960	0.960	0.960

7.4.3 斜交因子旋转

回到 12 岁女孩的例子,如果旋转后的坐标轴允许不再垂直(即斜交旋转),则因子轴 F_1^* 可以更加靠近第 1 个和第 4 个变量对应的点,如图 7.3 所示.

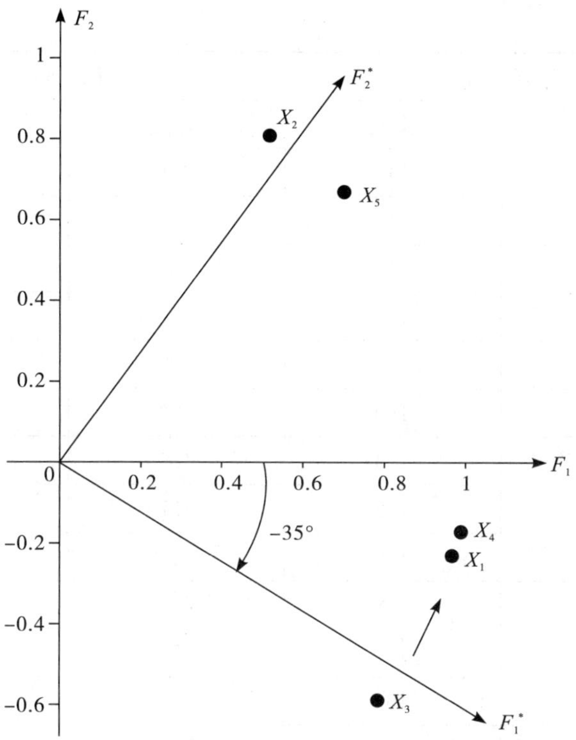

图 **7.3**　斜交旋转

不像正交因子旋转使用正交矩阵 $\boldsymbol{T}$,斜交旋转使用的是更一般的非奇异变换矩阵 $\boldsymbol{Q}$ 来得到 $\boldsymbol{F}^* = \boldsymbol{Q}'\boldsymbol{F}$,那么

$$Var(\boldsymbol{F}^*) = \boldsymbol{Q}'\boldsymbol{I}\boldsymbol{Q} = \boldsymbol{Q}'\boldsymbol{Q} \simeq \boldsymbol{I}$$

新的公共因子之间是相关的,不是正交的. 因此斜交变换下距离和角度不再保持不变,公共因子的共同度与原公共因子的共同度也会不同. 斜交旋转的好处是不受坐标轴相互垂直的限制,旋转后的坐标更容易靠近多的坐标点. 以婴儿头围数据为例,表 7.8 收集了 14 个家庭的第一胎和第二胎婴儿头围测量数据:

表 **7.8**　**14** 个家庭的第一胎和第二胎婴儿头围测量数据

第一胎		第二胎	
头长	头宽	头长	头宽
y_1	y_2	x_1	x_2
191	155	179	145

续表

第一胎		第二胎	
头长	头宽	头长	头宽
195	149	201	152
181	148	185	149
183	153	188	149
176	144	171	142
208	157	192	152
189	150	190	149
197	159	189	152
188	152	197	159
192	150	187	151
179	158	186	148
183	147	174	147
174	150	185	152
190	159	195	157

由数据可得各指标的相关系数矩阵：

$$\boldsymbol{R}=\begin{pmatrix} 1.000 & 0.735 & 0.711 & 0.704 \\ 0.735 & 1.000 & 0.693 & 0.709 \\ 0.711 & 0.693 & 1.000 & 0.839 \\ 0.704 & 0.709 & 0.839 & 1.000 \end{pmatrix}$$

表 7.9 分别是正交旋转和斜交旋转下因子载荷矩阵的对比：

表 **7.9**　正交旋转和斜交旋转下因子载荷矩阵

变量	正交旋转		斜交旋转	
	F_1	F_2	F_1	F_2
1	0.42	0.82	0.03	0.90
2	0.40	0.85	−0.03	0.96
3	0.87	0.41	0.97	−0.01
4	0.86	0.43	0.95	0.01

与方差最大正交旋转因子载荷相比，斜交旋转因子载荷的结构更加简洁，但解释起来完全一样.

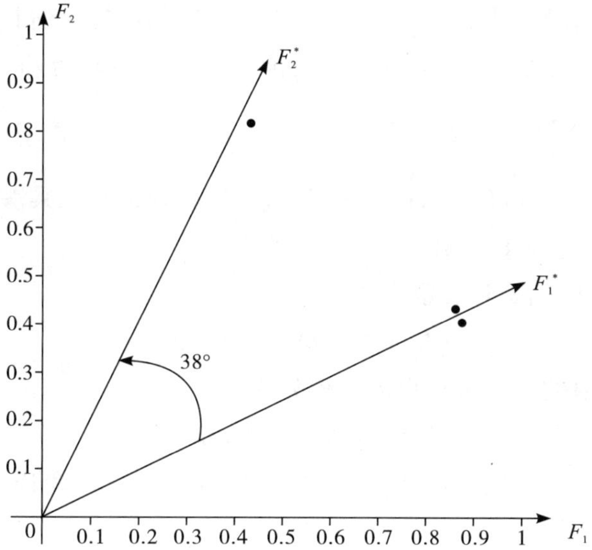

图 **7.4**　斜交旋转得到的两个坐标轴的夹角

斜交旋转得到的两个坐标轴的夹角为 38°(图 7.4)，两个旋转后的公共因子之间的相关性则为 0.79. 两个坐标轴间的夹角小于 45°，说明旋转后的公共因子之间存在较大的相关性，可以继续将它们的公共信息进行提取，实际上只需要一个公共因子就够了.

7.5　因子得分

因子模型建立后，往往希望知道各个样品在各因子上的取值，从而能根据因子取值将样品分类，研究各样品间的差异. 将样品在公共因子上的取值称为因子得分. 在因子模型 $\boldsymbol{X}=\boldsymbol{AF}+\boldsymbol{\varepsilon}$ 中，如果不考虑特殊因子 $\boldsymbol{\varepsilon}$ 的影响，当 $m=p$ 且 $\boldsymbol{A}$ 可逆时，可以直接计算出每个样品的因子得分 $\boldsymbol{F}=\boldsymbol{A}^{-1}\boldsymbol{X}$，但因子分析模型在实际应用中要求 $m<p$，因此不能精确计算出因子的得分情况，只能对因子得分进行估计. 估计因子得分的方法很多，本节介绍常用的因子得分估计方法：加权最小二乘法和回归法.

7.5.1　加权最小二乘法

因子模型 $\boldsymbol{X}=\boldsymbol{AF}+\boldsymbol{\varepsilon}$ 类似于回归模型 $\boldsymbol{Y}=\boldsymbol{X\beta}+\boldsymbol{\varepsilon}$，因此可以采用类似于

求解线性回归模型的方法来得到公共因子 $F_1, F_2, \cdots, F_m$ 的近似解. 我们已知回归模型 $\boldsymbol{Y}=\boldsymbol{X\beta}+\boldsymbol{\varepsilon}$ 的解为 $\hat{\boldsymbol{\beta}}=(\boldsymbol{X}'\boldsymbol{X})^{-1}\boldsymbol{X}'\boldsymbol{Y}$. 由于因子模型 p 个特殊因子的方差一般并不相等，因此应采用加权最小二乘法进行估计，即寻求 F_1，$F_2, \cdots, F_p$ 的一组值 $\hat{F}_1, \hat{F}_2, \cdots, \hat{F}_p$，使得加权的“偏差”平方和

$$\sum_{i=1}^{p}\left[X_i-(a_{i1}\hat{F}_1+a_{i2}\hat{F}_2+\cdots+a_{im}\hat{F}_m)\right]^2/\sigma_i^2 \tag{7.4}$$

达到最小，这样求得的解 $\hat{F}_1, \hat{F}_2, \cdots, \hat{F}_p$ 就是用加权最小二乘法得到的因子得分，有时称之为巴特莱特(Bartlett)因子得分.

式(7.4)可以用矩阵表示为

$$(\boldsymbol{X}-\boldsymbol{A}\hat{\boldsymbol{F}})'\boldsymbol{\Phi}^{-1}(\boldsymbol{X}-\boldsymbol{A}\hat{\boldsymbol{F}})$$

用微分学求极值的方法可求得因子得分为

$$\hat{\boldsymbol{F}}=(\boldsymbol{A}'\boldsymbol{\Phi}^{-1}\boldsymbol{A})^{-1}\boldsymbol{A}'\boldsymbol{\Phi}^{-1}\boldsymbol{X}$$

将样品数据 $\boldsymbol{x}=(x_1, x_2, \cdots, x_j)'$ 和已估计的参数 $\hat{\boldsymbol{A}}, \hat{\boldsymbol{\Phi}}$ 代入上式，即得相应的因子得分：

$$\hat{F}_j=(\hat{\boldsymbol{A}}'\hat{\boldsymbol{\Phi}}^{-1}\hat{\boldsymbol{A}})^{-1}\hat{\boldsymbol{A}}'\hat{\boldsymbol{\Phi}}^{-1}x_j, j=1,2,\cdots,m$$

7.5.2 回归法

假设随机向量 $\boldsymbol{X}$ 及公共因子 $\boldsymbol{F}$ 都已进行标准化处理，并假设公共因子是 p 个原始变量的线性回归，即

$$\hat{F}_j=b_{j1}X_1+b_{j2}X_2+\cdots+b_{jp}X_p, j=1,2,\cdots,m$$

其矩阵形式为

$$\hat{\boldsymbol{F}}=\boldsymbol{BX}, \hat{\boldsymbol{F}}=(\hat{F}_1, \hat{F}_2, \cdots, \hat{F}_m)', \boldsymbol{B}=(b_{ij})_{m\times p}, \boldsymbol{X}=(X_1, X_2, \cdots, X_p)'$$

如果求出上述回归方程的系数，即可求得各公共因子估计值. 由因子载荷的统计意义知

$$\begin{aligned} a_{ij} &= Cov(X_i, \hat{F}_j)=Cov(X_i, b_{j1}X_1+b_{j2}X_2+\cdots+b_{jp}X_p) \\ &= b_{j1}r_{i1}+b_{j2}r_{i2}+\cdots+b_{jp}r_{ip} \end{aligned}$$

即

$$\boldsymbol{A}=\boldsymbol{RB}' \tag{7.5}$$

其中 $\boldsymbol{A}=(a_{ij})_{p\times m}$ 为因子载荷矩阵，$\boldsymbol{R}=(r_{ij})_{p\times p}$ 为样本相关系数矩阵，$\boldsymbol{B}=(b_{ij})_{m\times p}$ 为因子得分系数矩阵.

由式(7.5)可求得因子得分系数矩阵为

$$\boldsymbol{B}=\boldsymbol{A}'\boldsymbol{R}^{-1}$$

所以,因子得分变量为

$$\hat{\boldsymbol{F}}=\boldsymbol{BX}=\boldsymbol{A}'\boldsymbol{R}^{-1}\boldsymbol{X}$$

7.6 实际案例分析

案例7.1 每个行业的发展必须有劳动者的支持,劳动者的工资水平直接关系个人、家庭的生活情况,反映了一个地区的经济发展水平.为考察我国各个省域城镇居民的工资水平,本例收集了2019年我国30个省、自治区、直辖市(由于西藏部分数据缺失,不予考虑)中18个行业城镇私营单位就业人员平均工资水平.这18个行业分别为X_1:农、林、牧、渔业;X_2:采矿业;X_3:制造业;X_4:电力、热力、燃气及水生产和供应业;X_5:建筑业;X_6:批发和零售业;X_7:交通运输、仓储和邮政业;X_8:住宿和餐饮业;X_9:信息传输、软件和信息技术服务业;X_{10}:金融业;X_{11}:房地产业;X_{12}:租赁和商务服务业;X_{13}:科学研究和技术服务业;X_{14}:水利、环境和公共设施管理业;X_{15}:居民服务、修理和其他服务业;X_{16}:教育;X_{17}:卫生和社会工作;X_{18}:文化、体育和娱乐业.原始数据见表7.10(数据来源于2019年《中国统计年鉴》).

表**7.10** 各行业人员平均工资水平

地区	农、林、牧、渔业	采矿业	制造业	电力、热力、燃气及水生产和供应业	建筑业	批发和零售业
北京	43879	57635	71612	64970	60527	64002
天津	39708	68541	65203	61804	52389	51570
河北	33259	37159	40363	47883	41751	37121
…	…	…	…	…	…	…
青海	28831	42501	38625	49591	40529	44440
宁夏	32661	42904	44872	48425	44869	37524
新疆	34594	54074	43875	51917	45567	35149

地区	交通运输、仓储和邮政业	住宿和餐饮业	信息传输、软件和信息技术服务业	金融业	房地产业	租赁和商务服务业
北京	54061	51289	130984	178822	90586	73766
天津	56337	48171	99540	84834	59620	74237
河北	43724	34196	44156	45684	40842	37395
…	…	…	…	…	…	…
青海	47010	32990	39632	29454	29670	29215
宁夏	43803	34113	40842	43400	39663	35804
新疆	51558	37816	42401	51368	41939	36573

地区	科学研究和技术服务业	水利、环境和公共设施管理业	居民服务、修理和其他服务业	教育	卫生和社会工作	文化、体育和娱乐业
北京	86722	56309	45627	81359	84725	70601
天津	76584	52421	48421	62304	52472	58991
河北	42860	37634	35881	42262	41185	36965
…	…	…	…	…	…	…
青海	57641	36890	41491	41935	34951	43044
宁夏	43464	36498	36189	35089	39503	35359
新疆	48118	37629	35209	38608	52660	41101

1. SPSS 实现步骤及结果分析

(1)在 SPSS 数据窗口录入表 7.10 的数据,然后依次点选“分析—降维—因子”命令,进入“因子分析”主对话框.然后将 18 个指标变量选入“变量”框中,如图 7.5 所示.

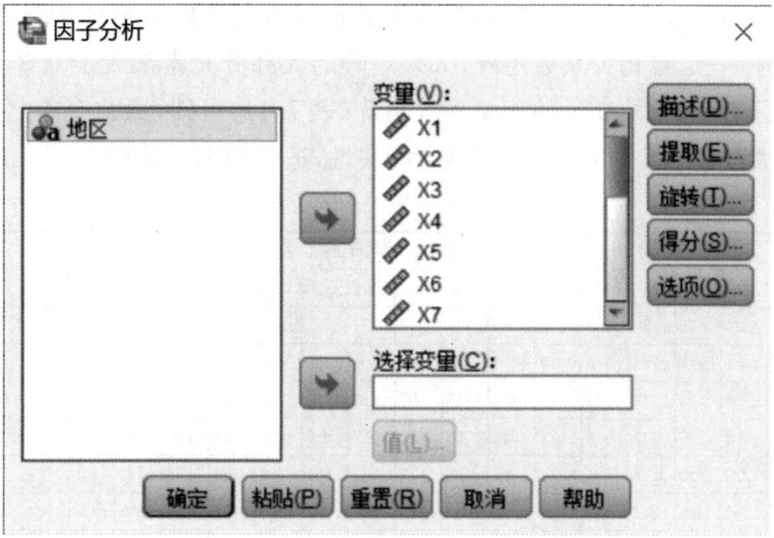

图 **7.5**　因子分析主对话框

(2)单击“因子分析”对话框右侧“描述”按钮,进入“描述”子对话框.“统计”栏按系统默认值选择“初始解”;“相关性矩阵”栏选中“系数、KMO 和巴特利特球形度检验”两个选项(图 7.6),输出结果如表 7.11、表 7.12 所示.

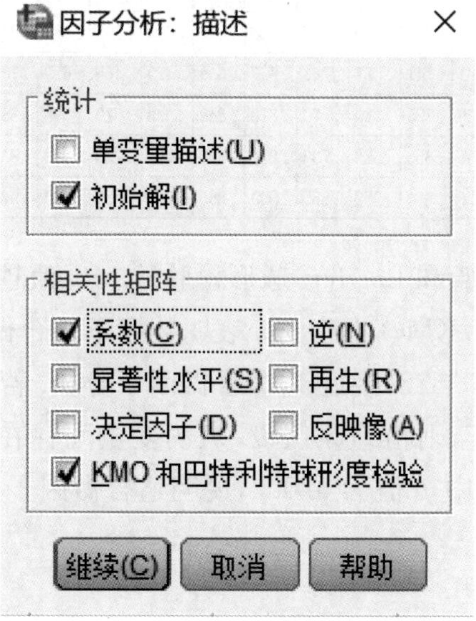

图 **7.6**　“描述”子对话框

在做因子分析之前，应当检验一下数据是否适合做因子分析．检验的方法有两种：一是看相关系数矩阵，如果矩阵的大部分元素都大于 0.3，则适合做因子分析．由原始变量的相关系数矩阵(表 7.11)可知，原始变量之间的相关系数大都在 0.6 以上，存在较强的相关性，适合做因子分析．

表 **7.11**　相关系数矩阵

相关性矩阵																			
		X_1	X_2	X_3	X_4	X_5	X_6	X_7	X_8	X_9	X_{10}	X_{11}	X_{12}	X_{13}	X_{14}	X_{15}	X_{16}	X_{17}	X_{18}
相关性	X_1	1.000	.541	.750	.608	.726	.769	.811	.813	.593	.507	.639	.711	.665	.740	.786	.599	.671	.689
	X_2	.541	1.000	.725	.756	.610	.486	.577	.602	.509	.594	.497	.547	.510	.518	.467	.531	.471	.560
	X_3	.750	.725	1.000	.745	.888	.882	.759	.907	.872	.770	.743	.861	.865	.832	.769	.876	.841	.894
	X_4	.608	.756	.745	1.000	.624	.653	.590	.693	.517	.652	.404	.524	.600	.669	.691	.729	.565	.676
	X_5	.726	.610	.888	.624	1.000	.823	.785	.816	.782	.603	.663	.720	.731	.734	.741	.725	.856	.824
	X_6	.769	.486	.882	.653	.823	1.000	.820	.899	.851	.662	.726	.851	.911	.890	.827	.820	.833	.922
	X_7	.811	.577	.759	.590	.785	.820	1.000	.848	.660	.456	.631	.758	.750	.785	.741	.570	.736	.855
	X_8	.813	.602	.907	.693	.816	.899	.848	1.000	.791	.673	.737	.873	.848	.830	.797	.818	.814	.899
	X_9	.593	.509	.872	.517	.782	.851	.660	.791	1.000	.765	.820	.903	.903	.817	.639	.843	.860	.865
	X_{10}	.507	.594	.770	.652	.603	.662	.456	.673	.765	1.000	.753	.695	.712	.655	.479	.832	.761	.707
	X_{11}	.639	.497	.743	.404	.663	.726	.631	.737	.820	.753	1.000	.816	.716	.705	.465	.679	.730	.759
	X_{12}	.711	.547	.861	.524	.720	.851	.758	.873	.903	.695	.816	1.000	.893	.882	.679	.796	.793	.866
	X_{13}	.665	.510	.865	.600	.731	.911	.750	.848	.903	.712	.716	.893	1.000	.897	.778	.884	.830	.923
	X_{14}	.740	.518	.832	.669	.734	.890	.785	.830	.817	.655	.705	.882	.897	1.000	.833	.823	.779	.900
	X_{15}	.786	.467	.769	.691	.741	.827	.741	.797	.639	.479	.465	.679	.778	.833	1.000	.745	.634	.770
	X_{16}	.599	.531	.876	.729	.725	.820	.570	.818	.843	.832	.679	.796	.884	.823	.745	1.000	.818	.869
	X_{17}	.671	.471	.841	.565	.856	.833	.736	.814	.860	.761	.730	.793	.830	.779	.634	.818	1.000	.876
	X_{18}	.689	.560	.894	.676	.824	.922	.855	.899	.865	.707	.759	.866	.923	.900	.770	.869	.876	1.000

二是用 KMO 检验和 Bartlett 球形检验．KMO 值越大(越接近 1)表示数据越适合做因子分析，KMO 小于 0.5 表明数据不适合做因子分析．表7.12中 KMO 统计量的值为 0.828，接近 1，适合做因子分析．若 Bartlett 球形检验统计量的 p 值小于 0.05，则拒绝原假设，表明变量间存在较强的相关性，适合做因子分析．表 7.12 中 p 值为 0.000，说明适合做因子分析而且因子分析的效果较好．

表 **7.12**　**KMO** 检验和 **Bartlett** 球形检验

KMO 检验和巴特利特球形检验		
KMO 取样适切性量数		.828
巴特利特球形度检验	近似卡方	792.726
	自由度	153
	显著性	.000

(3)单击“因子分析”对话框右侧“提取”按钮，进入“提取”子对话框.“方法”栏是提取公共因子的方法，有“主成分、最大似然、主轴因式分解”等方法供选择，这里选取系统默认选项“主成分”；“分析”栏选中默认的“相关性矩阵”选项；“显示”栏选中“未旋转因子解、碎石图”两个选项；“提取”栏选中“基于特征值”，确定公共因子提取准则是特征值大于 1(图 7.7). 点击“继续”，输出结果见表 7.13 至表 7.15.

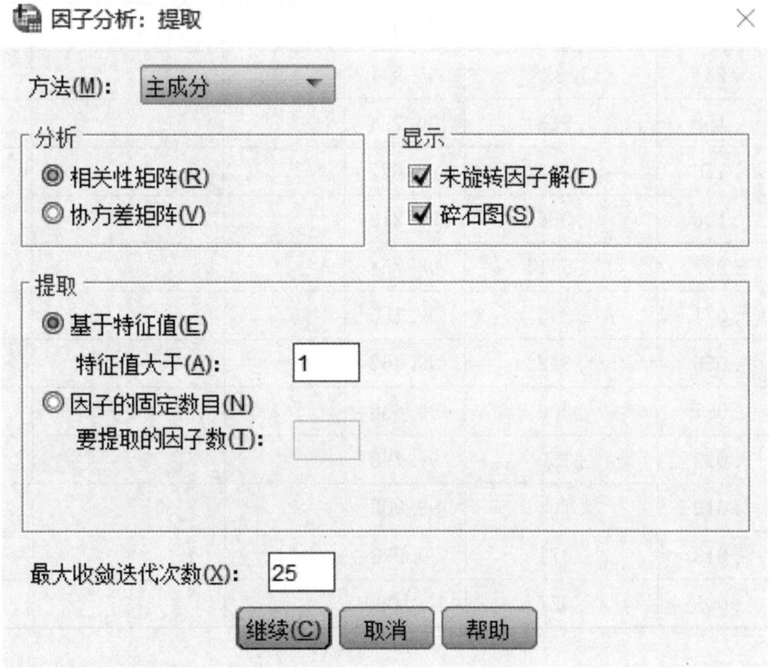

图 **7.7**　“提取”子对话框

表 7.13 表明提取了两个公共因子，前两个公共因子的累积方差贡献率为 81.548%，即前两个公共因子反映原始变量信息已经占到原始变量总信息量的 81.548%，说明提取两个公共因子保留了原始变量 80%以上的信息，公共因子的解释能力较强. 再结合碎石图(图 7.8)，也可以看出提取两个公共因子是合适的，因为到第三个公共因子时，特征值已经开始趋于平稳.

表 **7.13** 总方差解释

	初始特征值			提取载荷平方和		
成分	总计	方差百分比	累积/%	总计	方差百分比	累积/%
1	13.609	75.606	75.606	13.609	75.606	75.606
2	1.070	5.942	81.548	1.070	5.942	81.548
3	.965	5.359	86.907			
4	.636	3.533	90.440			
5	.402	2.233	92.673			
6	.342	1.900	94.574			
7	.241	1.338	95.911			
8	.159	.883	96.794			
9	.150	.833	97.627			
10	.106	.586	98.213			
11	.097	.541	98.754			
12	.071	.395	99.150			
13	.056	.312	99.462			
14	.037	.206	99.668			
15	.023	.130	99.798			
16	.019	.104	99.902			
17	.013	.071	99.973			
18	.005	.027	100.000			

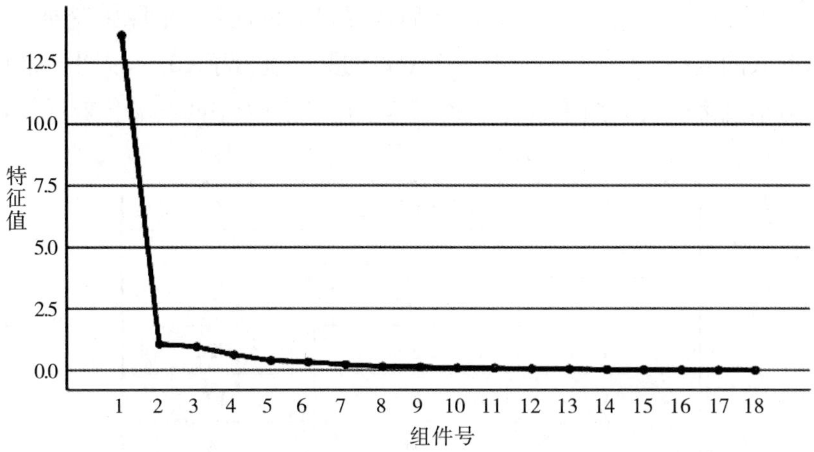

图 **7.8**　碎石图

表 **7.14**　变量共同度

公因子方差		
	初始	提取
X_1	1.000	.737
X_2	1.000	.598
X_3	1.000	.923
X_4	1.000	.763
X_5	1.000	.777
X_6	1.000	.888
X_7	1.000	.766
X_8	1.000	.892
X_9	1.000	.926
X_{10}	1.000	.675
X_{11}	1.000	.769
X_{12}	1.000	.874
X_{13}	1.000	.890
X_{14}	1.000	.845
X_{15}	1.000	.777
X_{16}	1.000	.822
X_{17}	1.000	.838
X_{18}	1.000	.918

表 7.14 列出了提取 2 个公共因子后的变量共同度. 18 个原始变量中，有 10 个变量的共同度在 80%以上，只有两个变量的共同度低于 70%，说明各原始变量的大部分信息都被公共因子解释，原始变量到公共因子空间的转化效果较好.

表 **7.15** 因子载荷矩阵

成分矩阵		
	成分	
	1	2
X_1	.806	.294
X_2	.660	.402
X_3	.960	.046
X_4	.741	.463
X_5	.875	.104
X_6	.942	−.024
X_7	.842	.237
X_8	.941	.080
X_9	.902	−.337
X_{10}	.783	−.247
X_{11}	.801	−.357
X_{12}	.912	−.206
X_{13}	.929	−.161
X_{14}	.919	−.007
X_{15}	.824	.312
X_{16}	.897	−.135
X_{17}	.893	−.202
X_{18}	.956	−.064

表 7.15 是因子载荷矩阵，它是因子命名的主要依据. 载荷矩阵第 1 行元素的平方和即为第一个变量 X_1 的共同度；第一列元素的平方和即第一特征值；其他的行和列也具有类似关系.

(4)为了使公共因子的含义更容易解释，需要进行因子旋转. 单击“因子分析”对话框右侧“旋转”按钮，进入“旋转”子对话框. “方法”栏提供了各种因子旋转转的方法，有“最大方差法、直接斜交法、四次幂极大法、等量最大法、最优斜交法”等方法供选择，这里选取最常用的选项“最大方差法”，同时选中“显示”栏中的“旋转后的解”选项(图 7.9). 运行后的结果见表 7.16、表 7.17.

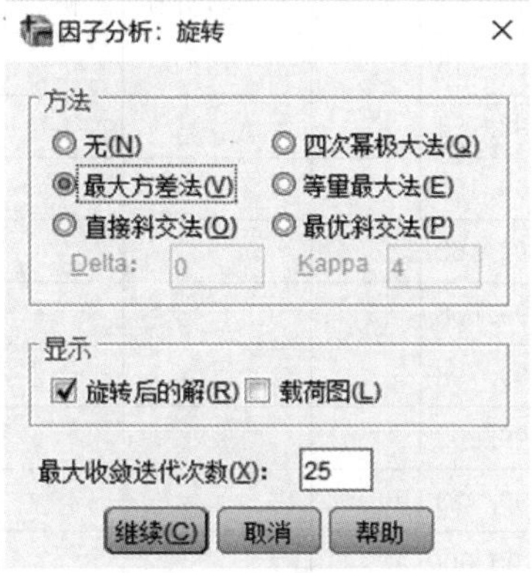

图 **7.9**　“旋转”子对话框

表 7.16 是总方差解释，与表 7.13 的含义类似，只不过多出旋转后的特征根、方差贡献率、累积方差贡献率结果，对比旋转前后的方差贡献率，前两个公共因子的累积方差贡献率没有发生变化，但每个因子的特征根发生了变化，相应的方差贡献率也发生了变化. 可以说，因子旋转相当于在确定的公共因子数目下，将相同的累积方差贡献率在各个公共因子上重新分配.

表 **7.16**　总方差解释

总方差解释									
成分	初始特征值			提取载荷平方和			旋转载荷平方和		
	总计	方差百分比	累积/%	总计	方差百分比	累积/%	总计	方差百分比	累积/%
1	13.609	75.606	75.606	13.609	75.606	75.606	8.334	46.302	46.302
2	1.070	5.942	81.548	1.070	5.942	81.548	6.344	35.245	81.548
3	.965	5.359	86.907						
4	.636	3.533	90.440						
5	.402	2.233	92.673						
6	.342	1.900	94.574						
7	.241	1.338	95.911						
8	.159	.883	96.794						
9	.150	.833	97.627						

续表

总方差解释									
成分	初始特征值			提取载荷平方和			旋转载荷平方和		
	总计	方差百分比	累积/%	总计	方差百分比	累积/%	总计	方差百分比	累积/%
10	.106	.586	98.213						
11	.097	.541	98.754						
12	.071	.395	99.150						
13	.056	.312	99.462						
14	.037	.206	99.668						
15	.023	.130	99.798						
16	.019	.104	99.902						
17	.013	.071	99.973						
18	.005	.027	100.000						

提取方法:主成分分析法.

表 7.17 为旋转后的因子载荷矩阵,与表 7.15 对比,可以发现,各公共因子在 18 个变量上的载荷更趋于两极分化.

表 **7.17** 旋转后的因子载荷矩阵

旋转后的成分矩阵		
	成分	
	1	2
X_1	.424	.746
X_2	.241	.735
X_3	.701	.657
X_4	.264	.833
X_5	.599	.647
X_6	.733	.592
X_7	.488	.726
X_8	.665	.671
X_9	.905	.328
X_{10}	.756	.320
X_{11}	.841	.248
X_{12}	.828	.435
X_{13}	.812	.479

续表

旋转后的成分矩阵		
	成分	
	1	2
X_{14}	.704	.591
X_{15}	.425	.772
X_{16}	.770	.479
X_{17}	.811	.425
X_{18}	.769	.571

由表 7.17 可以看出，第一个公共因子 F_1 在变量 X_9：信息传输、软件和信息技术服务业；X_{11}：房地产业；X_{12}：租赁和商务服务业；X_{13}：科学研究和技术服务业；X_{14}：水利、环境和公共设施管理业；X_{16}：教育；X_{17}：卫生和社会工作上有较大的载荷，它们是住房、教育、公共设施等民生服务密切相关的变量，因此该因子可命名为民生服务行业因子. 第二个公共因子 F_2 在 X_1：农、林、牧、渔业；X_2：采矿业；X_4：电力、热力、燃气及水生产和供应业；X_7：交通运输、仓储和邮政业；X_{15}：居民服务、修理和其他服务业这些变量上有较大的载荷，这些变量反映的是工农水电等民生基础行业，因此该因子可命名为民生基础行业因子.

由图 7.10 可以看出除北京在因子 F_2 上得分较大外，其他地区在 F_2 上得分相差不是特别大，说明北京的金融业、房地产业、信息运输业发展较好. 北京属于工资水平较高的地区，青海的金融业、房地产业、信息运输业最不好. 在主要代表民生服务行业的公共因子 F_1 上，得分最高的是云南，说明云南省的农、林、牧、渔业，交通运输业以及其他服务业发展较好，但云南在公共因子 F_2 上得分较低，故应调整其金融业、房地产业、信息运输业等行业的平均工资，以推动当地该行业的发展.

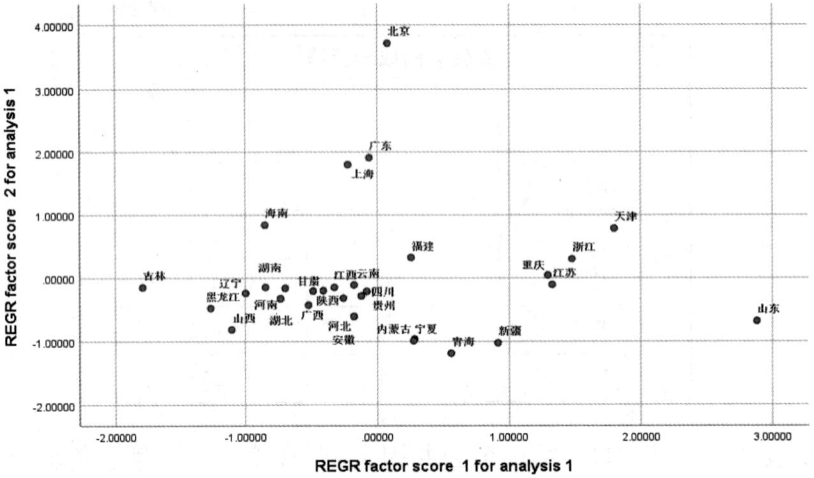

图 7.10

(5) 因子得分. 单击“因子分析”对话框右侧“得分”按钮,进入“因子得分”子对话框. 选中“保存为变量”,“方法”栏选中“回归”选项,勾选“显示因子得分系数矩阵”(图 7.11). 运行后的结果见表 7.18.

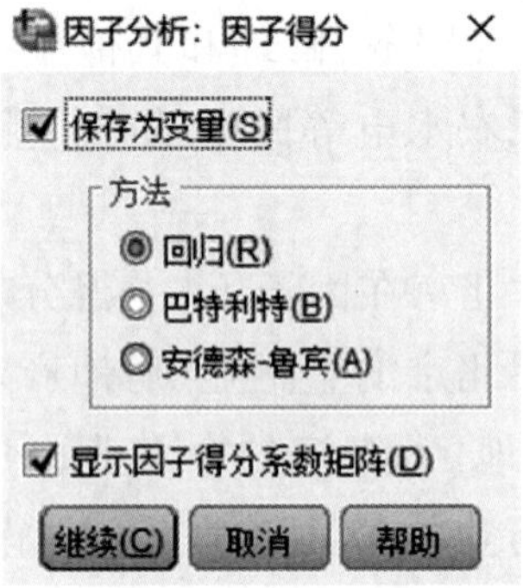

图 7.11 因子得分子对话框

表 7.18 是因子得分系数矩阵,由此可以得到两个公共因子得分表达式:

$$\begin{aligned} f_1 = & -0.133x_1 - 0.207x_2 + 0.026x_3 - 0.239x_4 - 0.014x_5 \\ & + 0.068x_6 - 0.096x_7 + 0.004x_8 + 0.255x_9 + 0.193x_{10} \\ & + 0.261x_{11} + 0.176x_{12} + 0.150x_{13} + 0.056x_{14} \\ & - 0.143x_{15} + 0.132x_{16} + 0.173x_{17} + 0.092x_{18} \end{aligned}$$

$$f_2 = 0.247x_1 + 0.318x_2 + 0.078x_3 + 0.365x_4 + 0.116x_5 + 0.027x_6$$

$$+0.208x_7+0.102x_8-0.197x_9-0.138x_{10}-0.216x_{11}$$
$$-0.103x_{12}-0.071x_{13}+0.039x_{14}+0.261x_{15}$$
$$-0.053x_{16}-0.102x_{17}+0.000x_{18}$$

表 **7.18**　因子得分系数矩阵

成分得分系数矩阵		
	成分	
	1	2
X_1	−.133	.247
X_2	−.207	.318
X_3	.026	.078
X_4	−.239	.365
X_5	−.014	.116
X_6	.068	.027
X_7	−.096	.208
X_8	.004	.102
X_9	.255	−.197
X_{10}	.193	−.138
X_{11}	.261	−.216
X_{12}	.176	−.103
X_{13}	.150	−.071
X_{14}	.056	.039
X_{15}	−.143	.261
X_{16}	.132	−.053
X_{17}	.173	−.102
X_{18}	.092	.000

将每个地区的 18 个标准化变量值代入上述表达式，即可得到如图 7.12 所示的因子得分. 因子得分子对话框中选中“保存为变量”，SPSS 软件会以变量形式自动保存到数据文件中.

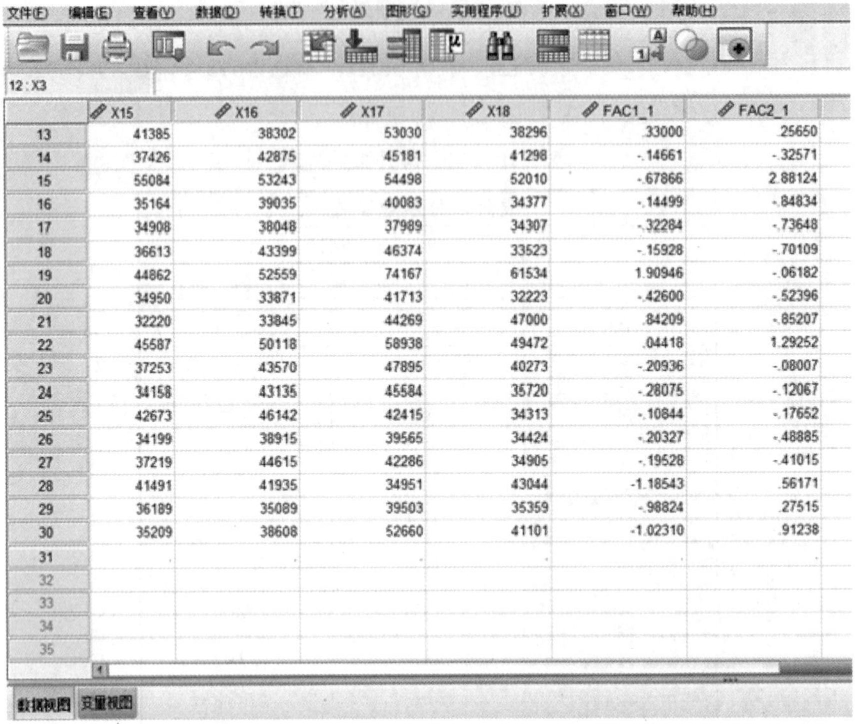

	X15	X16	X17	X18	FAC1_1	FAC2_1
13	41385	38302	53030	38296	.33000	.25650
14	37426	42875	45181	41298	-.14661	-.32571
15	55084	53243	54498	52010	-.67866	2.88124
16	35164	39035	40083	34377	-.14499	-.84834
17	34908	38048	37989	34307	-.32284	-.73648
18	36613	43399	46374	33523	-.15928	-.70109
19	44862	52559	74167	61534	1.90946	-.06182
20	34950	33871	41713	32223	-.42600	-.52396
21	32220	33845	44269	47000	.84209	-.85207
22	45587	50118	58938	49472	.04418	1.29252
23	37253	43570	47895	40273	-.20936	-.08007
24	34158	43135	45584	35720	-.28075	-.12067
25	42673	46142	42415	34313	-.10844	-.17652
26	34199	38915	39565	34424	-.20327	-.48885
27	37219	44615	42286	34905	-.19528	-.41015
28	41491	41935	34951	43044	-1.18543	.56171
29	36189	35089	39503	35359	-.98824	.27515
30	35209	38608	52660	41101	-1.02310	.91238
31	.	.	.	.	.	.
32						
33						
34						
35						

图 **7.12** 各地区因子得分

与主成分分析中的主成分得分一样，也可以将因子得分用于综合评价. 对于此例，计算各样品综合得分的公式可表示为

$$f=\frac{\lambda_1}{\lambda_1+\lambda_2}f_1+\frac{\lambda_2}{\lambda_1+\lambda_2}f_2$$

其中，f_1、f_2 为因子得分，λ_1、λ_2 为特征根，分别为 13.609、1.070.

此外，因子得分还可用于聚类分析、判别分析、回归分析等，具体过程与主成分分析完全类似.

案例 7.2 随着市场竞争的日益激烈，公司在人才选择方面更加注重人才的综合素质，并结合职位特定特征选择专门人才. 在本案例中选取一家集生产与销售于一体的大公司在人才招聘中的数据，从综合素质以及招聘职位来选择优秀的员工. “华威”公司是一家集生产、销售为一体的大型国际著名公司. 现公司计划录用 6 名员工. 经过初选，公司对 48 位应聘者进行面试，面试共有 15 项指标，这 15 项指标分别是：求职信形式(FL)、外貌(APP)、专业能力(AA)、讨人喜欢能力(LA)、自信心(SC)、洞察力(LC)、诚实(HON)、推销能力(SMS)、经验(EXP)、驾驶水平(DRV)、事业心(AMB)、理解能力(GSP)、潜在能力(POT)、交际能力(KJ)和适应性(SUIT). 每项指标的分数是从 0 分到 10 分,0 分最低,10 分最高. 每位求职者的 15 项指标的得分在文件(应聘者得分记录. xls)中. 试根据应聘者综合素质选出 6 名优秀员工,若将这 6 名员工分别分配到管理、销售和生产部门各 2 名,给出合理的分配方案.

1. SPSS 操作步骤

(1)数据标准化. 由于数据均为在面试中的打分成绩,量纲相同,并且观察数据的分布,并无异常值的出现,因此数据没有必要进行标准化,可以直接进行分析.

(2)建立相关系数矩阵. 利用 SPSS 软件,计算皮尔森相关系数并进行卡方双尾检验,可以看出变量间存在很大的相关性,见表 7.19.

表 **7.19**　相关系数矩阵

Correlations															
	求职信形式	外貌	专业能力	讨人喜欢能力	自信心	洞察力	诚实	推销能力	经验	驾驶水平	事业心	理解能力	潜在能力	交际能力	适应性
求职信形式	1														
外貌	0.24	1													
专业能力	0.04	0.12	1												
讨人喜欢能力	0.31	0.38	0.00	1											
自信心	0.09	0.43	0.00	0.30	1										
洞察力	0.23	0.37	0.08	0.48	0.81	1									
诚实	−0.11	0.35	−0.03	0.65	0.41	0.36	1								
推销能力	0.27	0 49	0.05	0.36	0.80	0.82	0.24	1							
经验	0.55	0.14	0.27	0.14	0.02	0.15	−0.16	0.26	1						
驾驶水平	0.35	0.34	0.09	0.39	0.70	0.70	0.28	0.81	0.34	1					
事业心	0.28	0.55	0.04	0.35	0.84	0.76	0.21	0.86	0.20	0.78	1				
理解能力	0.34	0.51	0.20	0.50	0.72	0.88	0.39	0.78	0.30	0.71	0.78	1			
潜在能力	0.37	0.51	0.29	0.61	0.67	0.78	0.42	0.75	0.35	0.79	0.77	0.88	1		
交际能力	0.47	0.28	−0.32	0.69	0.48	0.53	0.45	0.56	0.21	0.61	0.55	0.55	0.54	1	
适应性	0.59	0.38	0.14	0.33	0.25	0.42	0.00	0.56	0.69	0.62	0.43	0.53	0.57	0.40	1

(3)进行方法适用性检验——KMO 检验和巴特利特球形检验. KMO 值:0.9 以上非常好;0.8 以上好;0.7 一般;0.6 差;0.5 很差;0.5 以下不能接

受.巴特利特球形检验原假设 H_0:相关矩阵为单位矩阵.

KMO and Bartlett's Test

Kaiser-Meyer-Olkin Measure of Sampling Adequacy.		.784
Bartlett's Test of Sphericity	Approx. Chi-Square	645.317
	df	105
	Sig.	.000

图 **7.13** KMO 检验和巴特利特球形检验结果

通过观察上面的计算结果(图 7.13)可以知道,KMO 值为 0.784,在较好的范围内;而巴特利特球形检验的 sig 值为 0.00,拒绝原假设,说明相关矩阵并非单位矩阵,变量的相关系数较为显著,变量之间存在显著的相关性,适合做因子分析.

(4)SPSS 选项:Analyze—Data Reduction—Factor.用 Extraction,选择提取公共因子的方法(如果是主成分分析,则选 Principal Components);用 Rotation,选择因子旋转方法(如果是主成分分析就选 None);用 Scores 计算因子得分,再选择 Save as variables(因子得分就会作为变量存在数据中的附加列上)和计算因子得分的方法(比如 Regression);要想输出 Component Score Coefficient Matrix 表,就要选择 Display factor score coefficient matrix.

2. 结果分析

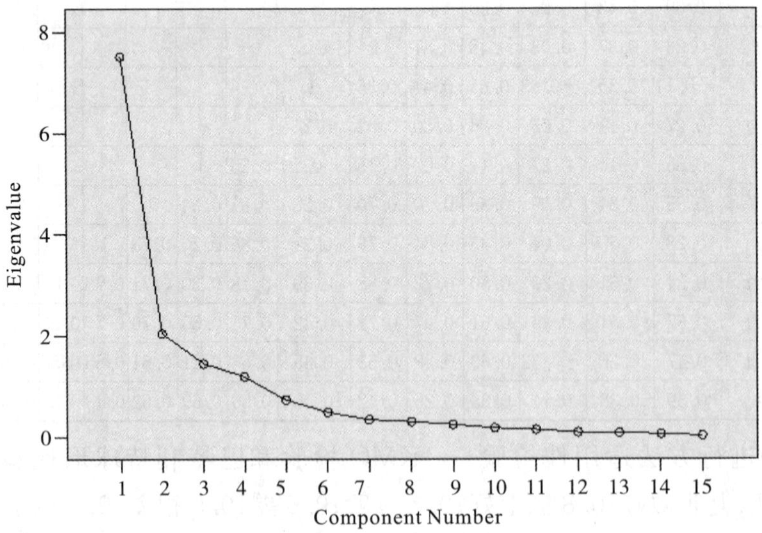

图 **7.14** 碎石图

通过图 7.14 可以明显看出前五个因子可以解释大部分的方差，到第六个因子以后，曲线逐渐平缓，解释能力不强，因此可以提取五个公共因子.

表 **7.20** 特征值与方差贡献率

Compoent	Initial Eigenvalues			Extraction Sums of Squared Loadings		
	Total	%of Variance	Cumulative%	Total	%of Variance	Cumulative%
1	7.514	50.092	50.092	7.514	50.092	50.092
2	2.056	13.709	63.801	2.056	13.709	63.801
3	1.456	9.705	73.506	1.456	9.705	73.506
4	1.198	7.986	81.492	1.198	7.986	81.492
5	.739	4.928	86.420	.739	4.928	86.420
6	.495	3.297	89.717			
7	.351	2.342	92.059			
8	.310	2.066	94.125			
9	.257	1.713	95.838			
10	.185	1.233	97.071			
11	.153	1.018	98.088			
12	.098	.650	98.739			
13	.089	.592	99.331			
14	.065	.431	99.762			
15	.036	.238	100.000			

从方差贡献率(表 7.20) 可以看出，第一个公共因子解释了总方差的 50.092%，五个公共因子的累积方差贡献率为86.42%，可以较好地解释总体方差.

表 **7.21** 因子载荷矩阵

Component Matrix[a]

	component				
	1	2	3	4	5
求职信形式	.445	.615	.381	−.103	.098
外貌	.584	−.051	−.028	.287	.748

续表

	component				
	1	2	3	4	5
专业能力	.110	.340	−.519	.696	−.183
讨人喜欢能力	.617	−.186	.562	.378	−.111
自信心	.796	−.357	−.291	−.189	.004
洞察力	.863	−.188	−.181	−.078	−.178
诚实	.433	−.581	.343	.456	−.055
推销能力	.889	−.042	−.224	−.217	.032
经验	.367	.793	.100	.074	−.089
驾驶水平	.864	.066	−.096	−.171	−.173
事业心	.872	−.098	−.252	−.218	.140
理解能力	.909	−.033	−.141	.082	−.071
潜在能力	.914	.032	−.088	.206	−.109
交际能力	.711	−.118	.564	−.220	−.096
适应性	.647	.603	.108	−.022	.070

通过因子载荷矩阵(表 7.21)可以看出公共因子的意义并不是十分明确,为了更好地对公共因子进行解释与说明,进行因子旋转,选取方差最大旋转方法,并保留因子得分.

表 **7.22**　旋转后的因子载荷矩阵

Rotated Component Matrix[a]

	component				
	1	2	3	4	5
求职信形式	.107	.830	.097	−.147	.101
外貌	.325	.149	.216	.057	.899
专业能力	.065	.120	−.013	.946	.038
讨人喜欢能力	.230	.240	.875	−.042	.092
自信心	.907	−.110	.142	−.068	.150
洞察力	.877	.092	.267	.041	.005
诚实	.217	−.247	.848	.022	.161
推销能力	.897	.220	.078	−.050	.168

续表

	component				
	1	2	3	4	5
经验	.097	.849	−.046	.231	−.039
驾驶水平	.817	.346	.175	−.012	−.032
事业心	.891	.157	.053	−.074	.270
理解能力	.808	.249	.313	.157	.145
潜在能力	.747	.320	.398	.247	.135
交际能力	.460	.362	.565	−.481	−.031
适应性	.370	.795	.051	.071	.152

旋转后的因子载荷矩阵见表 7.22，通过表 7.22 可以看出第一个公共因子在自信心、洞察力、推销能力、驾驶水平、事业心、理解能力、潜在能力上有较大的载荷，可以将其命名为基本素质；第二个因子在求职信形式、经验、适应性上有较大的载荷，可以命名为工作经验素质；第三个因子在讨人喜欢能力、诚实、交际能力上有较大的载荷，可以命名为外在能力；第四个因子在专业能力上载荷较大，但在交际能力上的载荷为负，也从侧面反映了专业能力较强的人在交际上有一定的欠缺，这和目前一部分高校毕业生的书本专业知识较强，但日常待人接物能力较差的现象相吻合，将其命名为专业素质；第五个因子仅在外貌上有较大的载荷，可以将其命名为外表.

最后，通过上面的因子旋转我们的评价指标可以通过五个主要的因子来解释，分别为基本素质、工作经验素质、外在能力、专业素质和外表. 接下来计算每位应试者各因子得分，并按照要求筛选优秀的应试者.

表 **7.23**　因子得分系数

Component Score Coefficient Matrix

	component				
	1	2	3	4	5
求职信形式	−.112	.375	.002	−.162	.085
外貌	−.128	−.006	−.052	−.041	1.033
专业能力	−.005	−.004	.073	.737	−.071

续表

	component				
	1	2	3	4	5
讨人喜欢能力	-.140	.070	.506	.037	-.062
自信心	.249	-.173	-.107	-.055	.007
洞察力	.216	-.078	.012	.051	-.209
诚实	-.089	-.160	.494	.102	.039
推销能力	.211	-.019	-.151	-.066	.029
经验	-.066	.371	-.028	.137	-.112
驾驶水平	.188	.052	-.040	-.009	-.232
事业心	.202	-.049	-.184	-.096	.168
理解能力	.138	-.007	.044	.124	-.043
潜在能力	.095	.028	.121	.202	-.069
交际能力	.001	.127	.231	-.339	-.169
适应性	-.025	.311	-.061	.001	.082

根据表 7.23 中的因子得分系数可以得到各因子得分的计算公式：

f_1=−0.112 * 求职信形式 −0.128 * 外貌 −0.005 * 专业能力
−0.14 * 讨人喜欢能力 +0.249 * 自信心 +0.216 洞察力 +…
−0.025 * 适应性

⋮

f_5= 0.085 * 求职信形式 +1.033 * 外貌 −0.071 * 专业能力 −
0.062 * 讨人喜欢能力
+0.007 * 自信心 −0.209 洞察力 +…+0.082 * 适应性

分别计算各应试者的五个因子得分，按照各因子方差贡献率进行加权，得到最终各应试者的综合评价得分(表 7.24).

表 **7.24** 应试者综合得分

编号	综合得分	编号	综合得分	编号	综合得分
1	0.9925	17	0.2369	33	−0.0634
2	0.9315	18	0.1480	34	−0.5107

续表

编号	综合得分	编号	综合得分	编号	综合得分
3	0.7912	19	0.2378	35	−0.4718
4	0.6150	20	0.2073	36	−0.3979
5	0.6968	21	−0.0711	37	−0.1255
6	0.7259	22	0.8704	38	−0.2785
7	0.6070	23	0.0993	39	−0.5476
8	0.6007	24	0.0325	40	−0.6171
9	0.4299	25	−0.2851	41	−0.9400
10	1.0461	26	0.2296	42	−0.7864
11	0.4309	27	−0.3275	43	−1.1902
12	0.3623	28	−0.0763	44	−1.0797
13	0.5168	29	0.2112	45	−0.9281
14	0.8424	30	−0.3032	46	−0.9682
15	0.3403	31	−0.0685	47	−0.9455
16	0.2117	32	−0.3789	48	−1.0527

将综合得分进行排序，前六名为重点考虑的对象，编号分别为：10，1，2，22，14，3. 重点分析这六个人的各因子得分，从而指定较为合理的部门分配.

表 **7.25** 重点对象各因子得分

编号	基本素质	工作经验素质	外在能力	专业素质	外表	综合得分
10	2.04521	−0.50527	−1.61184	1.493955	−0.28452	1.046139
1	1.147623	1.552198	1.040729	0.4904	−1.42199	0.992542
2	1.009694	1.585842	1.165884	0.556039	−1.53665	0.931513
22	1.960285	−0.54789	−2.70356	1.486739	−0.22207	0.870439
14	1.629787	−0.83238	−0.90829	1.651657	−0.36539	0.84243
3	0.833452	1.442163	0.168301	0.429408	0.363725	0.791189
6	1.121359	0.401301	0.698105	−0.61087	−0.17064	0.725859

通过对排在前六名的应试者各因子得分（表 7.25）分析可知：10 号和 22 号在基本素质包括自信心、洞察力、推销能力、驾驶水平、事业心、理解能力、潜在能力上的得分最高，这也是他最大的优势所在，在专业素质上的得分也

很高，说明此人专业水平很好，但是在外在能力也就是交际能力、讨人喜欢能力以及第五因子外表上得分均为负值，说明此人的外在条件并不是很好；另外，此人的工作经验素质的得分也为负值，其中包括求职信形式、经验、适应性等，说明欠缺工作经验，此人很有可能为刚毕业的应届生，基本素质以及专业知识过硬，但是社会生活能力较差. 在本次所招收的职位中，生产部门的研发职位要求专业能力强，对于经验及外在条件的要求较低，10 号和 22 号比较适合安排在生产部门.

1 号和 2 号除了外表为负值以外，其他因子得分均为正值，这两人外在能力和工作经验素质的得分较高，说明他们有一定的工作经验，社交能力较强. 本次招聘中，销售部门对于员工的基本要求就是工作经验以及较强的社交能力，因此 1 号和 2 号比较适合安排在销售部门.

3 号各方面的得分均为正值，说明比较全面，其中工作经验素质得分最高，说明此人工作经验丰富并且适应性较强；管理部门要求员工素质全面均衡，工作经验比较重要，所以 3 号适合安排在管理部门.

14 号的情况与 10 号和 22 号类似，由于现在需要管理部门的员工，从各项得分来说，14 号不太适合；所以后移一位，选择 6 号安排进管理部门，虽然 6 号在外表和专业素质上的得分为负值，但这对于管理部门来说并不是最重要的. 6 号在因子 1 即基本素质的得分上高于 3 号，自信心、洞察力、推销能力、事业心、理解能力、潜在能力等对于管理阶层才是最重要的.

通过上面对应试者的分析可以帮助应届生了解公司招聘时重点考察的内容，了解自身欠缺的能力. 如前述分析中大部分的应试者专业能力较强但是待人接物的能力明显较差，这也是应届生求职中的主要障碍之一；还有应届生缺乏工作经验，适应性较差，这也是困扰大学生求职的问题之一. 作为应届生可以从中找到自身的弱点加以改善；同时还要注意自身的优点，在求职中结合职位要求有的放矢，才能实现较好的就业.

公司在选拔人才时不能只看评委打的平均分或者总分，应该从公司的实际出发，从招聘职位的具体要求出发，选择最适合企业发展的人才. 在多指标的评价体系中，因子分析可以将多维空间降维，实现以较少的指标来解释大部分自变量的信息，从而简化分析步骤，评价起来更清晰简洁.

第 8 章
对应分析

8.1 引言

因子分析分为 R 型因子分析和 Q 型因子分析. R 型因子分析研究变量(指标)之间的相关关系,Q 型因子分析研究样本之间的相关关系. 有时我们不仅关心变量与变量之间或样本与样本之间的相关关系,还关心变量和样本之间的相关关系,这是因子分析方法不能解决的.

对应分析是 R 型因子分析和 Q 型因子分析的结合,它也是利用降维的思想来化简数据结构的一种多元数据分析方法. 与因子分析的不同之处在于:一是它研究样本和变量之间的相关性;二是对应分析研究的变量可以是定性变量. 一般意义上对应分析是对两个定性变量(因素)的多种水平进行的对应性研究. 以嫁接苗伤口愈合情况为例(表 8.1),因素 A(是否使用药剂) 和因素 B(伤口是否愈合) 均有两个水平,如果把因素 A 的各个水平看作样本点,因素 B 的各个水平看作指标,则研究因素 A 与因素 B 不同水平之间的关系,以及因素 A 和因素 B 整体之间的关系,就是研究指标之间的关系、样本之间的关系及样本与指标之间的相关关系,即同时研究样本与指标之间的关系,这就是对应分析要解决的问题.

表 **8.1** **1000** 株嫁接苗的伤口愈合情况

因素 A	因素 B	
	愈合 B_1	未愈合 B_2
使用药剂 A_1	315	185
不使用药剂 A_2	284	216

对应分析在市场营销、经济学、教育学、医学、化学、农业生产等领域中有广泛的应用，如分析顾客职业与购买汽车品牌之间的关系、研究不同客户群对汽车的偏好、寻求手机品牌偏好与收入水平的关系、利用储户储蓄数据研究储户收入水平与所选择的储蓄种类间是否存在联系、分析孩子学业成绩与父母受教育程度的对应关系、分析是否患有癌症与是否吸烟之间的关系，等等.

对应分析的思想首先由 Richardson 和 Kuder 于 1933 年提出，后来法国统计学家 Benzecri 和日本统计学家 Chikio 对该方法进行了详细的论述，从而使其得到了发展. 本章在介绍交叉列联表的基础上介绍对应分析的基本原理、基本方法和分析步骤.

8.2 列联表与概率矩阵

8.2.1 列联表

在实际研究工作中，常常用列联表来描述属性变量(定性数据或定量数据)的各种状态，这在某些调查研究项目中运用尤其普遍. 如调查购买房屋户型与家庭年收入关系，调查数据就自然地用交叉列联表的形式呈现(表 8.2).

表 **8.2** 购买户型与家庭年收入列联表

家庭年收入(万元)	购买户型										
	一室一厅	两室一厅	两室两厅	三室一厅	三室两厅	三室三厅	四室两厅单卫	四室两厅双卫	四室三厅单卫	四室三厅双卫	更大户型
5 以下	2	7	2	7	3	1	1	0	0	0	0
5 ～ 10	4	70	26	49	38	1	1	3	0	0	0
10 ～ 25	5	75	52	102	90	0	7	16	2	3	3

续表

家庭年收入（万元）	购买户型										
	一室一厅	两室一厅	两室两厅	三室一厅	三室两厅	三室三厅	四室两厅单卫	四室两厅双卫	四室三厅单卫	四室三厅双卫	更大户型
25～50	0	13	11	20	51	1	6	9	0	2	6
50～70	0	2	3	4	5	0	0	2	0	0	0
70以上	0	0	0	3	5	0	0	3	2	0	3

表8.2是两因素列联表的一般形式，横栏与纵栏交叉位置的数字是相应的频数.从表中数据可以清楚地看到不同收入层次的家庭在房屋户型选择上的偏好.从表中还可以看出家庭年收入与户型偏好的相关关系，如年收入较高的家庭倾向于选择面积更大的户型.

现研究两因素 A 与 B 的关系，设因素 A 有 n 个不同水平，因素 B 有 p 个不同水平.因素 A 的第 i 个水平与因素 B 的第 j 个水平对应的样品数为 n_{ij}，称为频数 $(i=1,2,\cdots,n;j=1,2,\cdots,p)$，则可得到列联表的一般形式（表8.3）.

表**8.3**　列联表的一般形式

	因素 B						合计
	B_1	B_2	$\cdots$	B_j	$\cdots$	B_p	
A_1	n_{11}	n_{12}	$\cdots$	n_{1j}	$\cdots$	n_{1p}	$n_{1\cdot}$
A_2	n_{21}	n_{22}	$\cdots$	n_{2j}	$\cdots$	n_{2p}	$n_{2\cdot}$
$\vdots$	$\vdots$	$\vdots$	$\vdots$	$\vdots$	$\vdots$	$\vdots$	$\vdots$
A_i	n_{i1}	n_{i2}	$\cdots$	n_{ij}	$\cdots$	n_{ip}	$n_{i\cdot}$
$\vdots$	$\vdots$	$\vdots$	$\vdots$	$\vdots$	$\vdots$	$\vdots$	$\vdots$
A_n	n_{n1}	n_{n2}	$\cdots$	n_{nj}	$\cdots$	n_{np}	$n_{n\cdot}$
合计	$n_{\cdot 1}$	$n_{\cdot 2}$	$\cdots$	$n_{\cdot j}$	$\cdots$	$n_{\cdot p}$	n

其中 $n_{i\cdot}=n_{i1}+n_{i2}+\cdots+n_{ip}$，$n_{\cdot j}=n_{1j}+n_{2j}+\cdots+n_{nj}$，$n$ 是所有频数的和，$n=n_{1\cdot}+n_{2\cdot}+\cdots+n_{n\cdot}=n_{\cdot 1}+n_{\cdot 2}+\cdots+n_{\cdot p}$，即所有样品的个数.称表8.3中的数据矩阵 $\boldsymbol{N}=(n_{ij})_{n\times p}$ 为一个 $n\times p$ 的二维列联表.

8.2.2　概率矩阵

为了更直观地表示各频数之间的关系，人们往往用频率来代替频数，即将二维列联表 8.3 中每一个频数都除以样本容量 n，令 $p_{ij}=\frac{n_{ij}}{n}$，于是可得到频率意义上的列联表(表 8.4).

表 **8.4**　频率意义上的列联表

		因素 B						合计
		B_1	B_2	$\cdots$	B_j	$\cdots$	B_p	
因素 A	A_1	p_{11}	p_{12}	$\cdots$	p_{1j}	$\cdots$	p_{1p}	$p_{1\cdot}$
	A_2	p_{21}	p_{22}	$\cdots$	p_{2j}	$\cdots$	p_{2p}	$p_{2\cdot}$
	$\vdots$	$\vdots$	$\vdots$	$\vdots$	$\vdots$	$\vdots$	$\vdots$	$\vdots$
	A_i	p_{i1}	p_{i2}	$\cdots$	p_{ij}	$\cdots$	p_{ip}	$p_{i\cdot}$
	$\vdots$	$\vdots$	$\vdots$	$\vdots$	$\vdots$	$\vdots$	$\vdots$	$\vdots$
	A_n	p_{n1}	p_{n2}	$\cdots$	p_{nj}	$\cdots$	p_{np}	$p_{n\cdot}$
合计		$p_{\cdot 1}$	$p_{\cdot 2}$	$\cdots$	$p_{\cdot j}$	$\cdots$	$p_{\cdot p}$	1

令

$$\boldsymbol{P}=\begin{pmatrix} p_{11} & p_{12} & \cdots & p_{1p} \\ p_{21} & p_{22} & \cdots & p_{2p} \\ \vdots & \vdots & \ddots & \vdots \\ p_{n1} & p_{n2} & \cdots & p_{np} \end{pmatrix}_{n\times p}$$

当 n 充分大时，称矩阵 $\boldsymbol{P}$ 为概率矩阵.

$$\boldsymbol{P}_r=(p_{1\cdot},p_{2\cdot},\cdots,p_{n\cdot})',\boldsymbol{P}_c=(p_{\cdot 1},p_{\cdot 2},\cdots,p_{\cdot p})'$$

则有以下关系式成立：

$$\boldsymbol{1}'\boldsymbol{P}\boldsymbol{1}=\boldsymbol{P}_r'\boldsymbol{1}=\boldsymbol{P}_c'\boldsymbol{1}=1,P\boldsymbol{1}=\boldsymbol{P}_r,\boldsymbol{P}'\boldsymbol{1}=\boldsymbol{P}_c,$$

其中 $\boldsymbol{1}=(1,1,\cdots,1)'$.

8.2.3　因素的独立性检验

从数理统计的角度看，表 8.4 中的元素 p_{ij} 表示因素 A 第 i 个水平与因素 B 第 j 个水平出现的概率，如果将因素 A 与因素 B 看作两个随机变量 X 与 Y，则 p_{ij} 表示 X 与 Y 的联合抽样分布，即 $P\{X=i,Y=j\}=p_{ij},i=1,2,\cdots,n;j=1,2,\cdots,p$. 而 $p_{\cdot i}$ 与 $p_{\cdot j}$ 则分别表示 X 与 Y 的边缘概率.

如果因素 A 与因素 B 是相互独立的，则对任意的 i,j 有 $p_{ij}=p_{i\cdot}\,p_{\cdot j}$ 成立. 若因素 A 与因素 B 独立，则无须进行相应分析. 为此在进行对应分析之前需要检验假设：

$$H_0: \text{因素} A \text{与因素} B \text{相互独立};$$
$$H_1: \text{因素} A \text{与因素} B \text{不独立}.$$

构建统计量

$$\chi^2 = n\sum_{i=1}^{n}\sum_{j=1}^{p}\frac{(p_{ij}-p_{i\cdot}p_{\cdot j})^2}{p_{i\cdot}p_{\cdot j}} \tag{8.1}$$

χ^2 反映了概率矩阵 $\boldsymbol{P}$ 中所有元素的观察值与理论值经过某种加权的总离差情况. n 充分大时，H_0 为真的情况下，$\chi^2 \sim \chi^2((n-1)(p-1))$，拒绝域为 $\chi^2 \geqslant \chi^2_\alpha((n-1)(p-1))$. 若拒绝 H_0，要进一步了解两因素及其不同水平之间的相关关系，则可使用对应分析方法进行研究.

8.3 对应分析的基本理论

8.3.1 行轮廓与列轮廓

概率矩阵 $\boldsymbol{P}$ 中的元素 p_{ij} 表示因素 A 的第 i 个水平与因素 B 的第 j 个水平同时出现的概率；$p_{i\cdot}$ 表示因素 A 的第 i 水平出现的边缘概率. p 维向量

$$\boldsymbol{P}_i^r = \left(\frac{p_{i1}}{p_{i\cdot}},\frac{p_{i2}}{p_{i\cdot}},\cdots,\frac{p_{ip}}{p_{i\cdot}}\right)',i=1,2,\cdots,n$$

刻画了样品 i 的形象，或者 p 个指标变量在第 i 个样品上的分布轮廓，称向量 $\boldsymbol{P}_i^r$ 为样品 i 的行轮廓. $\boldsymbol{P}_i^r$ 的分量 $\frac{p_{ij}}{p_{i\cdot}}$ 表示条件概率 $P\{B=j \mid A=i\}$，可知 $\boldsymbol{P}_i^{r\prime}\boldsymbol{1}=1$.

列联表中行与列的地位是对等的，根据行轮廓的定义方法可以定义列轮廓. 第 j 个指标的列轮廓定义为

$$\boldsymbol{P}_j^c = \left(\frac{p_{1j}}{p_{\cdot j}},\frac{p_{2j}}{p_{\cdot j}},\cdots,\frac{p_{nj}}{p_{\cdot j}}\right)',j=1,2,\cdots,p$$

它表示因素 B 取值 j 时，因素 A 不同取值的条件概率，即 n 个样品在第 j 个指标取值上的分布轮廓. $\boldsymbol{P}_j^c$ 的分量 $\frac{p_{ij}}{p_{\cdot j}}$ 表示条件概率 $P\{A=i \mid B=j\}$，可知 $\boldsymbol{P}_j^{\prime}\boldsymbol{1}=1$.

定义了行轮廓、列轮廓后，因素 A 各个水平的情况可以用 p 维欧氏空间上的 n 个点来表示；因素 B 各个水平的情况可以用 n 维欧氏空间上的 p 个点来表示. 对应分析就是运用降维的思想把因素 A 与因素 B 的各个水平状态同

时在一张二维图上表示出来，从而实现数据的可视化.

8.3.2 距离与协方差矩阵

1. 加权平方距离

对于 Q 型因子分析，任意两个样本点 k 与 l 之间的相似性(即因素 A 的第 k 个水平与第 l 个水平之间的相互关系)可以用欧氏距离来刻画：

$$d^2(k,l)=(\boldsymbol{P}_k^r-\boldsymbol{P}_l^r)'(\boldsymbol{P}_k^r-\boldsymbol{P}_l^r)=\sum_{j=1}^{p}\left(\frac{p_{kj}}{p_{k\cdot}}-\frac{p_{lj}}{p_{l\cdot}}\right)^2 \tag{8.2}$$

如此定义的距离有一个缺点：若因素 B 的第 j 个水平(即第 j 个指标)出现的概率比较大，式(8.2)中的第 j 项 $\left(\frac{p_{kj}}{p_{k\cdot}}-\frac{p_{lj}}{p_{l\cdot}}\right)^2$ 的作用就被高估了，为此以 $\frac{1}{p_{\cdot j}}$ 为权重，引入如下的加权平方距离(或称卡方距离)：

$$D^2(k,l)=\sum_{j=1}^{p}\frac{1}{p_{\cdot j}}\left(\frac{p_{kj}}{p_{k\cdot}}-\frac{p_{lj}}{p_{l\cdot}}\right)^2=\sum_{j=1}^{p}\left(\frac{p_{kj}}{p_{k\cdot}\sqrt{p_{\cdot j}}}-\frac{p_{lj}}{p_{l\cdot}\sqrt{p_{\cdot j}}}\right)^2 \tag{8.3}$$

式(8.3)也可以看作 p 维欧氏空间中坐标为

$$\left(\frac{p_{i1}}{p_{i\cdot}\sqrt{p_{\cdot 1}}},\frac{p_{i2}}{p_{i\cdot}\sqrt{p_{\cdot 2}}},\cdots,\frac{p_{ip}}{p_{i\cdot}\sqrt{p_{\cdot p}}}\right),i=1,2,\cdots,n \tag{8.4}$$

的任意两点之间的普通欧氏距离.

类似地，可定义因素 B 的两个不同水平之间的加权平方距离为

$$D^2(s,t)=\sum_{i=1}^{n}\left(\frac{p_{is}}{p_{\cdot s}\sqrt{p_{i\cdot}}}-\frac{p_{it}}{p_{\cdot t}\sqrt{p_{i\cdot}}}\right)^2 \tag{8.5}$$

式(8.5)也可以看作 p 维欧氏空间中坐标为

$$\left(\frac{p_{1j}}{p_{\cdot j}\sqrt{p_{1\cdot}}},\frac{p_{2j}}{p_{\cdot j}\sqrt{p_{2\cdot}}},\cdots,\frac{p_{nj}}{p_{\cdot j}\sqrt{p_{n\cdot}}}\right),j=1,2,\cdots,p \tag{8.6}$$

的任意两点之间的普通欧氏距离.

如此，概率加权后的全部样品的数据矩阵为

$$\boldsymbol{D}(Q)=\begin{bmatrix}\frac{p_{11}}{p_{1\cdot}\sqrt{p_{\cdot 1}}} & \frac{p_{12}}{p_{1\cdot}\sqrt{p_{\cdot 2}}} & \cdots & \frac{p_{1p}}{p_{1\cdot}\sqrt{p_{\cdot p}}}\\ \frac{p_{21}}{p_{2\cdot}\sqrt{p_{\cdot 1}}} & \frac{p_{22}}{p_{2\cdot}\sqrt{p_{\cdot 2}}} & \cdots & \frac{p_{2p}}{p_{2\cdot}\sqrt{p_{\cdot p}}}\\ \vdots & \vdots & & \vdots\\ \frac{p_{n1}}{p_{n\cdot}\sqrt{p_{\cdot 1}}} & \frac{p_{n2}}{p_{n\cdot}\sqrt{p_{\cdot 2}}} & \cdots & \frac{p_{np}}{p_{n\cdot}\sqrt{p_{\cdot p}}}\end{bmatrix}$$

概率加权后的全部变量的数据矩阵为

$$\boldsymbol{D}(R)=\begin{bmatrix}\dfrac{p_{11}}{p_{\cdot 1}\sqrt{p_{1\cdot}}} & \dfrac{p_{21}}{p_{\cdot 1}\sqrt{p_{2\cdot}}} & \cdots & \dfrac{p_{n1}}{p_{\cdot 1}\sqrt{p_{n\cdot}}}\\ \dfrac{p_{12}}{p_{\cdot 2}\sqrt{p_{1\cdot}}} & \dfrac{p_{22}}{p_{\cdot 2}\sqrt{p_{2\cdot}}} & \cdots & \dfrac{p_{n2}}{p_{\cdot 2}\sqrt{p_{n\cdot}}}\\ \vdots & \vdots & & \vdots\\ \dfrac{p_{1p}}{p_{\cdot p}\sqrt{p_{1\cdot}}} & \dfrac{p_{2p}}{p_{\cdot p}\sqrt{p_{2\cdot}}} & \cdots & \dfrac{p_{np}}{p_{\cdot p}\sqrt{p_{n\cdot}}}\end{bmatrix}$$

通过计算两两样品点或两两变量点之间的距离，便可以对样品点或变量点进行分类.

2. 重心

由行轮廓定义知，$\boldsymbol{P}_i^r$ 各分量是当 $A=i$ 时，因素 B 的各个水平出现的条件概率. 式(8.4)的坐标消除了因素 B 的各个水平边缘概率的影响. 以往定义重心的方法是取 n 个点的平均坐标，则式(8.4)定义的 n 个点的重心为

$$\left(\sum_{i=1}^{n}\frac{p_{i1}}{p_{i\cdot}\sqrt{p_{\cdot 1}}},\sum_{i=1}^{n}\frac{p_{i2}}{p_{i\cdot}\sqrt{p_{\cdot 2}}},\cdots,\sum_{i=1}^{n}\frac{p_{ip}}{p_{i\cdot}\sqrt{p_{\cdot p}}}\right)$$

事实上式(8.4) 定义的 n 个点的地位不是完全相等的，出现概率较大的水平应当有较高的权重. 因此，我们用 $p_{i\cdot}$ 作为权重，将式(8.4) 定义的 n 个样品点的加权重心的第 j 个分量定义为

$$\sum_{i=1}^{n}\frac{p_{ij}}{p_{i\cdot}\sqrt{p_{\cdot j}}}p_{i\cdot}=\sum_{i=1}^{n}\frac{p_{ij}}{\sqrt{p_{\cdot j}}}=\frac{p_{\cdot j}}{\sqrt{p_{\cdot j}}}=\sqrt{p_{\cdot j}},j=1,2,\cdots,p$$

则由式(8.4) 定义的 n 个样品点的加权重心为

$$(\sqrt{p_{\cdot 1}},\sqrt{p_{\cdot 2}},\cdots,\sqrt{p_{\cdot p}})$$

其每一个分量恰是概率矩阵 $\boldsymbol{P}$ 的每一列边缘概率的平方根.

类似地，由式(8.6) 定义的 p 个变量点的加权重心坐标为

$$(\sqrt{p_{1\cdot}},\sqrt{p_{2\cdot}},\cdots,\sqrt{p_{n\cdot}})$$

3. 协方差矩阵

式(8.4) 定义的 n 个点的第 i 个分量与第 j 个分量的加权协方差可定义为

$$
\begin{aligned}
a_{ij} &= \sum_{\alpha=1}^{n}\left(\frac{p_{\alpha i}}{p_{\alpha\cdot}\sqrt{p_{\cdot i}}}-\sqrt{p_{\cdot i}}\right)\left(\frac{p_{\alpha j}}{p_{\alpha\cdot}\sqrt{p_{\cdot j}}}-\sqrt{p_{\cdot j}}\right)p_{\alpha\cdot} \\
&= \sum_{\alpha=1}^{n}\left(\frac{p_{\alpha i}}{\sqrt{p_{\alpha\cdot}}\sqrt{p_{\cdot i}}}-\sqrt{p_{\alpha\cdot}}\sqrt{p_{\cdot i}}\right)\left(\frac{p_{\alpha j}}{\sqrt{p_{\alpha\cdot}}\sqrt{p_{\cdot j}}}-\sqrt{p_{\alpha\cdot}}\sqrt{p_{\cdot j}}\right) \\
&= \sum_{\alpha=1}^{n}\frac{p_{\alpha i}-p_{\alpha\cdot}p_{\cdot i}}{\sqrt{p_{\alpha\cdot}p_{\cdot i}}}\frac{p_{\alpha j}-p_{\alpha\cdot}p_{\cdot j}}{\sqrt{p_{\alpha\cdot}p_{\cdot j}}} \overset{\text{def}}{=\!=} \sum_{\alpha=1}^{n} z_{\alpha i}z_{\alpha j}
\end{aligned}
$$

其中

$$
z_{\alpha i} = \frac{p_{\alpha i}-p_{\alpha\cdot}p_{\cdot i}}{\sqrt{p_{\alpha\cdot}p_{\cdot i}}}
$$

令 $\boldsymbol{Z}=(z_{ij})_{n\times p}$,则因素 B 的各个水平(变量)间的协方差矩阵为

$$
\boldsymbol{\Sigma}_c = \boldsymbol{Z}'\boldsymbol{Z} = (a_{ij})_{p\times p} \tag{8.7}
$$

类似地,可以推导出因素 A 的各个水平(样品)间的协方差矩阵:

$$
\boldsymbol{\Sigma}_r = \boldsymbol{Z}\boldsymbol{Z}' = (b_{ij})_{n\times n} \tag{8.8}
$$

其中

$$
b_{ij} = \sum_{\beta=1}^{p}\frac{p_{i\beta}-p_{\cdot\beta}p_{i\cdot}}{\sqrt{p_{\cdot\beta}p_{i\cdot}}}\frac{p_{j\beta}-p_{\cdot\beta}p_{j\cdot}}{\sqrt{p_{\cdot\beta}p_{j\cdot}}} \triangleq \sum_{\beta=1}^{p} z_{i\beta}z_{j\beta}
$$

8.3.3 对应分析过程

1. R 型因子分析与 Q 型因子分析的对等关系

将原始列联表数据矩阵做如下变换:

$$
z_{ij} = \frac{n_{ij}-\dfrac{n_{i\cdot}n_{\cdot j}}{n}}{\sqrt{n_{i\cdot}n_{\cdot j}}} = \frac{p_{ij}-p_{i\cdot}p_{\cdot j}}{\sqrt{p_{i\cdot}p_{\cdot j}}}(i=1,2,\cdots,n;j=1,2,\cdots,p) \tag{8.9}
$$

由前面的分析可知,令 $\boldsymbol{Z}=(z_{ij})$,则 $\boldsymbol{ZZ}'$ 与 $\boldsymbol{Z}'\boldsymbol{Z}$ 分别是样品间的协方差矩阵和变量间的协方差矩阵. 式(8.9) 是同时从 R 型和 Q 型因子分析的角度导出的数据对应变换公式.

对应分析的过程就是转化为基于矩阵 $\boldsymbol{Z}$ 的分析过程. 由式(8.7)、式(8.8) 可以看出,矩阵 $\boldsymbol{\Sigma}_r$ 与 $\boldsymbol{\Sigma}_c$ 存在简单的对等关系,在对应变换公式(式(8.9))下,z_{ij} 对两个因素变量(样品与指标)有对等性.

2. 基于矩阵 Z 的对应分析过程

由矩阵代数的知识可知,$\boldsymbol{\Sigma}_r=\boldsymbol{ZZ}'$ 与 $\boldsymbol{\Sigma}_c=\boldsymbol{Z}'\boldsymbol{Z}$ 有完全相同的非零特征

根，按从大到小的顺序记为 $\lambda_1 \geqslant \lambda_2 \geqslant \cdots \geqslant \lambda_m > 0, m = Rank(\boldsymbol{Z}) \leqslant \min(n-1, p-1)$. 设 $\boldsymbol{u}_1, \boldsymbol{u}_2, \cdots, \boldsymbol{u}_m$ 分别为对应于矩阵 $\boldsymbol{\Sigma}_c$ 的特征值 $\lambda_1, \lambda_2, \cdots, \lambda_m$ 的特征向量，则有

$$\boldsymbol{\Sigma}_c \boldsymbol{u}_j = \boldsymbol{Z}'\boldsymbol{Z}\boldsymbol{u}_j = \lambda_j \boldsymbol{u}_j, j = 1, 2, \cdots, m \tag{8.10}$$

用矩阵 $\boldsymbol{Z}$ 左乘式(8.10) 两边：

$$\text{左边} = \boldsymbol{Z}(\boldsymbol{Z}'\boldsymbol{Z}\boldsymbol{u}_j) = \boldsymbol{Z}\boldsymbol{Z}'(\boldsymbol{Z}\boldsymbol{u}_j) = \boldsymbol{\Sigma}_r(\boldsymbol{Z}\boldsymbol{u}_j) = \text{右边} = \boldsymbol{Z}(\lambda_j \boldsymbol{u}_j) = \lambda_j(\boldsymbol{Z}\boldsymbol{u}_j)$$

即

$$\boldsymbol{\Sigma}_r(\boldsymbol{Z}\boldsymbol{u}_j) = \lambda_j(\boldsymbol{Z}\boldsymbol{u}_j)$$

$\lambda_j (j = 1, 2, \cdots, m)$ 也是 $\boldsymbol{\Sigma}_r$ 的特征值，且 $\boldsymbol{\Sigma}_r$ 的对应于特征值 λ_j 的特征向量为 $\boldsymbol{Z}\boldsymbol{u}_j$. 由此就建立了相应分析中 R 型因子分析与 Q 型因子分析的关系，即可以从 R 型因子分析的结果直接得到 Q 型因子分析的结果.

$\boldsymbol{\Sigma}_r$ 与 $\boldsymbol{\Sigma}_c$ 有相同的特征值，而这些特征值是各个公共因子所解释的方差. 那么因素 B 的第一公共因子，第二公共因子，…，第 m 个公共因子与因素 A 的第一公共因子，第二公共因子，…，第 m 个公共因子在总方差中所占的百分比完全相同. 这样就可以用相同的因子轴同时表示两个因素的各个水平，把两个因素的各个水平同时反映在具有相同因子轴的因子空间上，以直观地反映两个因素变量及各个水平状态之间的对应关系. 一般情况下取两个公共因子，这样就可以在一张二维平面上同时画出两个因素的各个状态，实现数据的可视化.

8.4　对应分析步骤和应用时注意事项

8.4.1　对应分析的步骤

由前面的分析可知，对一个来源于实际问题的列联表数据，运用对应分析方法进行研究的过程可以最终转化为基于矩阵 $\boldsymbol{Z}$ 同时进行 R 型因子分析与 Q 型因子分析的过程. 一般地说，对应分析应包括如下几个步骤：

(1) 由原始列联表数据计算规格化的概率意义上的列联表；

(2) 计算 $\boldsymbol{Z}$ 矩阵；

(3) 由 $\boldsymbol{\Sigma}_r$(或 $\boldsymbol{\Sigma}_c$) 出发进行 Q 型因子分析(或 R 型因子分析)，并由 Q 型因子分析(或 R 型因子分析) 的结果推导出 R 型因子分析(或 Q 型因子分析) 的

结果；

（4）在二维图上画出原始变量各个状态，并对原始变量相关性进行分析.

8.4.2 对应分析应用时的注意事项

（1）不能用于相关关系的假设检验. 对应分析两个变量之间的联系不能说明这两个变量存在的关系是否显著，只是用来揭示这两个变量内部类别之间的关系. 不能将对应分析作为筛选相关变量的方法，变量纳入前最好先做卡方检验；

（2）维度需研究者根据变量所含的最小类别数决定，由于维度取舍不同，其所包含的信息量也有所不同，一般来讲，如果各变量所包含的类别较少，则在两个维度进行对应分析时损失的信息量才能减少；

（3）对极端值应该做敏感性研究，分析时有必要去除频数过少的单元格，对于小样本不推荐使用；

（4）研究对象要有可比性；

（5）对应分析的基础是交叉汇总表，即列联表，表示行列的对应关系；

（6）变量的类别应涵盖所有可能出现的情况；

（7）对应分析、因子分析和主成分分析虽然都是多变量统计分析，但对应分析的目的与因子分析或主成分分析的目的是完全不同的，前者是通过图像直观地表现变量所含类别间的关系，后者则是降维；

（8）在解释图像变量类别间关系时，要注意所选择的数据标准化方式，不同的标准化方式会导致类别在图像上的不同分布.

例 8.1 头发颜色与眼睛颜色间存在何种关联?研究者收集了苏格兰北部 Caithness 郡 5387 名小学生眼睛与头发颜色的数据（表 8.5），其中眼睛有深、棕、蓝、浅四种颜色，头发有金、红、棕、深、黑五种颜色. 研究者希望知道头发和眼睛的颜色间存在何种关联，即某种头发颜色的人其眼睛更倾向于何种颜色.

表 **8.5**　头发颜色与眼睛颜色的交叉列联表

头发颜色	眼睛颜色				
	1 眼深色	2 眼棕色	3 眼蓝色	4 眼浅色	有效边际
1 发金色	98	343	326	688	1455
2 发红色	48	84	38	116	286
3 发棕色	403	909	241	584	2137
4 发深色	681	412	110	188	1391
5 发黑色	85	26	3	4	118
有效边际	1315	1774	718	1580	5387

解:由交叉列联表 8.5 可以大致看出头发颜色与眼睛颜色的分布特征,但没有直观地显示头发颜色与眼睛颜色的相关性.

(1) 计算概率矩阵

表 **8.6**　概率矩阵

头发颜色	眼睛颜色				
	1 眼深色	2 眼棕色	3 眼蓝色	4 眼浅色	有效边际
1 发金色	0.0182	0.0637	0.0605	0.1277	0.2701
2 发红色	0.0089	0.0156	0.0071	0.0215	0.0531
3 发棕色	0.0748	0.1687	0.0447	0.1084	0.3967
4 发深色	0.1264	0.0765	0.0204	0.0349	0.2582
5 发黑色	0.0158	0.0048	0.0006	0.0007	0.0219
合计	0.2441	0.3293	0.1333	0.2933	1.0000

概率矩阵(表 8.6)是对交叉列联表的补充,显示了各频数在各列 / 各行上的百分比,较交叉列联表更清晰,如黑色头发的比例最低,仅有 2.2%.

(2)R 型因子分析与 Q 型因子分析

表 **8.7** 特征根、卡方检验

编号	奇异值	惯量	卡方	*Sig.*	方差贡献率		置信奇异值	
					解释	累计	标准差	相关
								2
1	0.446	0.199			0.866	0.866	0.012	0.274
2	0.173	0.030			0.131	0.996	0.013	
3	0.029	0.001			0.004	1.000		
总计		0.230	1240.039	0.000	1.000	1.000		

表 8.7 第 1 列列出了特征根的编号. 由对应分析的基本原理可知,提取的特征根个数为 $\min(m,p)-1$,这里头发颜色有 5 种,眼睛颜色有 4 种,因此提取的特征根数应为 $\min(5,\ 4)-1=3$;第 2 列是异常值,它的平方是惯量;第 3 列是惯量,就是特征根. 其中第 1 个特征根的值最大,意味着它解释各类别差异的能力最强,地位最重要,其他特征根的重要性依次下降;第 4、5 列是对交叉列联表做卡方检验,卡方统计量的观测值为 154.016,相应的概率 p 值为0.000,概率 p 值小于显著性水平 0.05,所以拒绝零假设,认为行变量和列变量有显著的相关关系;第 6、7 列分别是各个特征根的方差贡献率、累积方差贡献率.

表 **8.8** **Q** 型因子分析结果

头发颜色	边缘概率	因子载荷		惯量	贡献				
					点对维惯量		共同度点惯量		
		1	2		1	2	1	2	总计
1 发金色	0.270	−0.814	−0.417	0.088	0.401	0.271	0.907	0.093	1.000
2 发红色	0.053	−0.349	−0.116	0.004	0.014	0.004	0.770	0.033	0.803
3 发棕色	0.397	−0.063	−0.500	0.018	0.004	0.572	0.039	0.961	1.000
4 发深色	0.285	−0.881	−0.250	0.092	0.449	0.093	0.969	0.030	1.000
5 发黑色	0.022	1.638	−0.688	0.028	0.132	0.060	0.934	0.064	0.998
总计	1.000			0.230	1.000	1.000			

表 8.8 是 Q 型因子分析的结果. 第 2 列是行变量各类别的百分比;第 3 列、第 4 列是行变量各类别在第 1、第 2 公共因子上的因子载荷;第 5 列为惯量,表示每个行点到行重心的加权距离的平方;第 6、第 7 列是行变量各水平

对第 1、第 2 因子值差异的影响程度，如头发颜色中的深色对第 1 个公共因子值的差异影响最大(44.9%)，棕色对第 2 个公共因子值的差异影响最大(57.2%). 第 8、9、10 列是第 1、第 2 公共因子对行变量各水平差异的解释程度以及累积解释程度，如对头发颜色中的金色，第 1 公共因子解释了 90.7% 的差异，第 2 公共因子解释了 9.3% 的差异，两公共因子共解释了 100% 的差异. 红色发色的信息丢失是最大的.

表 **8.9**　**R** 型因子分析结果

头发颜色	边缘概率	因子载荷		惯量	贡献				
					点对维惯量		共同度点惯量		
		1	2		1	2	1	2	总计
1 眼深色	0.244	1.052	−0.322	0.125	0.605	0.145	0.965	0.035	1.000
2 眼棕色	0.329	0.050	0.588	0.020	0.002	0.657	0.018	0.981	0.999
3 眼蓝色	0.133	−0.599	−0.397	0.026	0.107	0.121	0.836	0.143	0.979
4 眼浅色	0.293	−0.660	−0.212	0.060	0.286	0.076	0.956	0.039	0.995
总计	1.000			0.230	1.000	1.000			

表 8.9 是 R 型因子分析的结果. 类似于表 8.8，第 2 列是列变量各水平的百分比；第 3 列、第 4 列是列变量各水平在第 1、第 2 公共因子上的因子载荷；第 5 列为惯量，表示每个列点到列重心的加权距离的平方；第 6、第 7 列是列变量各水平对第 1、第 2 公共因子值差异的影响程度；第 8、9、10 列是第 1、第 2 公共因子对列变量各水平差异的解释程度以及累积解释程度.

(3) 画出行点和列点的散点图

根据表 8.8 和表 8.9 的因子载荷值，将行点和列点投影到公共因子平面上，得到行点和列点的散点图(图 8.1).

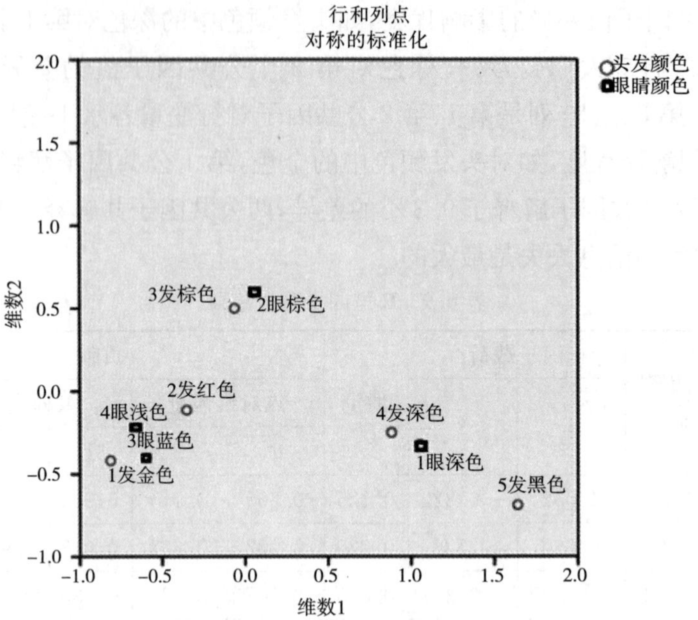

图 **8. 1**　行点和列点的散点图

为了方便结果查看，添加 X/Y 参考线，得到如图 8.2 所示的散点图.

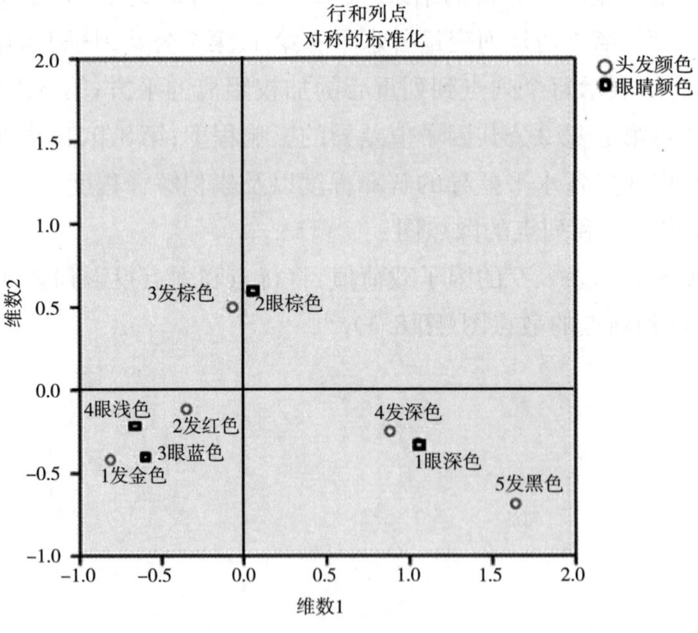

图 **8. 2**　行点和列点的散点图

散点图的读取要注意:(1) 考察同一变量的区分度:如果同一变量某些水平靠得较近,则说明这些水平相似性较大,可以归为一类,如头发颜色中的深色和黑色归为一类,红色、金色归为一类,棕色自成一类;(2) 考察不同变量(头发颜色与眼睛颜色) 的不同水平间的对应关系:如棕色头发的人其眼睛为棕色的比例较高;金色头发和浅色、蓝色眼睛的相关性较大.

8.5　实际案例分析

案例 8.1　按现行统计报表制度,农村居民可支配收入主要由四部分构成,即工资性收入、经营净收入、财产净收入、转移净收入. 表 8.10 列出了 2019 年全国 31 个省、自治区、直辖市农村居民人均可支配收入的数据(数据来源于 2020 年《中国农村统计年鉴》). 试进行对应分析,揭示全国农村居民人均可支配收入的特征以及各省、自治区、直辖市与各收入类型间的关系.

表 **8.10**　**2019** 年农村居民人均可支配收入　　单位:元

地区	工资性收入	经营净收入	财产净收入	转移净收入
北京	21376.0	2262.2	2127.4	3162.8
天津	14750.5	4984.6	1033.8	4035.3
河北	8120.0	5099.1	323.0	1831.0
山西	6098.1	3396.0	210.3	3197.9
内蒙古	3173.8	8067.1	522.9	3519.1
辽宁	6223.6	7012.7	284.5	2587.5
吉林	3933.2	8264.3	307.2	2431.4
黑龙江	3329.7	7196.1	758.7	3697.6
上海	20019.8	2355.8	1295.4	9524.2
江苏	11076.7	6291.5	825.0	4482.2
浙江	18479.6	7296.5	851.8	3248.0
安徽	5462.5	5952.6	283.0	3717.9
福建	8949.3	7178.6	344.6	3095.8
江西	6699.2	5701.2	257.4	3138.5
山东	7165.2	7799.3	456.4	2354.5
河南	5866.6	5076.8	231.3	3989.0

续表

地区	工资性收入	经营净收入	财产净收入	转移净收入
湖北	5352.9	6807.7	210.7	4019.6
湖南	6224.0	5268.3	208.8	3693.6
广东	9698.7	4446.9	541.0	4131.7
广西	4258.5	5619.1	340.3	3457.8
海南	6316.6	5865.4	282.8	2648.4
重庆	5316.7	5209.5	367.4	4239.6
四川	4662.1	5641.1	456.5	3910.5
贵州	4774.1	3427.5	121.0	2433.7
云南	3600.6	6214.2	188.5	1899.0
西藏	3907.0	6364.5	436.5	2243.1
陕西	5024.6	3791.5	214.4	3295.1
甘肃	2769.2	4322.0	129.5	2408.3
青海	3617.3	4296.7	409.9	3175.5
宁夏	4962.7	4976.1	388.1	2531.6
新疆	3409.2	6762.4	259.8	2690.3

1. SPSS 实现步骤

(1) 数据输入. 打开 SPSS 软件，在表格下方有两个选项，分别是“数据视图”和“变量视图”，点击“变量视图”选项，录入三个变量，即 province、income、money，并对变量“province”和“income”进行赋值，赋值后的结果如图8.3 所示.

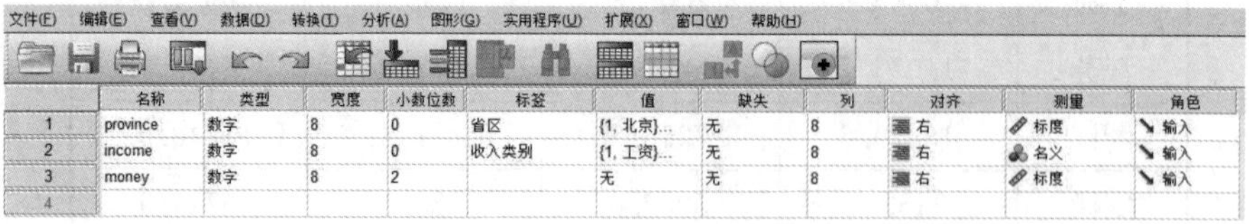

图 **8.3** 变量属性设置

其中“值”项中需要做如下设置：在弹出的对话框里，对北京至新疆的 31 个省、自治区、直辖市以及工资等 4 类可支配收入类型进行数字赋值，如图 8.4 所示.

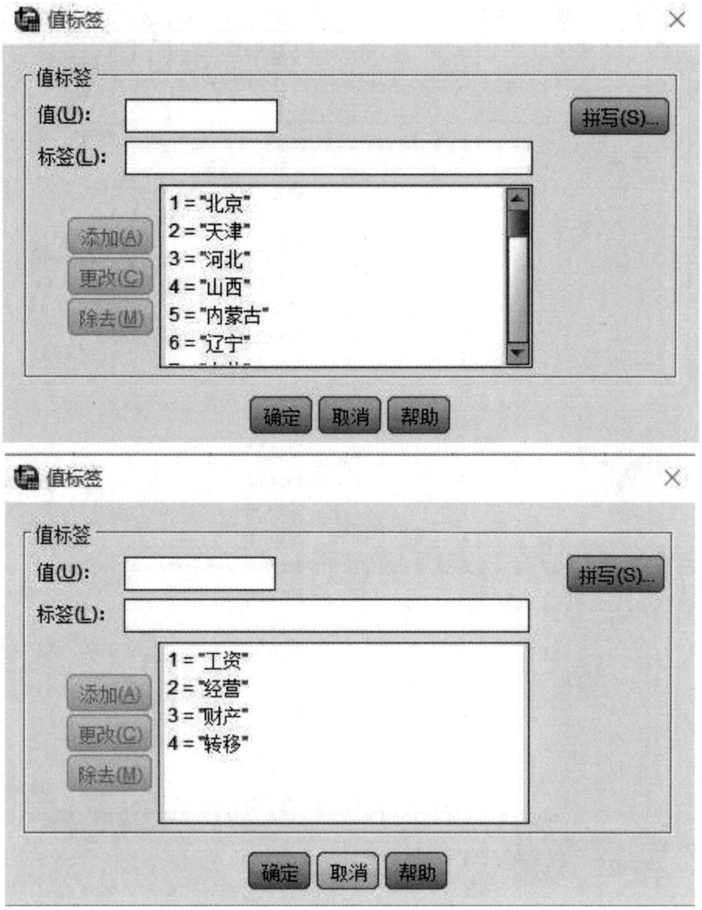

图 **8.4**　数字赋值

点击“数据视图”进行数据的输入，如图 8.5 所示.

然后依次点击“数据 — 个案加权”，再将“money”导入“频率变量”，如图 8.6 所示. 这一步是为了激活“money”变量，至关重要. 如果“money”没有被激活，之后要进行的对应分析的命令仍会执行，但结果是错误的.

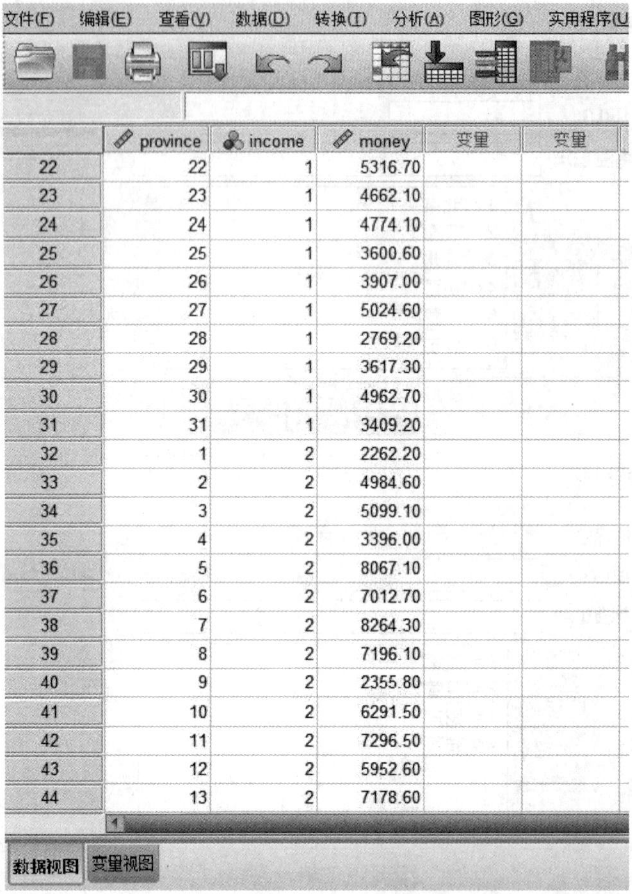

	province	income	money	变量	变量
22	22	1	5316.70		
23	23	1	4662.10		
24	24	1	4774.10		
25	25	1	3600.60		
26	26	1	3907.00		
27	27	1	5024.60		
28	28	1	2769.20		
29	29	1	3617.30		
30	30	1	4962.70		
31	31	1	3409.20		
32	1	2	2262.20		
33	2	2	4984.60		
34	3	2	5099.10		
35	4	2	3396.00		
36	5	2	8067.10		
37	6	2	7012.70		
38	7	2	8264.30		
39	8	2	7196.10		
40	9	2	2355.80		
41	10	2	6291.50		
42	11	2	7296.50		
43	12	2	5952.60		
44	13	2	7178.60		

图 **8.5**　对应分析数据表

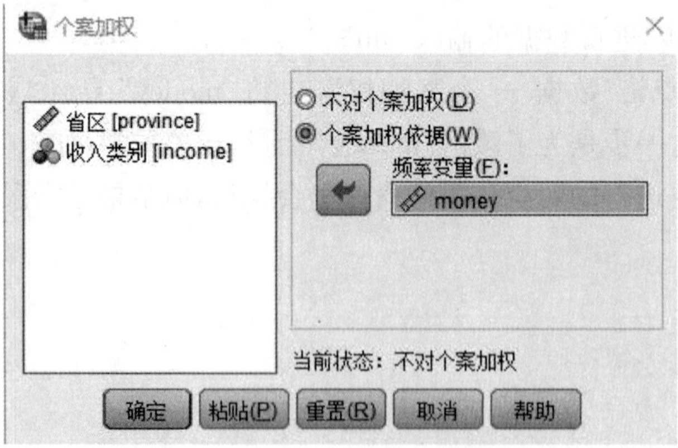

图 **8.6**　频率变量导入

(2) 依次点击“分析 — 数据降维 — 对应分析”，将 province(省份)、income(收入类型) 分别添加到行、列的矩形框中，如图 8.7 所示.

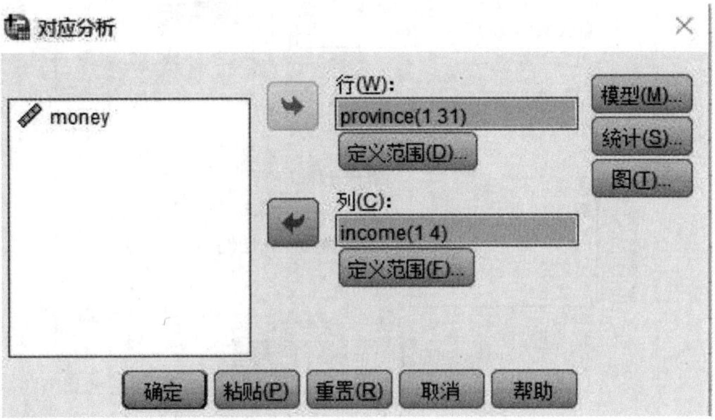

图 **8.7**　对应分析对话框

(3) 分别点击行、列下面的“定义范围”按钮，弹出如图 8.8 的对话框. 行定义范围：最小值为 1，最大值为 31；列定义范围：最小值为 1，最大值为 4. 点击继续，如图 8.8 所示. 点击“更新”，并按“继续”按钮，即可完成对行(列)变量取值区间定义.

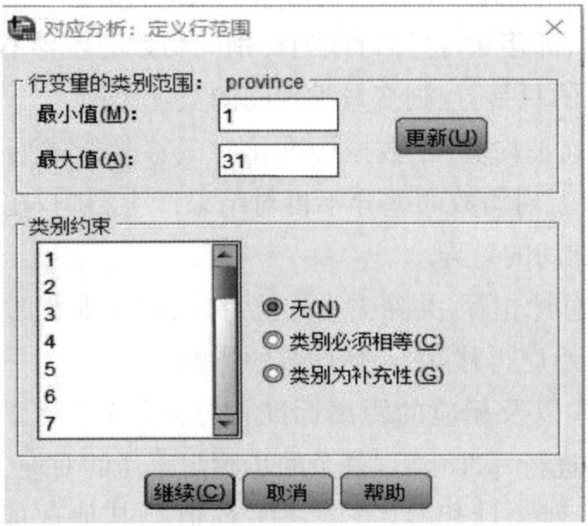

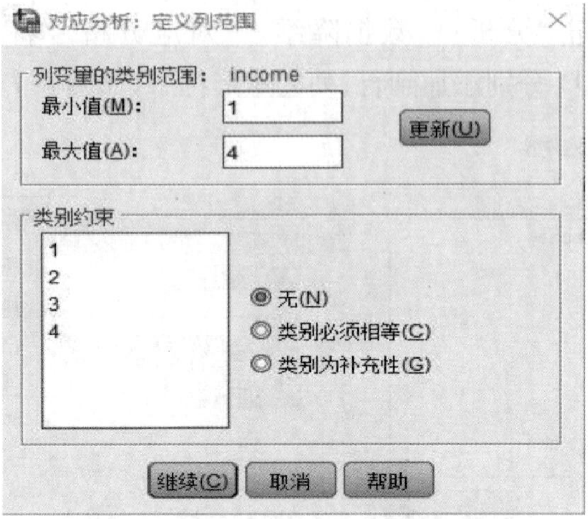

图 **8.8** “定义范围”对话框

(4) 点击对应分析对话框中“模型”按钮，出现如图 8.9 所示对话框. 在对话框中选择数据标准化方法，在“距离测量”部分点选“欧氏”，下面的“标准化方法”选择选项被激活，有 5 种可供选择的数据标准化方法，这 5 种方法的含义如下：

① 除去行和列平均值：为缺省设置，在数据标准化时将行合计均数以及列合计均数的影响都移除，这样行或列类别间均数的差异不再对结果产生影响，在结果中呈现的只是行、列变量类别间的交互作用.

② 除去行或列平均值：在数据标准化时只移除行或列变量合计均数差异的影响，这样行 / 列均数的差异不再对结果产生影响，在结果中呈现的只是行或列变量类别间的差异.

③ 使行或列总计相等，并除去平均值：在数据标准化时首先将原始数据除以行或列合计，然后再移除行、列均数的影响.

距离测量方式以及相应的距离标准化方法均在“模型”子对话框中选择，在对欧氏距离进行标准化后，剩余的步骤与普通的对应分析完全相同. 本例选择第 5 种“使列总计相等，并除去平均值”，其他选项为默认值，点击“继续”.

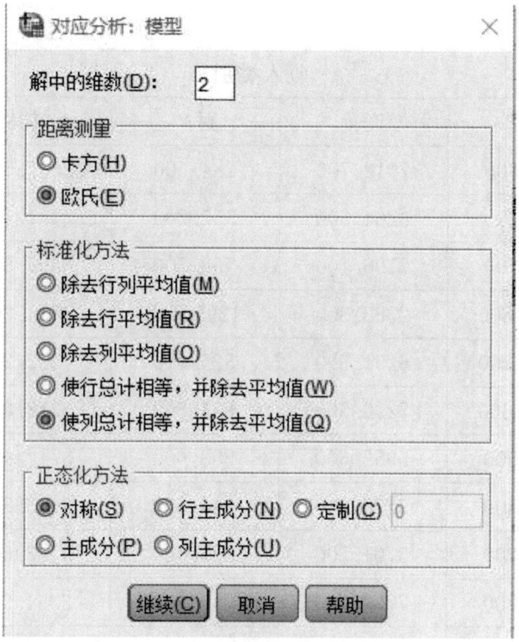

图 **8.9**　“模型”对话框

(5) 点击对应分析对话框中“统计”和“图”选项，在对应框的选项均选为默认值，最后点击“确定”按钮即可输出相应的对应分析结果.

2. 结果分析

表 8.11 输出了对应表，显示不同地区农村居民收入类别的分布，可以看出经济发达地区，如天津、浙江、上海、江苏、北京等，农村居民的收入来源主要以工资性收入和财产净收入为主.

表 **8.11**　对应表

	收入类别				
地区	工资	经营	财产	转移	活动边际
北京	21376.000	2262.200	2127.400	3162.800	28928.400
天津	14750.500	4984.600	1033.800	4035.300	24804.200
河北	8120.000	5099.100	323.000	1831.000	15373.100
山西	6098.100	3396.000	210.300	3197.900	12902.300
内蒙古	3173.800	8067.100	522.900	3519.100	15282.900

续表

	收入类别				
地区	工资	经营	财产	转移	活动边际
辽宁	6223.600	7012.700	284.500	2587.500	16108.300
吉林	3933.200	8264.300	307.200	2431.400	14936.100
黑龙江	3329.700	7196.100	758.700	3697.600	14982.100
上海	20019.800	2355.800	1295.400	9524.200	33195.200
江苏	11076.700	6291.500	825.000	4482.200	22675.400
浙江	18479.600	7296.500	851.800	3248.000	29875.900
安徽	5462.500	5952.600	283.000	3717.900	15416.000
福建	8949.300	7178.600	344.600	3095.800	19568.300
江西	6699.200	5701.200	257.400	3138.500	15796.300
山东	7165.200	7799.300	456.400	2354.500	17775.400
河南	5866.600	5076.800	231.300	3989.000	15163.700
湖北	5352.900	6807.700	210.700	4019.600	16390.900
湖南	6224.000	5268.300	208.800	3693.600	15394.700
广东	9698.700	4446.900	541.000	4131.700	18818.300
广西	4258.500	5619.100	340.300	3457.800	13675.700
海南	6316.600	5865.400	282.800	2648.400	15113.200
重庆	5316.700	5209.500	367.400	4239.600	15133.200
四川	4662.100	5641.100	456.500	3910.500	14670.200
贵州	4774.100	3427.500	121.000	2433.700	10756.300
云南	3600.600	6214.200	188.500	1899.000	11902.300
陕西	3907.000	6364.500	436.500	2243.100	12951.100
甘肃	5024.600	3791.500	214.400	3295.100	12325.600
青海	2769.200	4322.000	129.500	2408.300	9629.000
宁夏	3617.300	4296.700	409.900	3175.500	11499.400
新疆	4962.700	4976.100	388.100	2531.600	12858.500
西藏	3409.200	6762.400	259.800	2690.300	13121.700
活动边际	224618.000	172947.300	14667.900	104790.500	517023.700

表 8.12 反映了惯量比例，代表各维度分别解释总惯量的比例及累计百分比，从中可以看出第一维和第二维的惯量比例占总惯量的 94.1%，说明二维图形可以较为充分地表现两变量间的信息距离.

表 **8.12**　摘要

			方差贡献率		置信度奇异值	
维	奇异值	惯量	占比	累计	标准差	相关性
1	.534	.285	.845	.845	.001	—.297
2	.181	.033	.097	.941	.001	
3	.141	.020	.059	1.000		
总计		.337	1.000	1.000		

由行点总览和列点总览（表 8.13 和表 8.14）可以看出，两个维度对点惯量的累计贡献率大部分都超过了 70%，说明二维图形可以较好地表示变量中各水平间的信息.表 8.13 和表 8.14 还给出了绘制最后叠加的散点图所需要的两套坐标，其中表 8.13 是关于行变量（地区）的点坐标，如北京（—2.677，—1.083），天津（—1.081，—0.082）等.同样地，表 8.14 表示列变量（收入类别）的点坐标，如工资性收入（— 0.862，0.208），经营净收入（0.148，— 0.239）等.

表 **8.13**　行点总览

		维得分			贡献				
					点对维的惯量		维对点的惯量		
地区	数量	1	2	惯量	1	2	1	2	总计
北京	.032	— 2.677	— 1.083	.132	.433	.209	.934	.052	.986
天津	.032	— 1.081	—.082	.020	.071	.001	.988	.002	.990
河北	.032	.176	—.218	.003	.002	.009	.199	.103	.302
山西	.032	.339	.314	.004	.007	.018	.502	.146	.647
内蒙古	.032	.196	—.323	.004	.002	.019	.156	.143	.299
辽宁	.032	.318	—.149	.002	.006	.004	.722	.054	.775
吉林	.032	.442	—.384	.005	.012	.026	.650	.166	.816
黑龙江	.032	—.095	—.468	.006	.001	.039	.026	.211	.237

续表

		维得分			贡献				
					点对维的惯量		维对点的惯量		
地区	数量	1	2	惯量	1	2	1	2	总计
上海	.032	—1.922	1.571	.079	.223	.441	.807	.182	.990
江苏	.032	—.644	.047	.008	.025	.000	.927	.002	.928
浙江	.032	—1.024	—.101	.025	.063	.002	.713	.002	.716
安徽	.032	.304	.208	.002	.006	.008	.834	.132	.966
福建	.032	.081	.030	.002	.000	.000	.064	.003	.067
江西	.032	.284	.134	.002	.005	.003	.785	.059	.844
山东	.032	.092	—.410	.002	.001	.030	.072	.482	.554
河南	.032	.318	.409	.003	.006	.030	.638	.357	.995
湖北	.032	.390	.317	.004	.009	.018	.705	.157	.862
湖南	.032	.337	.352	.003	.007	.022	.707	.260	.966
广东	.032	—.257	.306	.002	.004	.017	.625	.300	.925
广西	.032	.313	.044	.002	.006	.000	.839	.006	.844
海南	.032	.298	—.058	.002	.005	.001	.835	.011	.845
重庆	.032	.187	.305	.002	.002	.017	.394	.353	.747
四川	.032	.142	.063	.001	.001	.001	.282	.019	.301
贵州	.032	.544	.138	.007	.018	.003	.705	.015	.720
云南	.032	.590	—.300	.007	.021	.016	.906	.079	.986
陕西	.032	.283	—.465	.003	.005	.039	.485	.444	.929
甘肃	.032	.396	.272	.004	.009	.013	.673	.107	.780
青海	.032	.659	—.012	.008	.026	.000	.888	.000	.888
宁夏	.032	.265	—.059	.003	.004	.001	.463	.008	.470
新疆	.032	.249	—.206	.002	.004	.008	.643	.149	.792
西藏	.032	.496	—.190	.005	.015	.006	.920	.046	.966
活动总计	1.000			.337	1.000	1.000			

表 **8.14**　列点总览

		维得分			贡献				
					点对维的惯量		维对点的惯量		
收入类别	数量	1	2	惯量	1	2	1	2	总计
工资	.250	—.862	.208	.113	.348	.060	.879	.017	.896
经营	.250	.148	—.239	.019	.010	.079	.154	.136	.291
财产	.250	—1.134	—.367	.182	.603	.187	.944	.033	.977
转移	.250	—.290	.698	.038	.039	.674	.291	.572	.863
活动总计	1.000			.337	1.000	1.000			

根据表8.13和表8.14中的坐标可以画出叠加散点图，即图8.10. 从散点图可以看出，我国经济发达地区，如天津、浙江、上海、江苏、北京等，农村居民的收入来源主要以工资性收入和财产净收入为主；而广东、重庆、福建、河南等地区多以转移净收入为主要收入来源；云南、内蒙古、吉林、西藏等地区以经营净收入为主. 从我国目前的经济发展状况来看，大部分农民仍是以工资

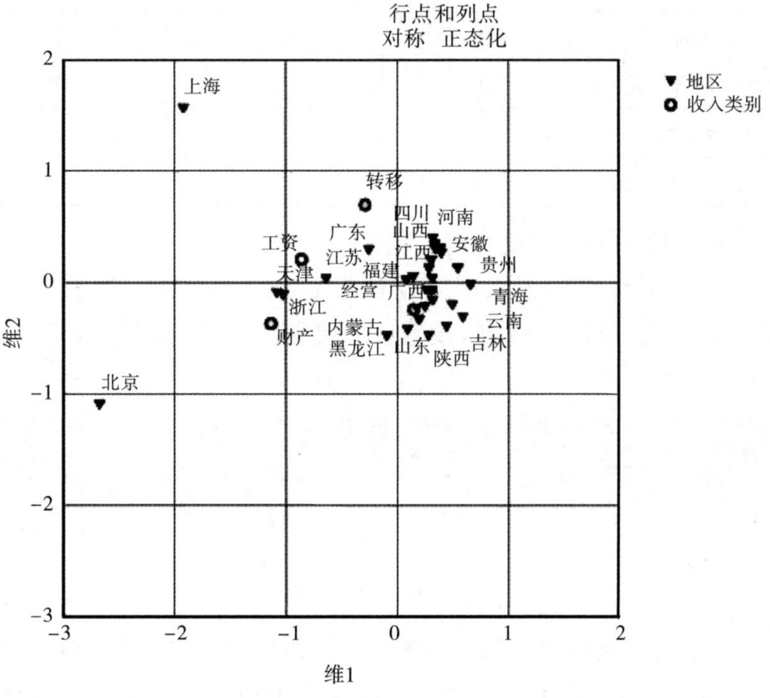

图 **8.10**　行点和列点的散点图

性收入和家庭经营性收入为主要的收入来源. 在经济发达地区，农民外出打工较多，因此以工资性收入为主；而在经济不发达地区，大部分农民还是以农业生产为主，因此以家庭经营性收入为主. 随着我国社会经济不断发展，这种格局也必然发生一定的变化，转移性收入和财产性收入也会有所表现.

综上所述，对应分析方法较好地揭示了指标与指标、样品与样品、指标与样品之间的内在联系. 因此，这种方法能够以较小的代价从原始数据中提取较多的信息.

案例 8.2　全国的卫生医疗条件一直受到人们的关注，为了了解全国医疗状况，需要对各类医疗卫生机构占比及等级关系进行分析，以掌握全国医疗状况. 表 8.15 给出了 2018 年全国各类医院和等级的数据(数据来源于 2019 年《中国卫生健康统计年鉴》). 请运用对应分析方法揭示全国各类医院与所属等级的关系.

表 **8.15**　**2018** 年各类医疗机构等级情况

医院分类	三级医院数 / 个	二级医院数 / 个	一级医院数 / 个
综合医院	1396	4680	7985
中医院	448	1848	874
中西医结合医院	72	137	212
民族医院	29	153	56
专科医院	603	2186	1641

1. SPSS 实现步骤

(1)打开 SPSS 软件，在表格下方有两个选项，分别是“数据视图”和“变量视图”，点击“变量视图”选项，设置 3 个变量——“type”“rank”“number”，如图 8.11 所示.

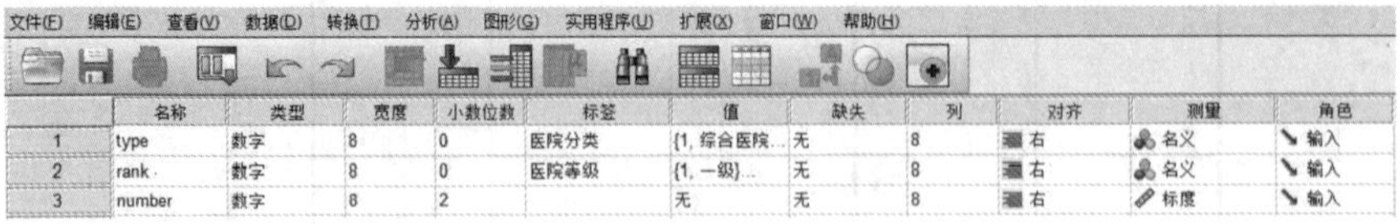

图 **8.11**　设置变量

其中“值”项中需要做如下设置：在弹出的对话框里，在“值”后面的框中填入变量的具体值(如 1)，在下方“标签”后面的框中填入变量的取该具体值对应的标签(如综合医院)，此时下方的“添加”按钮被激活，点击“添加”即可将该取值及所设的标签加入其右边框中，显示为 1＝“综合医院”. 如此，依次将 2，3，4，5 所对应的标签全部添加，下方的框中将显示这 5 个取值的标签. 同样地，将医院等级变量“值”框赋值，如图 8.12 所示.

图 **8.12**　变量数字赋值

点击“数据视图”进行数据的输入，如图 8.13 所示.

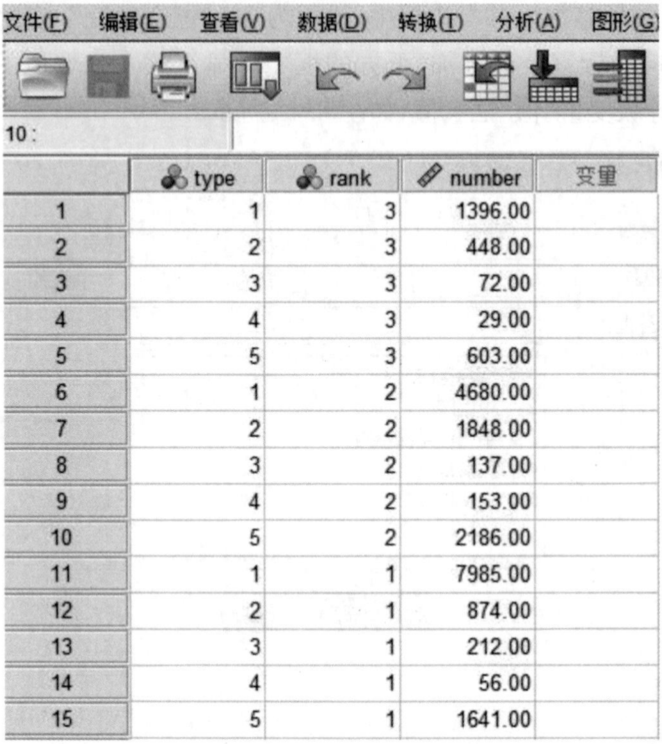

	type	rank	number	变量
1	1	3	1396.00	
2	2	3	448.00	
3	3	3	72.00	
4	4	3	29.00	
5	5	3	603.00	
6	1	2	4680.00	
7	2	2	1848.00	
8	3	2	137.00	
9	4	2	153.00	
10	5	2	2186.00	
11	1	1	7985.00	
12	2	1	874.00	
13	3	1	212.00	
14	4	1	56.00	
15	5	1	1641.00	

图 **8.13** 对应分析数据表

在 SPSS 的数据窗口完成数据输入,然后依次点击“数据—个案加权”,再将“number”导入“频率变量”,如图 8.14 所示.

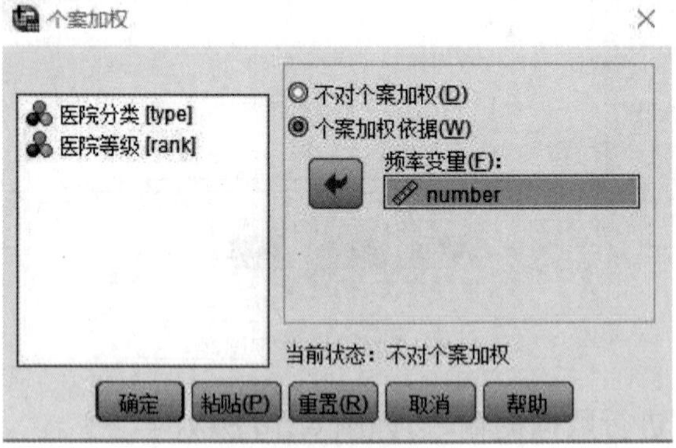

图 **8.14** 频率变量导入

(2)依次点击"分析—数据降维—对应分析".将 type(医院分类)导入行,定义全距:最小值为 1,最大值为 5;将 rank(医院等级)导入列,定义全距:最小值为 1,最大值为 3.点击"更新",点击"继续",如图 8.15 和图 8.16 所示.

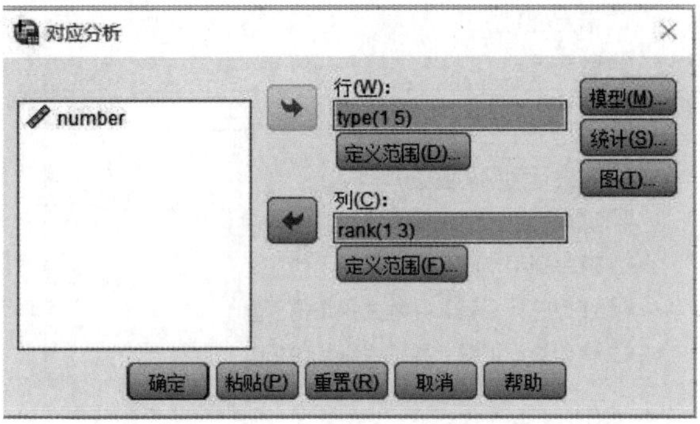

图 **8.15**　"对应分析"对话框

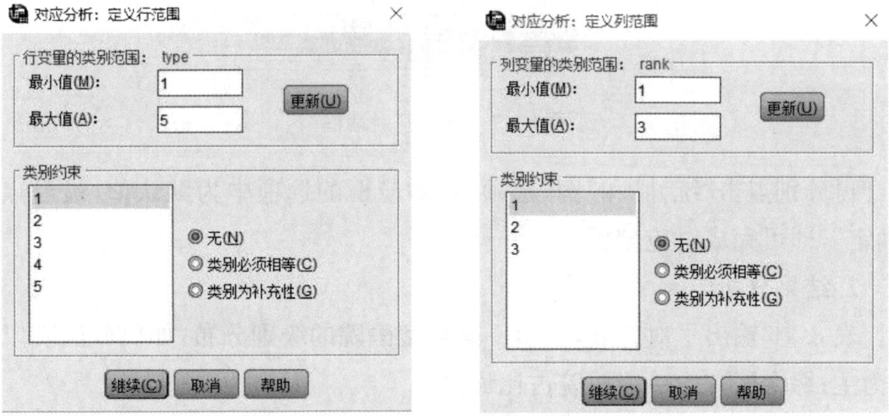

图 **8.16**　"定义范围"对话框

然后点击"模型",在对话框中选择数据标准化方法,在"距离测量"部分点选"欧式",下面的"标准化方法"选择项被激活,有 5 种可供选择的数据标准化方法,本例选择第 4 种"使行总计相等,并除去平均值",其他选项为默认值,点击"继续",如图 8.17 所示.

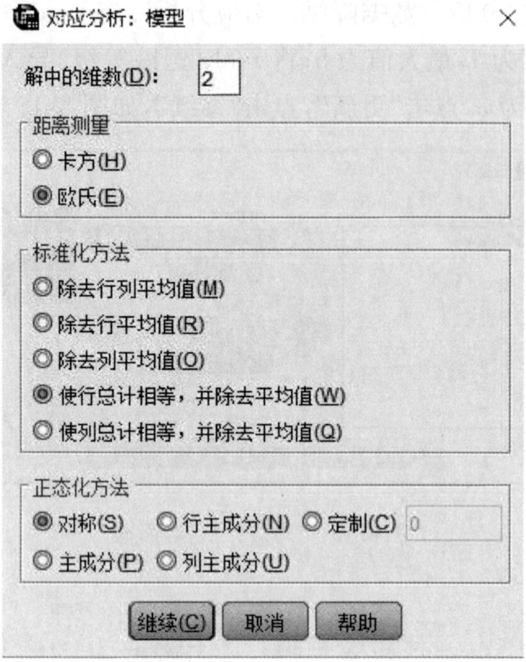

图 **8.17** “模型”对话框

再分别点击“统计”和“图”选项，在对应框的选项中为默认值，最后点击“确定”，即可完成对应分析.

2. 结果分析

表 8.16 输出了对应表，显示不同类型医院的级别分布，如民族医院以二级为主；综合医院中一级医院占比最高.

表 **8.16** 对应表

	医院等级			
医院分类	一级	二级	三级	活动边际
综合医院	7985	4680	1396	14061
中医院	874	1848	448	3170
中西医结合医院	212	137	72	421
民族医院	56	153	29	238
专科医院	1641	2186	603	4430
活动边际	10768	9004	2548	22320

表 8.17 给出了行和列的关系，惯量比例代表各维度分别解释总惯量的比例及累计百分比，从中可以看出第一维和第二维的惯量比例占总惯量的 100%，因此可以选择两维来进行分析.

表 **8.17**　摘要

			惯量比例		置信度奇异值	
维	奇异值	惯量	占比	累计	标准差	相关性
1	.450	.203	.698	.698	.002	.246
2	.296	.088	.302	1.000	.003	
总计		.290	1.000	1.000		

表 8.18 和表 8.19 给出了绘制最后叠加的散点图所需要的两套坐标，其中表 8.18 是关于行变量（医院分类）的点坐标，如综合医院（0,485,0.869），中医院（0.789,−0.304）等. 同样地，表 8.19 表示列变量（医院等级）的点坐标，如一级（0.077,0.767），二级（0.781,−0.437）等.

表 **8.18**　行点总览

		维得分			贡献				
					点对维的惯量		维对点的惯量		
医院分类	数量	1	2	惯量	1	2	1	2	总计
综合医院	.200	.485	.869	.066	.105	.510	.321	.679	1.000
中医院	.200	.789	−.304	.062	.277	.062	.911	.089	1.000
中西医结合医院	.200	.324	.633	.033	.047	.271	.285	.715	1.000
民族医院	.200	.923	−.476	.090	.379	.153	.851	.149	1.000
专科医院	.200	.660	.079	.040	.193	.004	.991	.009	1.000
活动总计	1.000			.290	1.000	1.000			

表 **8.19**　列点总览

		维得分			贡献				
					点对维的惯量		维对点的惯量		
医院分类	数量	1	2	惯量	1	2	1	2	总计
一级	.333	.077	.767	.059	.004	.662	.015	.985	1.000
二级	.333	.781	−.437	.110	.451	.215	.829	.171	1.000
三级	.333	−.857	−.330	.121	.544	.122	.911	.089	1.000
活动总计	1.000			.290	1.000	1.000			

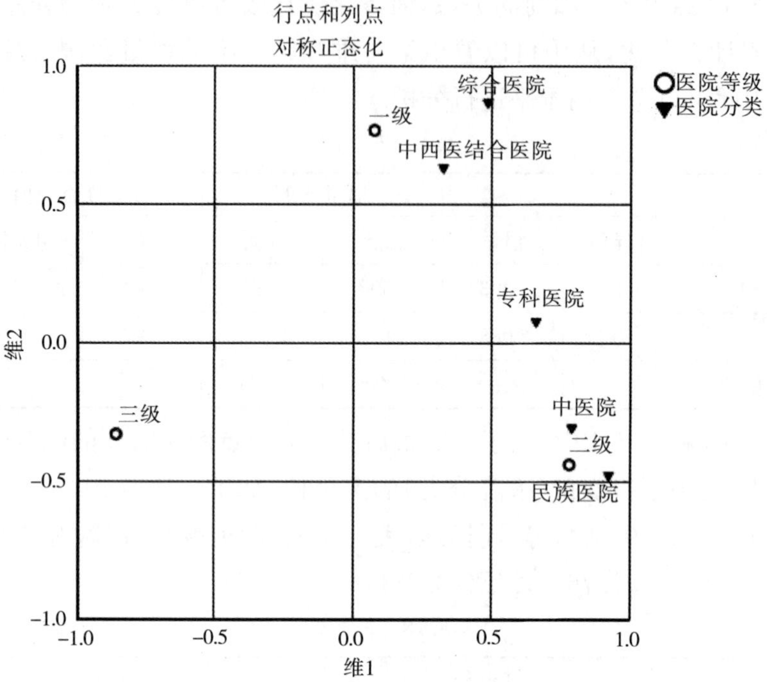

图 **8.18** 行点和列点散点图

根据表 8.18 和表 8.19 中的坐标点可以画出叠加散点图，即图 8.18. 从散点图可以看出，rank 的 3 个等级分布较为分散，很明显分成三大类. 对于 type，综合医院和中西医结合医院被分为一类，中医院、民族医院和专科医院被分为一类. 同时考察两变量各种水平，可以看到三级医院与各种医院类型都较远，可以说明三级的医院数量较少；综合医院和中西医结合医院中等级为一级的医院偏多；二级的医院主要集中在中医院、民族医院和专科医院. 从我国目前的医疗发展状况来看，大部分医院集中在一级和二级，三级的医院较少，并且综合医院中一级医院偏多，应加强各类一级医院各种硬件及软件条件的建设，使全国医疗水平越来越高.

第 9 章
典型相关分析

9.1 引言

典型相关分析(canonical correlation analysis, CCA)是研究两组变量相关关系的一种多元统计方法.它最早源于 Hotelling 于 1936 年在《生物统计》期刊上发表的一篇论文《两组变式之间的关系》,Hotelling 就学生大学表现和入学成绩的关系、政府政策变量与经济目标变量的关系等问题进行了相关性研究,提出了典型相关分析方法.他所提出的方法经过多年的应用及发展,逐渐达到完善,在 20 世纪 70 年代臻于成熟.

由于典型相关分析涉及较大量的矩阵计算,其方法的应用在早期曾受到相当的限制,计算机的发展解决了典型相关分析在应用中关于计算方面的困难,逐渐成为普遍应用的进行两组变量之间相关性分析的技术.如在生态环境方面,用典型相关理论对预报场与因子场进行分析,研究植被与环境的关系;在社会生活领域,应用典型相关理论分析物价指标和影响物价的因素;在教育学中研究高等教育发展与社会经济发展的相关关系;在气象学中研究当天和前一天气象因子的相关关系;在地质学中,为了研究岩石形成的原因,分析岩石的化学成分与其周围围岩化学成分的相关性等.

典型相关分析作为多元统计学的一个重要部分,是相关性分析的一个主要内容.典型相关分析不仅其方法本身具有重要的理论意义,而且它还可以作为其他分析方法,如多重线性回归、判别分析和对应分析的工具,因此在多元分析方法中占有特殊的地位.

9.2 典型相关分析的基本思想

假设有两组变量 $X_1, X_2, \cdots, X_p$ 与 $Y_1, Y_2, \cdots, Y_q$,要研究这两组变量之间的相关关系,如何给这两组变量之间的相关性以数量的描述?

一种是采用最原始的方法,分别计算两组变量之间的全部相关系数,一共有 $p \times q$ 个简单相关系数,这样又烦琐又不能抓住问题的本质.如果能够采用类似于主成分的思想,分别找出两组变量各自的某个线性组合,讨论线性组合之间的相关关系,则可简捷解决问题.

首先在两组变量中分别找出第一对线性组合,使其具有最大相关性:

$$\begin{cases} U_1 = a_{11}X_1 + a_{21}X_2 + \cdots + a_{p1}X_p \\ V_1 = b_{11}Y_1 + b_{21}Y_2 + \cdots + b_{q1}Y_q \end{cases}$$

然后再在两组变量中找出第二对线性组合,使其具有第二大相关性,且分别与各自组内的第一对线性组合不相关:

$$\begin{cases} U_2 = a_{12}X_1 + a_{22}X_2 + \cdots + a_{p2}X_p \\ V_2 = b_{12}Y_1 + b_{22}Y_2 + \cdots + b_{q2}Y_q \end{cases}$$

同时,

$$\rho(U_2, U_1) = 0, \rho(V_2, V_1) = 0,$$

且在所有线性组合中,$\rho(U_2, V_2)$ 除 $\rho(U_1, V_1)$ 外是最大的.如此继续下去,直至两组变量的相关性信息被提取完为止.于是把研究两组变量之间的相关性问题化为研究两个变量 U 与 V 之间的相关性问题,即希望寻求向量 $\boldsymbol{a} = (a_{11}, a_{21}, \cdots, a_{p1})'$,$\boldsymbol{b} = (b_{11}, b_{21}, \cdots, b_{q1})'$,使两组变量以 $\boldsymbol{a}, \boldsymbol{b}$ 为系数的线性组合之间最大可能的相关,称这种相关为典型相关,基于这种原则的分析方法就是典型相关分析.

9.3　总体典型相关分析

9.3.1　总体典型相关分析的数学描述

设两组随机变量 $\boldsymbol{X}=(X_1,X_2,\cdots,X_p)'$，$\boldsymbol{Y}=(Y_1,Y_2,\cdots,Y_q)'$ 分别为 p 维和 q 维随机向量，根据典型相关分析的思想，用 $\boldsymbol{X}$ 和 $\boldsymbol{Y}$ 的线性组合 $U=\boldsymbol{a}'\boldsymbol{X}$ 和 $V=\boldsymbol{b}'\boldsymbol{Y}$ 之间的相关性来研究两组随机变量 $\boldsymbol{X}$ 和 $\boldsymbol{Y}$ 之间的相关性. 希望找到向量 $\boldsymbol{a}$ 和 $\boldsymbol{b}$，使得 $\rho(U,V)$ 最大，由相关系数的定义易得出对任意常数 e,f,c,d，均有

$$\rho(eU+f,cV+d)=\rho(U,V)$$

这说明使得相关系数最大的 U,V 并不唯一. 因此，为保证结果的唯一性，在求综合变量时常常限定

$$Var(U)=1,Var(V)=1$$

于是，就有了下面的定义：

定义 9.1　如果存在 $\boldsymbol{a}_1=(a_{11},a_{21},\cdots,a_{p1})'$ 和 $\boldsymbol{b}_1=(b_{11},b_{21},\cdots,b_{q1})'$，使得在约束条件

$$Var(\boldsymbol{a}_1'\boldsymbol{X})=1,Var(\boldsymbol{b}_1'\boldsymbol{Y})=1$$

下，

$$\rho(\boldsymbol{a}_1'\boldsymbol{X},\boldsymbol{b}_1'\boldsymbol{Y})=\max\rho(\boldsymbol{a}'\boldsymbol{X},\boldsymbol{b}'\boldsymbol{Y})$$

令 $U_1=\boldsymbol{a}_1'\boldsymbol{X}$，$V_1=\boldsymbol{b}_1'\boldsymbol{Y}$，则称 (U_1,V_1) 是 $\boldsymbol{X},\boldsymbol{Y}$ 的第一对典型相关变量，它们之间的相关系数称为第一典型相关系数.

定义了前 $k-1$ 对典型相关变量之后，第 k 对典型相关变量定义如下：

定义 9.2　如果存在 $\boldsymbol{a}_k=(a_{1k},a_{2k},\cdots,a_{pk})'$ 和 $\boldsymbol{b}_k=(b_{1k},b_{2k},\cdots,b_{qk})'$，使得

(1) (U_k,V_k) 和前面 $k-1$ 对典型相关变量都不相关，其中 $U_k=\boldsymbol{a}_k{}'\boldsymbol{X}$，$V_k=\boldsymbol{b}_k{}'\boldsymbol{Y}$；

(2) $Var(U_k)=1,Var(V_k)=1$；

(3) 除前 $k-1$ 对外，U_k 和 V_k 的相关系数最大；

则称 (U_k,V_k) 是 $\boldsymbol{X},\boldsymbol{Y}$ 的第 k 对典型相关变量，它们之间的相关系数称为第 k 个典型相关系数.

9.3.2　典型相关变量的求解

考虑两组随机变量 $\boldsymbol{X}=(X_1,X_2,\cdots,X_p)'$，$\boldsymbol{Y}=(Y_1,Y_2,\cdots,Y_q)'$ 构成的

随机向量 $\boldsymbol{Z}=(X_1,X_2,\cdots,X_p,Y_1,Y_2,\cdots,Y_q)'$，其协方差阵为

$$\boldsymbol{\Sigma}=\begin{bmatrix}\boldsymbol{\Sigma}_{11} & \boldsymbol{\Sigma}_{12}\\ \boldsymbol{\Sigma}_{21} & \boldsymbol{\Sigma}_{22}\end{bmatrix}\begin{matrix}p\\ q\end{matrix}$$
$$\qquad\quad p\qquad\quad q$$

其中 $\boldsymbol{\Sigma}_{11}$ 是第一组随机变量 $\boldsymbol{X}$ 的协方差矩阵；$\boldsymbol{\Sigma}_{22}$ 是第二组随机变量 $\boldsymbol{Y}$ 的协方差矩阵；$\boldsymbol{\Sigma}_{12}$ 和 $\boldsymbol{\Sigma}_{21}$ 分别是 $\boldsymbol{X}$ 和 $\boldsymbol{Y}$、$\boldsymbol{Y}$ 和 $\boldsymbol{X}$ 的协方差矩阵.

如果记两组变量 $\boldsymbol{X},\boldsymbol{Y}$ 的第一对线性组合为

$$U_1=\boldsymbol{a}_1'\boldsymbol{X},V_1=\boldsymbol{b}_1'\boldsymbol{Y}$$

其中 $\boldsymbol{a}_1=(a_{11},a_{21},\cdots,a_{p1})',\boldsymbol{b}_1=(b_{11},b_{21},\cdots,b_{q1})'$

则

$$Var(U_1)=\boldsymbol{a}_1'Var(\boldsymbol{X})\boldsymbol{a}_1=\boldsymbol{a}_1'\boldsymbol{\Sigma}_{11}\boldsymbol{a}_1=1,$$
$$Var(V_1)=\boldsymbol{b}_1'Var(\boldsymbol{Y})\boldsymbol{b}_1=\boldsymbol{b}_1'\boldsymbol{\Sigma}_{22}\boldsymbol{b}_1=1$$
$$\rho(U_1,V_1)=Cov(U_1,V_1)=\boldsymbol{a}_1'Cov(\boldsymbol{X},\boldsymbol{Y})\boldsymbol{b}_1=\boldsymbol{a}_1'\boldsymbol{\Sigma}_{12}\boldsymbol{b}_1$$

所以，求解第一对典型相关变量就是在约束条件

$$\begin{cases}\boldsymbol{a}'\boldsymbol{\Sigma}_{11}\boldsymbol{a}=1\\ \boldsymbol{b}'\boldsymbol{\Sigma}_{22}\boldsymbol{b}=1\end{cases}$$

下，求使 $\rho(U_1,V_1)=\boldsymbol{a}'\boldsymbol{\Sigma}_{12}\boldsymbol{b}$ 达到最大的系数向量 $\boldsymbol{a}$ 与 $\boldsymbol{b}$.

根据条件极值的求法引入 Lagrange 乘数，将问题转化为求

$$\varphi(\boldsymbol{a},\boldsymbol{b})=\boldsymbol{a}'\boldsymbol{\Sigma}_{12}\boldsymbol{b}-\frac{\lambda}{2}(\boldsymbol{a}'\boldsymbol{\Sigma}_{11}\boldsymbol{a}-1)-\frac{\nu}{2}(\boldsymbol{b}'\boldsymbol{\Sigma}_{22}\boldsymbol{b}-1)\tag{9.1}$$

的极大值，其中 λ,ν 是 Lagrange 乘数.

根据极值的必要条件

$$\begin{cases}\dfrac{\partial\varphi}{\partial\boldsymbol{a}}=\boldsymbol{\Sigma}_{12}\boldsymbol{b}-\lambda\boldsymbol{\Sigma}_{11}\boldsymbol{a}=\boldsymbol{0}\\[2ex] \dfrac{\partial\varphi}{\partial\boldsymbol{b}}=\boldsymbol{\Sigma}_{21}\boldsymbol{a}-\nu\boldsymbol{\Sigma}_{22}\boldsymbol{b}=\boldsymbol{0}\end{cases}\tag{9.2}$$

将方程组 (9.2) 的两式分别左乘 $\boldsymbol{a}'$ 与 $\boldsymbol{b}'$，则得

$$\begin{cases}\boldsymbol{a}'\boldsymbol{\Sigma}_{12}\boldsymbol{b}-\lambda\boldsymbol{a}'\boldsymbol{\Sigma}_{11}\boldsymbol{a}=\boldsymbol{0}\\ \boldsymbol{b}'\boldsymbol{\Sigma}_{21}\boldsymbol{a}-\nu\boldsymbol{b}'\boldsymbol{\Sigma}_{22}\boldsymbol{b}=\boldsymbol{0}\end{cases}$$

由约束条件，有

$$\begin{cases}\boldsymbol{a}'\boldsymbol{\Sigma}_{12}\boldsymbol{b}=\lambda\boldsymbol{a}'\boldsymbol{\Sigma}_{11}\boldsymbol{a}=\lambda\\ \boldsymbol{b}'\boldsymbol{\Sigma}_{21}\boldsymbol{a}=\nu\boldsymbol{b}'\boldsymbol{\Sigma}_{22}\boldsymbol{b}=\nu\end{cases}$$

因为$(\boldsymbol{b}'\sum_{21}\boldsymbol{a})' = \boldsymbol{a}'\sum_{12}\boldsymbol{b}$,所以$\lambda = \nu = \boldsymbol{a}'\sum_{12}\boldsymbol{b} = \rho(U_1, V_1)$,即$\lambda$为线性组合$U_1, V_1$的相关系数.用$\lambda$代替方程组(9.2)中的$\nu$,则方程组(9.2)可改写为：

$$\begin{cases}\boldsymbol{\Sigma}_{12}\boldsymbol{b} - \lambda\boldsymbol{\Sigma}_{11}\boldsymbol{a} = \boldsymbol{0} \\ \boldsymbol{\Sigma}_{21}\boldsymbol{a} - \lambda\boldsymbol{\Sigma}_{22}\boldsymbol{b} = \boldsymbol{0}\end{cases} \tag{9.3}$$

假定各随机变量的协方差矩阵的逆矩阵存在,则由式(9.3)中的第二式可得

$$\boldsymbol{b} = \frac{1}{\lambda}\boldsymbol{\Sigma}_{22}^{-1}\boldsymbol{\Sigma}_{21}\boldsymbol{a} \tag{9.4}$$

将式(9.4)代入式(9.3)的第一式,得

$$\frac{1}{\lambda}\boldsymbol{\Sigma}_{12}\boldsymbol{\Sigma}_{22}^{-1}\boldsymbol{\Sigma}_{21}\boldsymbol{a} - \lambda\boldsymbol{\Sigma}_{11}\boldsymbol{a} = \boldsymbol{0}$$

即有

$$\boldsymbol{\Sigma}_{12}\boldsymbol{\Sigma}_{22}^{-1}\boldsymbol{\Sigma}_{21}\boldsymbol{a} - \lambda^2\boldsymbol{\Sigma}_{11}\boldsymbol{a} = \boldsymbol{0} \tag{9.5}$$

同理,由式(9.3)可得

$$\boldsymbol{\Sigma}_{21}\boldsymbol{\Sigma}_{11}^{-1}\boldsymbol{\Sigma}_{12}\boldsymbol{b} - \lambda^2\boldsymbol{\Sigma}_{22}\boldsymbol{b} = \boldsymbol{0} \tag{9.6}$$

用$\boldsymbol{\Sigma}_{11}^{-1}$和$\boldsymbol{\Sigma}_{22}^{-1}$分别左乘式(9.5)和式(9.6),得

$$\begin{cases}\boldsymbol{\Sigma}_{11}^{-1}\boldsymbol{\Sigma}_{12}\boldsymbol{\Sigma}_{22}^{-1}\boldsymbol{\Sigma}_{21}\boldsymbol{a} - \lambda^2\boldsymbol{a} = \boldsymbol{0} \\ \boldsymbol{\Sigma}_{22}^{-1}\boldsymbol{\Sigma}_{21}\boldsymbol{\Sigma}_{11}^{-1}\boldsymbol{\Sigma}_{12}\boldsymbol{b} - \lambda^2\boldsymbol{b} = \boldsymbol{0}\end{cases} \tag{9.7}$$

即

$$\begin{cases}(\boldsymbol{\Sigma}_{11}^{-1}\boldsymbol{\Sigma}_{12}\boldsymbol{\Sigma}_{22}^{-1}\boldsymbol{\Sigma}_{21} - \lambda^2 I_p)\boldsymbol{a} = \boldsymbol{0} \\ (\boldsymbol{\Sigma}_{22}^{-1}\boldsymbol{\Sigma}_{21}\boldsymbol{\Sigma}_{11}^{-1}\boldsymbol{\Sigma}_{12} - \lambda^2 I_q)\boldsymbol{b} = \boldsymbol{0}\end{cases} \tag{9.8}$$

由此可见,$\boldsymbol{\Sigma}_{11}^{-1}\boldsymbol{\Sigma}_{12}\boldsymbol{\Sigma}_{22}^{-1}\boldsymbol{\Sigma}_{21}$和$\boldsymbol{\Sigma}_{22}^{-1}\boldsymbol{\Sigma}_{21}\boldsymbol{\Sigma}_{11}^{-1}\boldsymbol{\Sigma}_{12}$具有相同的特征根$\lambda^2$,$\boldsymbol{a}, \boldsymbol{b}$则是其对应的特征向量.

为了表示方便,令

$$\boldsymbol{A} = \boldsymbol{\Sigma}_{11}^{-1}\boldsymbol{\Sigma}_{12}\boldsymbol{\Sigma}_{22}^{-1}\boldsymbol{\Sigma}_{21}, \boldsymbol{B} = \boldsymbol{\Sigma}_{22}^{-1}\boldsymbol{\Sigma}_{21}\boldsymbol{\Sigma}_{11}^{-1}\boldsymbol{\Sigma}_{12}$$

其中$\boldsymbol{A}$为$p \times p$阶矩阵,$\boldsymbol{B}$为$q \times q$阶矩阵.

可以证明,$\boldsymbol{A}$和$\boldsymbol{B}$的特征根和特征向量有如下性质:

(1)$\boldsymbol{A}$和$\boldsymbol{B}$具有相同的非零特征根,且所有特征根非负.

(2)$\boldsymbol{A}$和$\boldsymbol{B}$的特征根均在$0 \sim 1$.

(3)设$\boldsymbol{A}$和$\boldsymbol{B}$的非零特征根按由大到小顺序排列为:$\lambda_1^2 \geqslant \lambda_2^2 \geqslant \cdots \geqslant \lambda_r^2$,$r = rank(\boldsymbol{A}) = rank(\boldsymbol{B})$,$\boldsymbol{a}_1, \boldsymbol{a}_2, \cdots, \boldsymbol{a}_r$分别为矩阵$\boldsymbol{A}$对应于特征根$\lambda_1^2, \lambda_2^2, \cdots,$

λ_r^2 的特征向量，$\boldsymbol{b}_1, \boldsymbol{b}_2, \cdots, \boldsymbol{b}_r$ 分别为矩阵 $\boldsymbol{B}$ 对应于特征根 $\lambda_1^2, \lambda_2^2, \cdots, \lambda_r^2$ 的特征向量.

因为 $\rho(U_1, V_1) = \boldsymbol{a}'\boldsymbol{\Sigma}_{12}\boldsymbol{b} = \lambda$，求 $\rho(U_1, V_1)$ 最大值也就是求 λ 的最大值，而求 λ 的最大值又转化为求 $\boldsymbol{A}$ 和 $\boldsymbol{B}$ 的最大特征根. 因此，以矩阵 $\boldsymbol{A}$ 和 $\boldsymbol{B}$ 的最大特征根 λ_1^2 对应的特征向量 $\boldsymbol{a}_1 = (a_{11}, a_{21}, \cdots, a_{p1})'$ 和 $\boldsymbol{b}_1 = (b_{11}, b_{21}, \cdots, b_{q1})'$ 为系数的线性组合就是 $\boldsymbol{X}, \boldsymbol{Y}$ 所有线性组合中相关系数最大的.

令

$$\begin{cases} U_1 = \boldsymbol{a}_1'\boldsymbol{X} = a_{11}X_1 + a_{21}X_2 + \cdots + a_{p1}X_p \\ V_1 = \boldsymbol{b}_1'\boldsymbol{Y} = b_{11}Y_1 + b_{21}Y_2 + \cdots + b_{q1}Y_q \end{cases}$$

称(U_1, V_1)为第一对典型相关变量，最大特征根的平方根 λ_1 为两典型相关变量的相关系数，称其为第一典型相关系数.

如果第一典型变量不足以代表两组原始变量的相关性信息，则需要求第二对典型相关变量(U_2, V_2)，其中 $U_2 = \boldsymbol{a}_2'\boldsymbol{X}, V_2 = \boldsymbol{b}_2'\boldsymbol{Y}$.
第二对典型变量也要满足如下约束条件：

$$\begin{cases} Var(U_2) = \boldsymbol{a}_2' \sum_{11} \boldsymbol{a}_2 = 1 \\ Var(V_2) = \boldsymbol{b}_2' \sum_{22} \boldsymbol{b}_2 = 1 \end{cases} \tag{9.9}$$

除此之外，为了有效测度两组变量的相关信息，第二对典型相关变量应不再包含第一对典型相关变量已包含的信息，因而，需增加约束条件：

$$\begin{cases} Cov(U_1, U_2) = Cov(\boldsymbol{a}_1 X, \boldsymbol{a}_2 X) = \boldsymbol{a}_1' \sum_{11} \boldsymbol{a}_2 = 0 \\ Cov(V_1, V_2) = Cov(\boldsymbol{b}_1 Y, \boldsymbol{b}_2 Y) = \boldsymbol{b}_1' \sum_{22} \boldsymbol{b}_2 = 0 \end{cases} \tag{9.10}$$

在式(9.9)和式(9.10)的约束条件下，可求得第二对典型相关变量的相关系数 $\rho(U_2, V_2) = \boldsymbol{a}_2' \sum_{12} \boldsymbol{b}_2$ 的最大值为上述矩阵 $\boldsymbol{A}$ 和 $\boldsymbol{B}$ 的第二大特征根 λ_2^2 的平方根 λ_2. 设 $\boldsymbol{a}_2, \boldsymbol{b}_2$ 分别是矩阵 $\boldsymbol{A}$ 和 $\boldsymbol{B}$ 对应于特征根 λ_2^2 的特征向量，则称 $U_2 = \boldsymbol{a}_2'\boldsymbol{X}$ 和 $V_2 = \boldsymbol{b}_2'\boldsymbol{Y}$ 为第二对典型相关变量，λ_2 为第二典型相关系数.

类似地，依次可求出第 r 对典型变量 $U_r = \boldsymbol{a}_r'\boldsymbol{X}$ 和 $V_r = \boldsymbol{b}_r'\boldsymbol{Y}$，其系数向量 $\boldsymbol{a}_r$ 和 $\boldsymbol{b}_r$ 分别为矩阵$\boldsymbol{A}$ 和$\boldsymbol{B}$ 的第r 大特征根λ_r^2 对应的特征向量，λ_r 即为第r 典型相关系数.

综上所述，典型相关变量和典型相关系数的计算可归结为矩阵 $\boldsymbol{A}$ 和$\boldsymbol{B}$ 的特征根及相应特征向量的求解. 如果矩阵 $\boldsymbol{A}$ 和 $\boldsymbol{B}$ 的秩为r，则共有 r 对典型相关变量,第 $k(1\leqslant k\leqslant r)$ 对典型相关变量的系数向量分别是矩阵 $\boldsymbol{A}$ 和 $\boldsymbol{B}$ 第 k 大特征根 λ_k^2 对应的特征向量,典型相关系数为 λ_k.

例 9.1　已知标准化随机向量 $\boldsymbol{X}=(X_1,X_2)'$ 和 $\boldsymbol{Y}=(Y_1,Y_2)'$ 的相关系数矩阵为

$$\boldsymbol{R}=\begin{pmatrix}\boldsymbol{R}_{11} & \boldsymbol{R}_{12}\\ \boldsymbol{R}_{21} & \boldsymbol{R}_{22}\end{pmatrix}$$

其中

$$\boldsymbol{R}_{11}=\begin{pmatrix}1 & \alpha\\ \alpha & 1\end{pmatrix},\boldsymbol{R}_{22}=\begin{pmatrix}1 & v\\ v & 1\end{pmatrix},\boldsymbol{R}_{12}=\boldsymbol{R}_{21}=\begin{pmatrix}\beta & \beta\\ \beta & \beta\end{pmatrix}(0<\beta<1)$$

试求 $\boldsymbol{X},\boldsymbol{Y}$ 的典型相关变量和典型相关系数.

解:由已知的相关系数矩阵 $\boldsymbol{R}$ 即可求出

$$\boldsymbol{R}_{11}^{-1}=\frac{1}{1-\alpha^2}\begin{pmatrix}1 & -\alpha\\ -\alpha & 1\end{pmatrix},\boldsymbol{R}_{22}^{-1}=\frac{1}{1-v^2}\begin{pmatrix}1 & -v\\ -v & 1\end{pmatrix}$$

$$\boldsymbol{A}=\boldsymbol{R}_{11}^{-1}\boldsymbol{R}_{12}\boldsymbol{R}_{22}^{-1}\boldsymbol{R}_{21}=\frac{2\beta^2}{(1+\alpha)(1+v)}\begin{pmatrix}1 & 1\\ 1 & 1\end{pmatrix}$$

由 于 $\boldsymbol{J}=\begin{pmatrix}1 & 1\\ 1 & 1\end{pmatrix}$ 的特征值为 2 和 0,故 $\boldsymbol{A}$ 的特征值为

$$\lambda_1^2=\frac{4\beta^2}{(1+\alpha)(1+v)},\lambda_2^2=0$$

矩阵 $\boldsymbol{A}$ 对应于特征值 λ_1^2 的特征向量为 $\left(\frac{1}{\sqrt{2}},\frac{1}{\sqrt{2}}\right)'$,故满足 $\boldsymbol{a}_1'\boldsymbol{R}_{11}\boldsymbol{a}_1=1$ 的向量 $\boldsymbol{a}_1$ 为

$$\boldsymbol{a}_1=\frac{1}{\sqrt{2(1+\alpha)}}\begin{pmatrix}1\\ 1\end{pmatrix}$$

类似可得

$$\boldsymbol{b}_1=\frac{1}{\sqrt{2(1+v)}}\begin{pmatrix}1\\ 1\end{pmatrix}$$

所以第一对典型相关变量为

$$U_1=\boldsymbol{a}_1'\boldsymbol{X}=\frac{1}{\sqrt{2(1+\alpha)}}(X_1+X_2),$$

$$V_1=\boldsymbol{b}_1'\boldsymbol{Y}=\frac{1}{\sqrt{2(1+v)}}(Y_1+Y_2).$$

而第一对典型相关系数为

$$\rho_1=\frac{2\beta}{\sqrt{(1+\alpha)(1+v)}}(0<\rho_1<1).$$

因 $|\alpha|<1$, $|v|<1$,显然有 $\rho_1>\beta$,这表明第一典型相关系数一般大于两组原变量之间的相关系数.

9.3.3 典型相关变量的性质

(1) 同组典型相关变量的相关性

性质 9.1 设 $U_k(k=1,2,\cdots,r)$ 是同一组典型相关变量,则

$$Cov(U_i,U_j)=\delta_{ij}=\begin{cases}1,i=j,\\0,i\neq j,\end{cases}$$

即同组的典型相关变量各自的方差为 1,且两两不相关.

(2) 不同组典型相关变量的相关性

性质 9.2 设 $U_1,U_2,\cdots,U_r;V_1,V_2,\cdots,V_r$ 是两组典型相关变量,则

$$Cov(U_i,V_j)=\lambda_i\,\delta_{ij}=\begin{cases}\lambda_i,i=j,\\0,i\neq j,\end{cases}$$

即不同组且不属于同一对的典型相关变量互不相关;属于同一对(如第 k 对)的典型相关变量的相关系数是矩阵 $\boldsymbol{A}$ 和 $\boldsymbol{B}$ 第 k 大特征根 λ_k^2 的平方根.

(3) 原始变量与典型相关变量间的相关性

性质 9.3 设原始变量 $(\boldsymbol{X},\boldsymbol{Y})$ 的典型相关向量为

$$\boldsymbol{U}=(U_1,U_2,\cdots,U_p)'=(\boldsymbol{a}_1'\boldsymbol{X},\boldsymbol{a}_2'\boldsymbol{X},\cdots,\boldsymbol{a}_p'\boldsymbol{X})'=\boldsymbol{A}'\boldsymbol{X}$$

$$\boldsymbol{V}=(V_1,V_2,\cdots,V_q)'=(\boldsymbol{b}_1'\boldsymbol{Y},\boldsymbol{b}_2'\boldsymbol{Y},\cdots,\boldsymbol{b}_q'\boldsymbol{Y})'=\boldsymbol{B}'\boldsymbol{Y}$$

则

$$Cov\left(\begin{pmatrix}\boldsymbol{X}\\\boldsymbol{Y}\end{pmatrix},\begin{pmatrix}\boldsymbol{U}\\\boldsymbol{V}\end{pmatrix}\right)=\begin{pmatrix}Cov(\boldsymbol{X},\boldsymbol{U}) & Cov(\boldsymbol{X},\boldsymbol{V})\\Cov(\boldsymbol{Y},\boldsymbol{U}) & Cov(\boldsymbol{Y},\boldsymbol{V})\end{pmatrix}=\begin{pmatrix}\boldsymbol{\Sigma}_{11}\boldsymbol{A} & \boldsymbol{\Sigma}_{12}\boldsymbol{B}\\\boldsymbol{\Sigma}_{21}\boldsymbol{A} & \boldsymbol{\Sigma}_{22}\boldsymbol{B}\end{pmatrix}$$

其中,$\boldsymbol{\Sigma}=\begin{pmatrix}\boldsymbol{\Sigma}_{11} & \boldsymbol{\Sigma}_{12}\\\boldsymbol{\Sigma}_{21} & \boldsymbol{\Sigma}_{22}\end{pmatrix}$ 是 $(\boldsymbol{X},\boldsymbol{Y})$ 的协方差矩阵.

原始变量与典型相关变量之间的协方差矩阵也称为“典型结构”.

(4) 各组原始变量被典型相关变量所解释的方差

$\boldsymbol{X}$ 组原始变量被 U_i 解释的比例:

$$m_{U_i}=\frac{1}{p}\sum_{k=1}^{p}r^2(U_i,X_k)$$

$\boldsymbol{X}$ 组原始变量被 V_i 解释的比例：

$$m_{V_i} = \frac{1}{p}\sum_{k=1}^{p} r^2(V_i, X_k)$$

$\boldsymbol{Y}$ 组原始变量被 U_i 解释的比例：

$$n_{U_i} = \frac{1}{q}\sum_{k=1}^{q} r^2(U_i, Y_k)$$

$\boldsymbol{Y}$ 组原始变量被 V_i 解释的比例：

$$n_{V_i} = \frac{1}{q}\sum_{k=1}^{q} r^2(V_i, Y_k)$$

9.3.4　典型相关系数的显著性检验

在利用样本进行两组变量的典型相关分析时，需要根据样本数据对总体的协方差矩阵或相关系数矩阵进行估计. 由于估计中抽样误差的存在，所以估计以后还需要进行有关的假设检验.

假设有 $\boldsymbol{X}$ 组和 $\boldsymbol{Y}$ 组变量，样本容量为 n，观测值矩阵为

$$\begin{pmatrix} a_{11} & \cdots & a_{1p} & b_{11} & \cdots & b_{1q} \\ a_{21} & \cdots & a_{2p} & b_{21} & \cdots & b_{2q} \\ \vdots & \cdots & \vdots & \vdots & \cdots & \vdots \\ a_{n1} & \cdots & a_{np} & b_{n1} & \cdots & b_{nq} \end{pmatrix}_{n\times(p+q)}$$

对应的标准化数据矩阵为

$$\boldsymbol{C}=\begin{pmatrix} \frac{a_{11}-\overline{X}_1}{\sigma_X^1} & \cdots & \frac{a_{1p}-\overline{X}_p}{\sigma_X^p} & \frac{b_{11}-\overline{Y}_1}{\sigma_Y^1} & \cdots & \frac{b_{1q}-\overline{Y}_q}{\sigma_Y^q} \\ \frac{a_{21}-\overline{X}_1}{\sigma_X^1} & \cdots & \frac{a_{2p}-\overline{X}_p}{\sigma_X^p} & \frac{b_{21}-\overline{Y}_1}{\sigma_Y^1} & \cdots & \frac{b_{2q}-\overline{Y}_q}{\sigma_Y^q} \\ \vdots & \cdots & \vdots & \vdots & \cdots & \vdots \\ \frac{a_{n1}-\overline{X}_1}{\sigma_X^1} & \cdots & \frac{a_{np}-\overline{X}_p}{\sigma_X^p} & \frac{b_{n1}-\overline{Y}_1}{\sigma_Y^1} & \cdots & \frac{b_{nq}-\overline{Y}_q}{\sigma_Y^q} \end{pmatrix}_{n\times(p+q)}$$

样本的协方差矩阵为

$$\hat{\boldsymbol{\Sigma}} = \frac{1}{n-1}\boldsymbol{C}^{\mathrm{T}}\boldsymbol{C} = \begin{pmatrix} \hat{\boldsymbol{\Sigma}}_{11} & \hat{\boldsymbol{\Sigma}}_{12} \\ \hat{\boldsymbol{\Sigma}}_{21} & \hat{\boldsymbol{\Sigma}}_{22} \end{pmatrix}$$

(1) 整体相关性检验

如果两组变量 $\boldsymbol{X}=(X_1, X_2, \cdots, X_p)'$ 与 $\boldsymbol{Y}=(Y_1, Y_2, \cdots, Y_q)'$ 不相关，则

它们的协方差矩阵 $Cov(\boldsymbol{X},\boldsymbol{Y})=\boldsymbol{0}$，即 $\boldsymbol{\Sigma}_{12}$ 为零矩阵. 考虑假设检验问题：

$$H_0:\boldsymbol{\Sigma}_{12}=\boldsymbol{0};H_1:\boldsymbol{\Sigma}_{12}\neq\boldsymbol{0} \tag{9.11}$$

若接受原假设 H_0，则认为讨论两组变量之间的相关性没有意义，该两组变量不适合进行典型相关分析；若拒绝原假设，则认为两组变量之间存在显著的相关性. 从第一典型相关系数的定义可知，$\boldsymbol{\Sigma}_{12}=\boldsymbol{0}$ 当且仅当 $\lambda_1=0$，因此式(9.11) 等价于假设检验问题：

$$H_0:\lambda_1=\lambda_2=\cdots=\lambda_r=0;$$

$$H_1:\lambda_1,\lambda_2,\cdots,\lambda_r\ \text{至少有一个不为零}$$

令

$$\Lambda_1=\frac{|\widehat{\boldsymbol{\Sigma}}|}{|\widehat{\boldsymbol{\Sigma}}_{11}|\,|\widehat{\boldsymbol{\Sigma}}_{22}|}$$

经计算得

$$\Lambda_1=|I_p-\widehat{\boldsymbol{\Sigma}}_{11}^{-1}\widehat{\boldsymbol{\Sigma}}_{12}\widehat{\boldsymbol{\Sigma}}_{22}^{-1}\widehat{\boldsymbol{\Sigma}}_{21}|=\prod_{i=1}^{r}(1-\widehat{\lambda}_i^2)$$

$\widehat{\lambda}_i^2$ 是$\widehat{\boldsymbol{\Sigma}}_{11}^{-1}\widehat{\boldsymbol{\Sigma}}_{12}\widehat{\boldsymbol{\Sigma}}_{22}^{-1}\widehat{\boldsymbol{\Sigma}}_{21}$ 的特征值. 在原假设为真的情况下，检验统计量

$$Q_1=-\left[(n-1)-\frac{1}{2}(p+q+1)\right]\ln\Lambda_1$$

近似服从自由度为 pq 的χ^2 分布. 给定显著性水平 α，如果 $Q_1\geqslant\chi_\alpha^2(pq)$，则拒绝原假设，即认为第一对典型变量之间的相关性显著.

(2) 部分相关性检验

典型相关分析是一种降维的分析方法，当然希望使用的典型相关变量的对数越少越好，那么需要提取的典型相关变量的对数为多少合适？

设 $\lambda_1^2,\lambda_2^2,\cdots,\lambda_r^2$ 是矩阵 $\boldsymbol{A},\boldsymbol{B}$ 的特征值，$r=$ 秩$(\boldsymbol{A})=$ 秩$(\boldsymbol{B})$，若 $\lambda_k=0(1\leqslant k\leqslant r)$，则说明第 k 对典型相关变量(U_k,V_k)之间无相关关系，因此对分析两组变量的相关性不起作用，这样的典型相关变量可以不选取. 因此可以根据样本数据检验典型相关系数是否为 0 来确定典型相关变量的对数.

检验假设

$$H_0:\lambda_2=\lambda_3\cdots=\lambda_r=0;$$

$$H_1:\lambda_2,\lambda_3,\cdots,\lambda_r\ \text{至少有一个不为 0}$$

若接受 H_0，则认为只有第一对典型相关变量是有效的；若拒绝 H_0，则认为第二对典型变量也是有效的，并进一步检验假设：

$$H_0: \lambda_3 = \lambda_4 \cdots = \lambda_r = 0;$$

$$H_1: \lambda_3, \lambda_4, \cdots, \lambda_r \text{ 至少有一个不为 } 0$$

如此进行下去，直到对某个 k，

$$H_0: \lambda_{k+1} = \lambda_{k+2} \cdots = \lambda_r = 0;$$

$$H_1: \lambda_{k+1}, \lambda_{k+2}, \cdots, \lambda_r \text{ 至少有一个不为 } 0 \tag{9.12}$$

H_0 被接受.

令 $\Lambda_{k+1} = \prod_{i=k+1}^{r}(1-\lambda_i^2)$，对于式(9.12)，若 H_0 为真，则检验统计量

$$Q_{k+1} = -\left[(n-k-1) - \frac{1}{2}(p+q+1)\right]\ln\Lambda_{k+1}$$

近似服从自由度为 $(p-k)(q-k)$ 的 χ^2 分布，给定显著性水平 α，若 $Q_{k+1} \geqslant \chi_\alpha^2[(p-k)(q-k)]$，则接受原假设，即认为第 $k+1$ 对典型相关变量无显著相关性，典型相关变量对数选取 k 对比较合适. 检验的结果受样本容量大小的影响，检验的结果仅仅是确定典型相关变量对数的重要参考，但不是唯一的依据.

9.4 样本典型相关分析

以上分析是在总体情况已知的情形下进行的，而实际研究中，总体均值向量 $\boldsymbol{\mu}$ 和协方差矩阵 $\boldsymbol{\Sigma}$ 通常是未知的，因而无法求得总体的典型相关变量和典型相关系数，首先需要根据观测到的样本数据矩阵进行估计.

9.4.1 从样本协方差矩阵出发求解

设总体 $\boldsymbol{Z} = (X_1, X_2, \cdots, X_p, Y_1, Y_2, \cdots, Y_q)'$，已知总体的 n 次观测数据为

$$\boldsymbol{z}_{(t)} = \begin{matrix} p \\ q \end{matrix}\begin{pmatrix} \boldsymbol{x}_{(t)} \\ \boldsymbol{y}_{(t)} \end{pmatrix}_{(p+q)\times 1}, (t = 1, 2, \cdots, n)$$

于是样本数据阵为

$$\begin{pmatrix} x_{11} & x_{12} & \cdots & x_{1p} & y_{11} & y_{12} & \cdots & y_{1q} \\ x_{21} & x_{22} & \cdots & x_{2p} & y_{21} & y_{22} & \cdots & y_{2q} \\ \vdots & \vdots & & \vdots & \vdots & \vdots & & \vdots \\ x_{n1} & x_{n2} & \cdots & x_{np} & y_{n2} & y_{n2} & \cdots & y_{nq} \end{pmatrix}_{n\times(p+q)}$$

若假定 $\boldsymbol{Z} \sim N_{p+q}(\boldsymbol{\mu}, \boldsymbol{\Sigma})$，则协方差矩阵 $\boldsymbol{\Sigma}$ 的最大似然估计为

$$\hat{\boldsymbol{\Sigma}}=\frac{1}{n}\sum_{t=1}^{n}(\boldsymbol{z}_{(t)}-\bar{\boldsymbol{z}})(\boldsymbol{z}_{(t)}-\bar{\boldsymbol{z}})'$$

其中 $\bar{\boldsymbol{z}}=\frac{1}{n}\sum_{t=1}^{n}\boldsymbol{z}_{(t)}$，$\hat{\boldsymbol{\Sigma}}$ 可做如下分块：

$$\hat{\boldsymbol{\Sigma}}=\begin{pmatrix}\hat{\boldsymbol{\Sigma}}_{11} & \hat{\boldsymbol{\Sigma}}_{12}\\ \hat{\boldsymbol{\Sigma}}_{21} & \hat{\boldsymbol{\Sigma}}_{22}\end{pmatrix}$$

其中 $\boldsymbol{x}_{(j)}=(x_1^{(j)},x_2^{(j)},\cdots,x_p^{(j)})'$，$\boldsymbol{y}_{(j)}=(y_1^{(j)},y_2^{(j)},\cdots,y_q^{(j)})'$

$$\bar{\boldsymbol{x}}=\frac{1}{n}\sum_{j=1}^{n}\boldsymbol{x}_{(j)},\bar{\boldsymbol{y}}=\frac{1}{n}\sum_{j=1}^{n}\boldsymbol{y}_{(j)}$$

$$\hat{\boldsymbol{\Sigma}}_{11}=\frac{1}{n-1}\sum_{j=1}^{n}(\boldsymbol{x}_{(j)}-\bar{\boldsymbol{x}})(\boldsymbol{x}_{(j)}-\bar{\boldsymbol{x}})'$$

$$\hat{\boldsymbol{\Sigma}}_{12}=\frac{1}{n-1}\sum_{j=1}^{n}(\boldsymbol{x}_{(j)}-\bar{\boldsymbol{x}})(\boldsymbol{y}_{(j)}-\bar{\boldsymbol{y}})'$$

$$\hat{\boldsymbol{\Sigma}}_{21}=\frac{1}{n-1}\sum_{j=1}^{n}(\boldsymbol{y}_{(j)}-\bar{\boldsymbol{y}})(\boldsymbol{x}_{(j)}-\bar{\boldsymbol{x}})'$$

$$\hat{\boldsymbol{\Sigma}}_{22}=\frac{1}{n-1}\sum_{j=1}^{n}(\boldsymbol{y}_{(j)}-\bar{\boldsymbol{y}})(\boldsymbol{y}_{(j)}-\bar{\boldsymbol{y}})'$$

由此可得矩阵 $\boldsymbol{A}$ 和 $\boldsymbol{B}$ 的样本估计：

$$\hat{\boldsymbol{A}}=\hat{\boldsymbol{\Sigma}}_{11}^{-1}\hat{\boldsymbol{\Sigma}}_{12}\hat{\boldsymbol{\Sigma}}_{22}^{-1}\hat{\boldsymbol{\Sigma}}_{21}$$

$$\hat{\boldsymbol{B}}=\hat{\boldsymbol{\Sigma}}_{22}^{-1}\hat{\boldsymbol{\Sigma}}_{21}\hat{\boldsymbol{\Sigma}}_{11}^{-1}\hat{\boldsymbol{\Sigma}}_{21}$$

类似于总体典型相关变量和典型相关系数的求解，只要求出 $\hat{\boldsymbol{A}}$ 和 $\hat{\boldsymbol{B}}$ 的特征根及其相应的特征向量，即可得到样本典型相关变量和样本典型相关系数.

9.4.2　从样本相关系数矩阵出发求解

以上从样本协方差矩阵 $\boldsymbol{S}$ 出发，导出了样本典型相关变量和样本典型相关系数. 下面从样本相关系数矩阵 $\boldsymbol{R}$ 出发来求解样本典型相关变量和样本典型相关系数.

将样本数据矩阵进行标准化处理后，样本协方差矩阵就等于样本相关系数矩阵. 设样本相关系数矩阵为 $\boldsymbol{R}=(r_{ij})$，其中 $r_{ij}=\frac{s_{ij}}{\sqrt{s_{ii}s_{jj}}}$，$s_{ij}$ 为样本协方差

矩阵 $\boldsymbol{S}$ 的第 i 行第 j 列元素. 把 $\boldsymbol{R}$ 相应分块:

$$\boldsymbol{R}=\begin{pmatrix}\boldsymbol{R}_{11} & \boldsymbol{R}_{12}\\ \boldsymbol{R}_{21} & \boldsymbol{R}_{22}\end{pmatrix}\begin{matrix}p\\ q\end{matrix}$$
$$\qquad\qquad p\qquad q$$

于是矩阵 $\boldsymbol{A}$ 和 $\boldsymbol{B}$ 的样本估计为

$$\widehat{\boldsymbol{A}}=\boldsymbol{R}_{11}^{-1}\boldsymbol{R}_{12}\boldsymbol{R}_{22}^{-1}\boldsymbol{R}_{21}$$

$$\widehat{\boldsymbol{B}}=\boldsymbol{R}_{22}^{-1}\boldsymbol{R}_{21}\boldsymbol{R}_{11}^{-1}\boldsymbol{R}_{12}$$

因此只要求出 $\widehat{\boldsymbol{A}}$ 和 $\widehat{\boldsymbol{B}}$ 的特征根及其相应的特征向量,即可得到样本典型相关变量和样本典型相关系数.

例 9.2　对某高中一年级男生 38 人进行体力测试(共 7 项指标)及运动能力测试(共 5 项指标). 体力测试指标:X_1 = 反复横向跳(次),X_2 = 纵跳(cm),X_3 = 背力(kg),X_4 = 握力(kg),X_5 = 台阶试验(指数),X_6 = 立定体前屈(cm),X_7 = 俯卧上体后仰(cm);运动能力测试指标:X_8 = 50 米跑(s),X_9 = 跳远(cm),X_{10} = 铅球(m),X_{11} = 引体向上(次),X_{12} = 耐力跑(s). 经计算样本相关系数矩阵见表 9.1,试对这两组指标做典型相关分析.

表 **9.1**　样本相关系数矩阵

	X_1	X_2	X_3	X_4	X_5	X_6	X_7	X_8	X_9	X_{10}	X_{11}	X_{12}
X_1	1	0.3	0.16	−0.02	0.24	0.07	−0.16	0.4	0.36	0.41	0.28	−0.47
X_2		1	0.38	0.01	−0.1	0.45	0.25	−0.3	0.64	0.5	0.56	−0.24
X_3			1	0.31	−0.24	0.19	−0.01	−0.3	0.55	0.55	0.32	−0.48
X_4				1	−0.03	0.05	0.2	−0.28	0.37	−0.04	0.24	−0.09
X_5					1	0.05	0.32	−0.43	−0.18	−0.01	0.14	−0.01
X_6						1	0.28	−0.08	0.26	0.33	0.23	−0.28
X_7							1	−0.25	−0.15	−0.03	0.08	0.19
X_8								1	−0.44	−0.26	−0.46	0.07
X_9									1	0.49	0.6	−0.46
X_{10}										1	0.35	−0.52
X_{11}											1	−0.42
X_{12}												1

解:求 $\widehat{\boldsymbol{B}}=\boldsymbol{R}_{22}^{-1}\boldsymbol{R}_{21}\boldsymbol{R}_{11}^{-1}\boldsymbol{R}_{12}$ 的特征值和对应的特征向量,从而得出典型相关系数和典型相关变量.

$\hat{\lambda}_1=0.8514$

$\hat{U}_1=0.4421X_1+0.2668X_2+0.5883X_3+0.0614X_4+0.2216X_5+0.0911X_6+0.0138X_7$

$\hat{V}_1=-0.4266X_8+0.2334X_9+0.3696X_{10}+0.0037X_{11}+0.3560X_{12}$

$\hat{\lambda}_2=0.7284$

$\hat{U}_2=-0.2087X_1+0.7021X_2-0.2102X_3+0.0147X_4-0.7262X_5-0.1748X_6+0.2398X_7$

$\hat{V}_2=-0.8255X_8+1.0403X_9+0.1983X_{10}+0.2219X_{11}+0.8101X_{12}$

$\hat{\lambda}_3=0.6109$

$\hat{U}_3=0.4640X_1+0.9015X_2-0.4638X_3+0.5662X_4+0.7237X_5-0.4353X_6-1.7184X_7$

$\hat{V}_3=-0.3704X_8-0.2531X_9-0.2896X_{10}+0.8850X_{11}+0.5373X_{12}$

$\hat{\lambda}_4=0.3932$

$\hat{U}_4=0.5513X_1-0.5568X_2+0.1331X_3+0.1537X_4-0.4627X_5-0.4725X_6+1.0335X_7$

$\hat{V}_4=-0.6537X_8+0.7669X_9-0.3749X_{10}+0.9934X_{11}+0.1858X_{12}$

$\hat{\lambda}_5=0.3246$

$\hat{U}_5=-0.2294X_1+0.1814X_2+0.3773X_3-0.9126X_4+0.3015X_5-0.4725X_6+1.0335X_7$

$\hat{V}_5=-0.1413X_8-0.4791X_9+1.0850X_{10}-0.0904X_{11}+0.7480X_{12}$

检验$\hat{\lambda}_1$:为此计算

$\Lambda_1=(1-\hat{\lambda}_1^2)(1-\hat{\lambda}_2^2)(1-\hat{\lambda}_3^2)(1-\hat{\lambda}_4^2)(1-\hat{\lambda}_5^2)=0.611$

$\ln\Lambda_1=-2.7937$

$Q_1=-\left[n-1-\frac{1}{2}(p+q+1)\right]\ln\Lambda_1=85.2084$

查自由度为 $p\times q=7\times 5=35$ 的 χ^2 分布表得

$$\chi_\alpha^2(35)=\begin{cases}43.8,\alpha=0.05,\\50.9,\alpha=0.01,\end{cases}$$

显然 $Q_1 > \chi_\alpha^2(35)$，故第一个典型相关系数$\hat{\lambda}_1$ 为高度显著.

结论：第一对典型相关变量是有价值的.

检验$\hat{\lambda}_2$：为此计算

$$\Lambda_2 = (1-\hat{\lambda}_2^2)(1-\hat{\lambda}_3^2)(1-\hat{\lambda}_4^2)(1-\hat{\lambda}_5^2) = 0.2225$$

$$\ln\Lambda_2 = -1.5027$$

$$Q_2 = -\left[n-2-\frac{1}{2}(p+q+1)\right]\ln\Lambda_2 = 44.3307$$

查自由度为$(p-1)\times(q-1)=6\times 4=24$ 的 χ^2 分布表得

$$\chi_\alpha^2(24) = \begin{cases} 36.4, \alpha = 0.05 \\ 43.0, \alpha = 0.01 \end{cases}$$

显然 $Q_2 < \chi_\alpha^2(24)$，故$\hat{\lambda}_2$ 为显著相关系数.

结论：第二对典型变量是有价值的.

检验 $\hat{\lambda}_3$：为此计算

$$\Lambda_3 = (1-\hat{\lambda}_3^2)(1-\hat{\lambda}_4^2)(1-\hat{\lambda}_5^2) = 0.4740$$

$$\ln\Lambda_3 = -1.5027$$

$$Q_3 = -\left[n-3-\frac{1}{2}(p_1+p_2+1)\right]\ln\Lambda_3 = 21.2746$$

查自由度为$(p-2)\times(q-2)=5\times 3=15$ 的 χ^2 分布表得

$$\chi_\alpha^2(15) = \begin{cases} 25, \alpha = 0.05, \\ 30.58, \alpha = 0.01, \end{cases}$$

显然 $Q_3 < \chi_\alpha^2(15)$，故$\hat{\lambda}_3$ 为不显著典型相关系数.

结论：第三对典型变量价值不大.

$\hat{\lambda}_4$，$\hat{\lambda}_5$ 显然是不显著的，就不用检验了.

结论：第四对和第五对典型变量价值也不大！

故只需取两对典型相关变量即可.

9.5　实际案例分析

案例 9.1　为了了解全国各地区每百户耐用品购置量与人均主要食品年消费量的关系，反映耐用品的购置量受主要食品消费量的影响程度，对 2018 年全国各地区每百户耐用品消费量和人均主要食品年消费量进行了统计(见表 9.2 和表 9.3),数据来源于 2019 年《中国统计年鉴》. 试用典型相关分析方法研究其存在的线性相关关系.

表 **9.2** **2018** 年全国各地区每百户耐用品消费量

地区	家用汽车	彩色电视机	计算机	电冰箱
北京	53.1	125.1	91.4	103.9
天津	53	111.5	70.6	103.3
河北	44.9	111.5	64	99.1
…	…	…	…	…
青海	25.1	107.2	39.1	90.5
宁夏	38.8	95.5	35.5	97.8
新疆	38.3	104.5	48.9	98.8

表 **9.3** **2018** 年全国各地区人均主要食品年消费量

地区	肉类	蛋类	奶类	干鲜瓜果类
北京	25.9	14.6	26	74.7
天津	26.9	17.7	18.6	86.2
河北	23	13.7	14.4	66.8
…	…	…	…	…
青海	20.2	8.7	13.6	75.6
宁夏	27.0	3.7	17.6	24.8
新疆	16.3	5.9	13.5	78.7

1. SPSS 实现步骤

依路径“分析—相关—典型相关”,打开如图 9.1 所示的“典型相关性”对话框.

图 **9.1**　“典型相关性”对话框

将“典型相关性”对话框左边变量栏中的“家用汽车、彩色电视机、计算机、电冰箱”四个变量选入右边的“集合 1”栏中，同样地，将左边变量栏中的“肉类、蛋类、奶类、干鲜瓜果类”四个变量选入右边的“集合 2”栏中，如图 9.2所示.

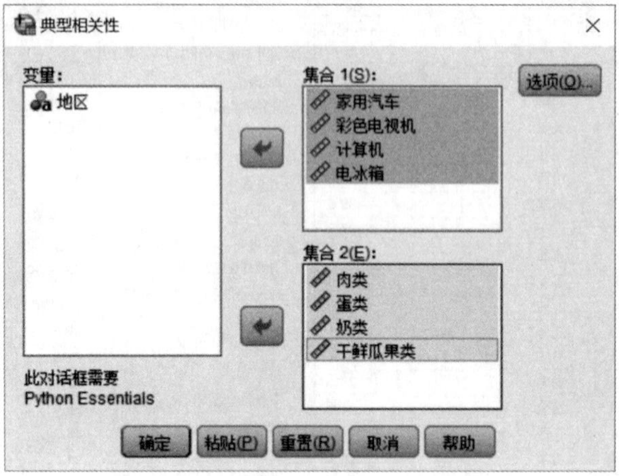

图 **9. 2**　变量选择

点击“典型相关性”对话框中的“选项”按钮，勾选“成对相关性，载荷，方差比例，系数”，如图 9. 3 所示. 点击“继续”，返回到“典型相关性”对话框，最后点击“确定”，即完成典型相关分析.

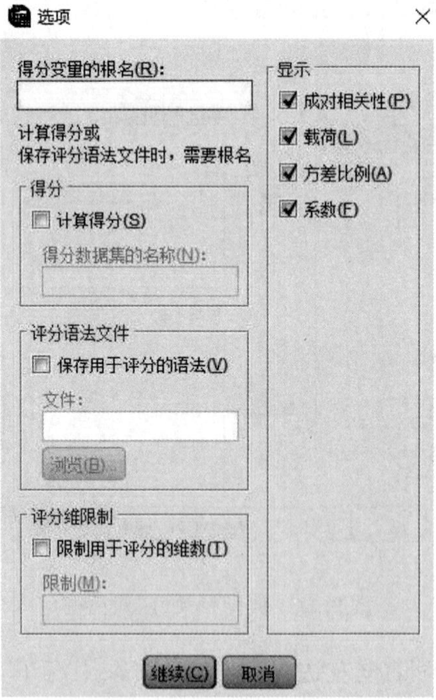

图 **9. 3**　“选项”对话框

2. 结果分析

表 9.4 反映了两组变量两两之间的相关性. 可以看出大部分变量间的相关系数都较高,各变量基本呈线性相关关系,数据满足典型相关分析的假设.

表 **9.4**　相关性

		家用汽车	彩色电视机	计算机	电冰箱	肉类	蛋类	奶类	干鲜瓜果类
家用汽车	皮尔逊相关性	1	.221	.578	.311	−.163	.392	.555	.296
	Sig.(双尾)		.232	.001	.088	.381	.029	.001	.106
彩色电视机	皮尔逊相关性	.221	1	.544	.455	.196	.217	.193	.071
	Sig.(双尾)	.232		.002	.010	.290	.241	.299	.705
计算机	皮尔逊相关性	.578	.544	1	.562	−.007	.672	.428	.580
	Sig.(双尾)	.001	.002		.001	.971	.000	.016	.001
电冰箱	皮尔逊相关性	.311	.455	.562	1	.172	.455	.379	.468
	Sig.(双尾)	.088	.010	.001		.355	.010	.036	.008
肉类	皮尔逊相关性	−.163	.196	−.007	.172	1	−.247	−.283	−.433
	Sig.(双尾)	.381	.290	.971	.355		.181	.123	.015
蛋类	皮尔逊相关性	.392	.217	.672	.455	−.247	1	.519	.762
	Sig.(双尾)	.029	.241	.000	.010	.181		.003	.000
奶类	皮尔逊相关性	.555	.193	.428	.379	−.283	.519	1	.466
	Sig.(双尾)	.001	.299	.016	.036	.123	.003		.008
干鲜瓜果类	皮尔逊相关性	.296	.071	.580	.468	−.433	.762	.466	1
	Sig.(双尾)	.106	.705	.001	.008	.015	.000	.008	

表 9.5 给出了典型相关系数值. 具体来说,第一对典型相关变量的相关系数是 0.804;第二对典型相关变量的相关系数是 0.514;第三对典型相关变量的相关系数是 0.338;第四对典型相关变量的相关系数是 0.245. 但只有第一对典型相关变量通过了显著性检验,因此取第一对典型相关变量来解释两组原始变量的相关性.

表 **9.5** 典型相关性

	相关性	特征值	威尔克统计	F	分子自由度	分母自由度	显著性
1	.804	1.830	.217	2.881	16.000	70.904	.001
2	.514	.360	.613	1.451	9.000	58.560	.188
3	.338	.129	.833	1.195	4.000	50.000	.324
4	.245	.064	.940	1.654	1.000	26.000	.210

表 9.6 至表 9.9 给出的是各典型相关变量与各变量组中的每一个变量的标准化和非标准化典型系数.

表 **9.6** 集合 **1** 的标准化典型系数

变量	1	2	3	4
家用汽车	.165	1.195	.089	.261
彩色电视机	.375	.373	−.561	−.961
计算机	−.901	−.692	.963	−.389
电冰箱	−.499	−.020	−.913	.670

表 **9.7** 集合 **2** 的标准化典型系数

变量	1	2	3	4
肉类	−.478	−.222	−.986	−.186
蛋类	−.354	.085	.756	−1.406
奶类	−.124	1.065	−.439	.283
干鲜瓜果类	−.726	−.717	−.450	1.256

表 **9.8** 集合 **1** 的非标准化典型系数

变量	1	2	3	4
家用汽车	.019	.134	.010	.029
彩色电视机	.019	.019	−.028	−.048
计算机	−.048	−.037	.051	−.021
电冰箱	−.083	−.003	−.152	.112

表 **9.9**　集合 **2** 的非标准化典型系数

变量	1	2	3	4
肉类	−.064	−.030	−.133	−.025
蛋类	−.096	.023	.206	−.383
奶类	−.024	.203	−.084	.054
干鲜瓜果类	−.041	−.041	−.026	.072

据此可以写出各典型相关变量的表达式，如第一对典型变量(U_1，V_1)(标准化)的表达式可以分别写为

$\boldsymbol{U_1}$ =0.165 * 家用汽车+0.375 * 彩色电视机−0.901 * 计算机−0.499 * 电冰箱

$\boldsymbol{V_1}$ =−0.478 * 肉类−0.354 * 蛋类−0.124 * 奶类−0.726 * 干鲜瓜果类

表 9.10、表 9.11 给出的是典型载荷，典型载荷是衡量原始变量与典型相关变量的相关程度的指标.

表 **9.10**　集合 **1** 的典型载荷

变量	1	2	3	4
家用汽车	−.428	.871	.238	.032
彩色电视机	−.306	.251	−.433	−.810
计算机	−.882	.191	.196	−.385
电冰箱	−.784	.132	−.599	.095

表 **9.11**　集合 **2** 的典型载荷

变量	1	2	3	4
肉类	−.041	−.234	−.854	−.463
蛋类	−.854	.146	.429	−.257
奶类	−.511	.838	.023	.191
干鲜瓜果类	−.847	−.060	.349	.397

第一组变量中“计算机”“电冰箱”与典型相关变量的相关度比较高，第二组变量中的“干鲜瓜果类”“蛋类”与典型相关变量的相关度比较高.

表 9.12 是冗余分析结果，说明了各典型相关变量对各原始变量组方差

解释的比例.可以看出,第一列第一个元素表示第一典型变量 U_1 能解释第一组变量 41.8%的组内变异,第三列第一个元素表示来自第二组的第一典型变量 V_1 可以解释第二组变量的 27.0%的变异,为第一组变量与其组间的变异.其余元素同理.回顾这次典型相关分析结果,第一组变量与第二组变量之间的典型相关系数为0.804,其他三个典型相关系数不具有统计显著性.

表 **9.12** 冗余分析结果

典型变量	集合 1 * 自身	集合 1 * 集合 2	集合 2 * 自身	集合 2 * 集合 1
1	.418	.270	.428	.276
2	.218	.057	.196	.051
3	.518	.018	.252	.029
4	.207	.013	.125	.008

参考文献

[1]高惠璇. 应用多元统计分析[M]. 北京：北京大学出版社，2005.

[2]王学民. 应用多元统计分析(第五版)[M]. 上海：上海财经大学出版社，2017.

[3]朱建平. 应用多元统计分析(第四版)[M]. 北京：科学出版社，2021.

[4]何晓群. 多元统计分析(第五版)[M]. 北京：中国人民大学出版社，2019.

[5]韩明. 多元统计分析：从数据到结论[M]. 上海：上海财经大学出版社，2016.

[6]费宇. 多元统计分析——基于 R(第 2 版)[M]. 北京：中国人民大学出版社，2020.

[7] Brian Everitt, Torsten Hothorn. An Introduction to Applied Multivariate Analysis with R [M]. Springer, 2011.

[8] Wolfgang Karl Härdle, Léopold Simar. Applied Multivariate Statistical Analysis. Springer [M], 2019.

[9] Richard A Johnson, Dean W Wichiern. Applied Multivariate Statistical Analysis [M]. Pearson Education, Inc, 2007.

[10]Alvin C Rencher. Methods of Multivariate Analysis. John Wiley & Sons[M], Inc, 2002.

[11] Richard A Reyment, Enrico Savazzi. Aspects of Multivariate Statistical Analysis in Geology [M]. Elsevier B. V. , 1999.

[12]张文彤，董伟. SPSS 统计分析高级教程(第 3 版)[M]. 北京：高等教育出版社，2018.

[13]薛薇. 基于 SPSS 的数据分析(第四版)[M]. 北京：中国人民大学出版社，2017.

[14]汪冬华,马艳梅. 多元统计分析与 SPSS 应用(第二版)[M]. 上海:华东理工大学出版社,2018.
[15]杨维忠. SPSS 统计分析与实验指导[M]. 北京:清华大学出版社,2020.